马郁文◎编著

北纬30°神秘现象全记录

时事出版社
北京

图书在版编目(CIP)数据

北纬 30° 神秘现象全记录 / 马郁文编著.—北京：时事出版社,2014.1(2024.1 重印)

ISBN 978-7-80232-677-4

Ⅰ.①北… Ⅱ.①马… Ⅲ.①科学知识 – 普及读物 Ⅳ.①Z228

中国版本图书馆 CIP 数据核字(2013)第294240 号

出 版 发 行：时事出版社
地　　　址：北京市海淀区彰化路 138 号西荣阁 B 座 G2 层
邮　　　编：100097
发 行 热 线：(010)88869831　88869832
传　　　真：(010)88869875
电 子 邮 箱：shishichubanshe@sina.com
网　　　址：www.shishishe.com
印　　　刷：河北省三河市天润建兴印务有限公司

开本：787×1092　1/16　印张：20　字数：310 千字
2014 年 1 月第 1 版　2024 年 1 月第 13 次印刷
定价：35.00 元
(如有印装质量问题，请与本社发行部联系调换)

前言

在地球北纬 30° 附近，有许多神秘而有趣的自然现象，如玛雅文明、三星堆、金字塔、狮身人面像、陵家滩、比萨斜塔、巨石阵等等。北纬 30° 就像是一条文明之河，沿岸存在着许多怪异的现象和神秘的景观。那里的每一处文明现象和景观都蕴含着一种震慑人心的神秘力量，让世人为之震撼。

围绕北纬 30° ，我们可以发现：世界上令人难解的文明之谜汇集于此，神秘的玛雅文化、巴比伦的“空中花园”、沉没的“大西洲”；世界上神秘的奇观异景相聚于此，美国的密西西比河、埃及的尼罗河、中国的钱塘江大潮；世界上诡异的恐怖现象惊现于此，百慕大三角沉船事件、藏东的察隅、墨脱大地震、汶川大地震……

这些神秘的现象和景观都不约而同地出现在北纬 30° 附近，让人不得不提出一个个疑问：是谁留下了千古不灭的传说？是谁留下了鬼斧神工的遗迹？是谁雕刻出了北纬 30° 上扑朔迷离的风景线？

它们有的随着岁月的风尘时隐时现，但从未淡出过人们的视线，其神奇、神秘的力量始终吸引着一代又一代考古工作者去膜拜。他们试图用科学的力量拨开这些古遗迹上神秘的面纱，试图揭开神秘现象背后的真相。然而，那些神秘现象和景观仿佛被大自然包上了重重的壳，任凭世人如何敲打，始终探不出个究竟。

北纬 30° 度似一条魔线，所经之处都被附上令人惊奇的魔力，我们不禁要惊诧于大自然的诡秘，更要慨叹文明的神力，相继引发出的是我们对世界诸多未知之谜的无限追问和遐想。

在历史文明的长河中，每一种文明都独具魅力。透过文明的表象，我们可以用科学的眼光去审视背后的秘密，不论兴衰荣辱，现代文明的缔造者都有权利也有义务让遗留下来的文明源源流淌下去。

本书对北纬 30° 附近的神秘巧合、地理奇观、古迹遗址、宗教圣地等人文地理知识，以及北纬 30° 线上的神奇地区和景观做了详细的介绍，覆盖面广，内容丰富，集知识性和趣味性于一体，以全新的视角揭秘北纬 30° 上的神秘现象和未解之谜，极富神秘色彩，可读性强。好奇心是人类求知的原动力，探索欲是人类进步的催化剂。本书将带你进行一次北纬 30° 上的神秘之旅，去探寻这条神奇曲线上的种种历史文明未解之谜、恐怖死亡谜团、神奇自然景观以及触目惊心的自然灾难等等。

目录

Contents

第一篇

北纬 30° 历史文明未解之谜全记录

第二篇

北纬 30° 恐怖死亡未解之谜全记录

第三篇

北纬 30° 神奇景观未解之谜全记录

第四篇

北纬 30° 惊天灾难未解之谜全记录

第一篇

北纬 30° 历史文明未解之谜全记录

北纬 30° 线，一条看不见的曲线，一条地理学家为方便研究地球而划出的虚拟的线，一条神秘而又奇特的纬线。

北纬 30° 及其附近分布着众多令人叹为观止的人类文明遗址，如闻名遐迩的古埃及金字塔群、令人难解的狮身人面像、轰动世界的三星堆、巴比伦的“空中花园”、传说中的大西洲沉没处、千年不倒的比萨斜塔、远古玛雅文明遗址等等。

“不探不知道，一探吓一跳”，这些令人惊讶不已的古建筑和令人费解的神秘之地一齐分布于北纬 30° 这个区域，仅仅是因为巧合？还是有什么玄妙的“天机”呢？

第一章
千古之谜——花山谜窟

花山谜窟地处安徽黄山市郊，是中国迄今为止所发现的规模最大、奇观最多的古代人工石窟遗址。它位于北纬 29° 39′ 34" 和 29° 47′ 7" 之间，是北纬 30° 神秘线上唯一一处石窟群奇观。

石窟具有丰富独特的历史研究及观赏价值，清凉宫宏伟雄浑，环溪石窟曲经通幽，二十四柱奇幻神秘，姐妹胭脂洞色彩明丽……石窟内有众多巨石和雕，皆似禽似兽、如亭如榭、栩栩如生、浑如天然，被誉为一座古徽州石文化历史博物院。

现已探明的石窟有 36 处，其宏大壮阔、玄妙奇巧的石窟景象在全国实为罕见，其规模之恢弘，气势之壮观，令人叹为观止，堪称中华一绝。那么，这些洞窟源于何时？如何形成？数以百万方石料去了何处？如何开采和运输？至今仍是一个不解之谜。

花山谜窟的神奇发现

黄山脚下，风光秀丽的屯溪市郊，一座不起眼的高不过一两百米的小山腹内，竟然藏着一处令人叹为观止的洞窟群。其静悄悄地藏了不知多少岁月，那么它是如何被发现的呢?

石窟的发现很具传奇色彩，它缘于一个这样的故事。

2000 年的某天，当地老农上山采药时，无意中踏松脚下的沙土，土块纷纷滑落，露出石壁上深不可测的洞穴。当地政府听说此事后，马上组织人力勘查，结果使这组庞大的石窟群得以重见天日。

经过一年多的发掘工作，石窟群已初现规模，呈现在世人眼前的是一座座格局怪异、内部空间巨大的洞窟。其中，有的洞中套洞，有的石柱林立，有的空谷幽潭，而且石壁上没有任何壁画和佛像，也没有文字，特别是有两个洞口开在新安江水中，更为其增添了神秘感。

2001 年 5 月 20 日下午，时任国家主席的江泽民视察时感叹道："真是太绝了！是个谜，真是个千古之谜！这真是个宝啊！要是宣传到国外去，真了不得!"他将此地命名为"花山谜窟"。

更令人称奇的是，花山东侧歙县烟村也已探明有石窟群的存在，数量也多达 36 座，且形态类似于花山石窟群。两座石窟群的 72 窟与黄山的 72 峰遥相对应，不知是出自天然的巧合还是古人刻意的安排。

花山谜窟内一无浮雕，二无文字记载，与其他同类石窟相比，具有以下七大特色：

1. 花山谜窟的每一个石窟都完全由人工开凿而成，而不是天然的溶洞；

2. 花山谜窟是庞大的石窟群（目前已探明的有 36 个），而不是少数的几个；

3. 花山谜窟是留存有不同精美图案石纹凿痕的历史文化遗迹，而不是粗放型的废弃采石场；

4. 花山谜窟是由国家最高领导人亲自命名的石窟群古迹，全国独一无二；

5. 花山谜窟是至今仍未发现任何文字记载的谜团众多的谜窟，而不是来龙去脉清晰的石洞；

6. 花山谜窟是北纬 30° 神秘线区域的又一世界奇观，而且是此神秘线区域唯一一处石窟群奇观；

7. 花山谜窟是古代的石文化建筑遗产，而不是近现代的人造景观。

花山石窟点多面广，形态殊异，“规模之恢弘、气势之壮观、分布之密集、特色之鲜明国内罕见，堪称中华一绝”，被誉为“北纬 30° 神秘线上的第九大奇观”。

花山谜窟疑团

与举世闻名的敦煌石窟相比，花山谜窟洞内没有壁画、佛像，也没有文字，更无任何史料记载，因此疑团从生，成为千古之谜。

与内地诸多著名石窟相比，花山谜窟洞内空间奇大、结构怪异：有的层层迭宕，洞中套洞；有的石柱擎天，奇幻神秘；有的水波荡漾，迂回通幽。尤其是有两个石窟的洞口就开在新安江的水中，更是扑朔迷离。

目前石窟群中可供参观的只有 2 号窟和 35 号窟。2 号窟被称作地下长廊，窟内温度宜人，较之外面 10℃左右的气温，明显感觉到暖和。2 号窟中有两个看点，即在石壁上天然形成的秋色图和窟顶的大斜面。秋色图中的整个画面布满黄棕色的秋叶，山林、高峰、民居为黑色。

大斜面是在清淤完毕后发现的。最先工人们挖到此处时认为已到了石窟的尽头，但随着淤泥的清除，却发现石壁呈斜面状向前延伸，又可看到另一个洞口。斜面的坡度约为 45° ，宽 15 米，长 30 米，与外面的山坡坡度一致。这个大斜面的出现不禁使人疑惑：在科学技术相对落后的古代，匠人们是如何准确判断出斜面的坡度并使之与山体走势吻合的呢？

35 号窟是中国现存最大的古代人工石窟，有地下宫殿、清凉宫之称。石窟深 170 米，最高处 18 米，面积约 1.2 万平方米，全系人工开凿而成。洞内有 26 根石柱顶天立地，呈“品”字形排列，撑起洞府天地，规模恢弘，气势雄伟。其中的石房群、石床、石桥和石雕楼阁巧妙分布，宛如仙境，令人叹为观止。石窟内通风良好。洞内有潭水数口，常年不枯，清澈见底，最低的水面低于洞外新安江水面 2 米。

这里有几个最令人吃惊之处：一是有一处碧水潭。这个碧水潭深不可测，抽水机抽了 3 个月，仍然没能把水抽干；二是那些石柱合围大约有十几米长，呈“品”字形，形成了支撑洞顶的合理力结构，显示出先人理论力学的应用十分精到；三是偌大的洞子，在里面说话却没有回声，十分奇妙。

花山谜窟最让人惊奇的是，那些洞窟源于何时？如何形成？何人开凿？数以百万方石料到底去了何处？如何开采和运输？洞内有多处厚 10 厘米的石壁为什么不凿开而任其挡在石厅中间？洞内石柱上的方形和圆形盲孔有什么用途？这些问题至今仍是一个个不解之谜。

规模如此庞大的石窟群，为什么至今没有见到史籍上有记载？花山谜窟凿痕说明什么？……一直致力于花山谜窟研究的专家声称，大小谜团目前至少已经有 50 个，每开发一次，挖掘一点，就有新的疑问和谜团出现。

石窟的魅力也许正存在一连串的“谜”上。

走进花山谜窟

据考证，花山谜窟群距今至少有 1700 年的历史。目前已经探明的 36 处石窟形态各异，或者藏于水底，或者隐身荆丛，历经千百年而鲜为人知。与内地诸多著名天然溶洞相比，花山谜窟并非天然而生的溶洞，而是古代巧夺天工人为开凿的怪异洞窟，石窟岩壁上当年的凿痕印迹至今依然清晰如初。

花山谜窟谜团众多，一个个神秘的石窟牵引着人们穿过时光隧道，探索遥远的古文明。诸多专家学者、探险家和旅游者在游览考察过屯溪古石窟后，提出了一个个破谜大猜想。目前仅就为什么开凿如此大规模的石窟，相对比较成熟的猜想就有 20 多种，且还在增加，这也为花山谜窟增添了更多神奇感。主要的猜想可归纳为以下 8 种：

1. 石窟屯兵说。据记载，东汉时期（公元 208 年），孙权为铲除黟翕等地山越，派大将贺齐屯兵于溪水之上，后改新安江上游这些水域为“屯溪”。这段史实既是“屯溪”地名的由来，似乎也印证了花山谜窟是贺齐屯兵和储备兵器弹药的地方。

2. 采石场说。这是最普遍的一种用途说。徽州留有许多做工精巧的古民居、古桥、古道，还有渔梁水坝等古老水利工程，花山谜窟恰处于新安江边，大量石料是否通过新安江而运输到徽州各地作为建材？由此得到谜窟因开采石料而形成的说法。

3. 徽商屯盐说。自古以来，徽商的足迹遍及天下，其中尤以明、清朝代的盐商最为有名。而古徽州的对外运输渠道即为新安江，这些石窟是否为屯放大量货物而开凿？

4. 皇陵说。有人认为，花山谜窟规模宏大、气势磅礴，如此浩大的工程凭个人和民间组织是难以完成的，定由皇家所为。而且，自古以来古徽州就是一块风水宝地，古言“生在苏州、玩在扬州、葬在徽州”。这里民风纯朴，水文地理优越，极适合于建筑皇陵，因此有人猜想花山谜窟是一座因战乱换朝等历史原因而未能完成的皇陵。

5. 史前文明说。人们把北纬 30° 线称作“神秘线”，这条神秘线上分布着许多神秘莫测、巧夺天工的世界奇观。而花山谜窟也位于此位置，于是有人提出一个激动人心的猜想：花山谜窟定由外星人所为。

6. 功能转化说。这些石窟并非某一个朝代某一个时期一次性完成的，而是在漫长的历史中不断开凿而成的。最初可能是为采石，但后来人们又将它用作避难、屯兵、储粮等。这种假说可以解释同一石窟中石纹凿痕不同、花纹图案不同的现象。

7. 山丘说。上海复旦大学一位教授前来考察石窟时，花了大量时间在石窟区域四处考察，最后大胆提出：石窟群中的几十万立方石料运出洞口就地堆积，日积月累形成新的山丘。如果这一论点成立，石料去向之谜便可揭开。

8. 道家福地说。离石窟不远的地方有齐云山，它是中国四大道教名山之一，而传说道家喜欢群洞以作修身养道的福地。从齐云山到石窟群有新安江水路直达，这种猜想可以解释石窟中有众多石房之谜。

这些猜想都不是很完整，一个猜想解释了这个疑问，又无法圆其他的疑问，所以花山谜窟的诸多谜底到底何时能揭开，这本身也就成了一个最大的谜。

花山谜窟留给后世的是无尽的遐思，它激起了人们猎奇的心理，使慕名而来的学者、游人络绎不绝。如果有朝一日这些谜团被一一阐释，那么谜窟将会告诉我们多少充满诱惑的故事。

第二章
奇特的葬俗——悬棺

悬棺是中国南方古代少数民族的葬式之一，在那里悬棺布满了山中大小、高低的岩壑，这本没有什么惊奇之处。可令人匪夷所思的是，远古时代的人们到底是用什么办法把装有尸体和随葬物品、重达数百公斤的棺木送进高高的崖洞里去的呢？棺内到底有没有人，是什么人？

可见，这种是有深厚文化内涵的悬棺葬式，存在着许多令人无法解释的困惑之处。

悬崖峭壁上的“悬棺”

人死后，常常是装入棺材，然后埋入地下。可是，在古时候，我国有的地方却流行一种悬棺葬——棺材不是被埋在地下，而是悬挂在数百米高、非常险峻陡峭的山崖上的洞穴里。这些洞穴猿猴都无法爬上去，飞鸟也为之发愁。

在四川省的宜宾地区，依山傍水的悬崖峭壁上就挂着数百具古老的悬棺。那么，古人为什么要将棺木高悬于绝壁上呢？

今天人们推测，把棺材放到悬崖峭壁上，可能与少数民族的风俗习惯有关。四川的少数民族长期依山傍水居住，自然环境决定了他们的生活习惯、生活习性以及观念意识。悬棺放在靠山临水的位置，表明他们对山水的依恋与寄托。

也有一种说法，把棺木悬挂在悬崖绝壁上，可能出于一种孝道观念。唐代的《朝野佥载》一书中记载，王溪蛮父母死后，“于临江高山半胁凿龛以葬之，自山上悬索下柩，弥高者以为至孝”。不过，这些仅仅是一种推测罢了，并没有事实依据。

关于这些悬棺的来历，当地还流传着一个神奇而又生动的故事。

我国四川地区有一个古老奇特的少数民族——古僰族，如今这个民族已经从历史上消失了，并且没有留下关于自己历史的记载，人们只能从史书上了解一些零星的记录。那个民族的风俗习惯很有趣。不论男女，都要梳着高高的发髻，男子在娶亲之前必须敲掉左右两颗牙齿，女子在出嫁前也如此。而且父母去世后，儿女也要敲掉两颗牙齿，然后放进棺材里，表示和他们永别了。

据说，起初人们也是土葬的，但由于当时部落之间经常发生战争，有时为了报复敌方，双方会恶作剧地把敌方已经死去的先人的尸体从土中挖出来，晾在地面上。后来，这个地方发生了一场前所未有的瘟疫，很多人都失去了生命。部落的首领束手无策，只好去请教山中的一位仙姑。这个仙姑对部落的首领说：“这是先人对你们的惩罚，因为你们没有保护好先人的遗体，使遗体暴露在地面上。要想幸免这次的灾难，必须把棺材放在高高的悬崖上。”

听了仙姑的话，首领回去之后，带着部落的人来到悬崖边，山崖数百米高，猿猴也很难攀缘，何况人呢？他们看着高高的山崖望而生畏，不禁摇头叹息：“这又高又陡的悬崖峭壁，无论用什么办法也不能把棺材放上去啊。”

他们个个垂头丧气、无计可施，心想，只能任瘟疫肆虐。

这时，一个美丽的姑娘出现在首领面前，对人们说：“你们是要把棺材送上悬崖吗?不要急，我来帮你们!”

说着，一大群老鹰从天而降，落到棺木旁边，一转眼变成了一群黑衣大力士。这些大力士用手托起棺木，没费吹灰之力，就把它们一个个都放在万丈悬崖上了。然后，姑娘又向人们讲述了悬挂棺木的办法，说完便和那些老鹰一起飞向了天空……

后来，人们就按照仙姑的话，把棺木挂到悬崖峭壁上，就这样年复一年，悬崖上便挂满了棺木。

这个奇特的少数民族，能够将沉重的棺木安放在悬崖，并且都向着太阳升起的方向，充满了古老而神秘的色彩，真是一个奇迹。

悬棺是如何放上去的

最近，在巴山晓峰的地方发现了一批战国时期的悬棺。发现悬棺并不让人感到吃惊，因为长江三峡在古代是一个多民族汇聚的地方，这些民族文化各异却有着相同的葬俗，就是把逝者的家安在悬崖上，而且不同的民族以不同的悬挂方式加以区别。

一些专家认为古代少数民族采用这类葬俗是因为此地缺少深厚的土层下葬，众多溪流和雨水也会使地下的棺木受侵蚀，所以悬棺葬俗延续千年而不衰。

让人不解的是，如此陡峭的悬崖，悬棺是如何被放上去的呢？原本人们以为自唐宋以后这里的少数民族才有本事把棺木送上峭壁，那么这些战国时代的人又采用了什么方法呢？

三峡地区悬棺在很多历史文献上都有记载。比如风箱峡像风箱一样的东西其实是棺材；宜昌境内有西陵峡，西陵峡有个兵书宝剑峡，兵书其实也是悬棺。但宜昌县晓峰的悬棺在文献上没有记载。

那十几层楼高的放置棺木的悬崖，可是猴子都难攀的地方。据说，以前有人想搬运悬棺，花了一周时间却仅仅往下挪了 3 米。可想而知，古人会花多大的力气做这件事呢？又是用什么办法把重达 200 公斤的棺木弄上悬崖的呢？

普遍猜测，是使用吊装的方法安置悬棺的，即由山顶通过绞车与绳索把悬棺下放到恰当的位置，纳入悬崖缝隙中。甚至，今天在万里之外的印度尼西亚的一些少数民族仍采用这种方法安葬逝者。可是这种方法在遥远的春秋战国时期却未必行得通，因为那时尚没有今天这样结实的尼龙绳，甚至连秦汉时期的麻绳都还没有出现。

不用绳子能够把棺木运上悬崖吗？有人猜测，古人可能就像今天人们造房子时使用梯子一样，沿着悬崖一层一层地修起栈道，棺木沿着栈道一层层地递上来，直至到了安放地方为止。许多人不赞成这种说法，因为放置悬棺的悬崖许多都是单独成缝的，山势非常陡峭，没有缓坡可以用来修栈道。况且，岩壁都很坚硬，想要架起百米多长的栈道，这对于古代工程技术极其落后的少数民族是很难想象的。

人们通过测量发现，所有放置悬棺的地方离地面少则十几米，多则一两百米，如此陡峭的悬崖，棺木到底是如何被运上悬崖的呢？众多专家被这几个战国时期古老的悬棺给难住了。

据说，山上有一些很久没人走过的路，也不知它们通向何方，那些路是否能通向高高的山崖，是不是古人运送棺木的通道呢？考察人员经过实地探访发现，这里有明显开凿过的痕迹，甚至还有一条在夹缝中迂回向上的路，可惜路的中途被塌下的石块挡住了。为什么有人开了路又用石块把它阻塞了呢？好像有意不让后来之人接近那神秘的地方，也许在古人心目中家族墓地是神圣不可侵犯的。

后来，有人发现山下有一个水洞很不寻常。按照岩溶地貌的规律，有水的洞一般是比较深而且宽阔的，而这个山洞是不断向上走的，沿着洞向上走一会儿就可以到达几层楼的高度，也许隔着一层石头，外面就是高峻的峭壁了。洞里竟然有很多植物，这说明附近一定有洞口，否则植物会因缺氧而死，也许那个洞口就通往峭壁。

虽然没有人打通那个通往峭壁的洞口，但可以猜测到，从洞穴中运送悬棺是这种地理环境下最实用的方法，而在工具落后的战国时期就更是唯一能选择的方法了。

第三章

世界“第九大奇迹”——三星堆

三星堆是一座古城遗址，古城面积达 12 平方公里，是迄今为止世界上发现的最大的古城遗址。它位于中国四川省广汉市南兴镇的北部，约为北纬 31° ，东经 104.2° 。这里位处雁江南边，有条称为马牧河的古道在此蜿蜒绕过。马牧河的北岸形似月牙，被称为月亮湾；马牧河的南岸原有三个大土堆，故称“三星堆”。

三星堆古城中出土了数量惊人的文物，有巨大的铜人立像、奇特的青铜纵目人面具、令人惊讶的金杖，还有许多人类第一次发现的文物。华夏大地上的史前文明，成都平原中的玄秘神堆。

三星堆古城距今约 5000 年，是史前人类的创造、史前文明的遗址吗？三星堆是《山海经》中记载的古国吗？这一切都有待于我们去考证。

三星堆破土而出

三星堆遗址是中国古老文明的重要组成部分，几十年来一直牵动着无数考古专家的神经。三星堆是如何被发现的？三星堆这些宝物的主人是谁？它是怎么来的？

1929 年春天一个鸟语花香的日子，生活在川西平原上的人们像往常一样又忙起了春耕春种。普通农民燕道诚带着父亲和儿子一起来到地里挖井，准备用井水来灌溉土地、播种浇苗。

“砰”，燕道诚的手被震得有些疼。

显然，他的铁锹挖到一块坚硬的石头上了。可是，当他继续往下挖的时候，露出来的石头却让他吃惊不已。

“这不是普通的石头，是玉石。”读过几年书的父亲激动不已，小声地说，“这是宝贝啊，快把它埋起来，等天黑了，我们再来取。”祖孙三人窃窃私语一番后，把那个刚挖开的坑又埋了起来，并偷偷地做了记号，怀着万分激动的心情往回走。

好不容易等到夜幕降临，祖孙三人才悄悄地走出村子，来到大清早挖的那个土坑前。这一次他们从坑里挖出了许多宝贝，激动万分。

燕家得到这批宝物后，没有拿到市场上去卖。因为他们当时生活还算殷实，只把这些玉钏、玉璧、玉琮等作为礼物在逢年过节时候送给亲朋好友。因此，一些稀世珍宝渐渐流落民间。

到了 1986 年，当地政府在这里兴建砖厂，组织工人挖掘土方时，再次发现了一批价值连城的玉器、金器。至此，神秘的三星堆文明走进了人们的视线。

经过两次挖掘，三星堆出土了大量的珍贵文物，好像一座神秘的地下宝藏被突然打开。这里出土的几十件青铜器、一百多件金器都造型独特、巧夺天工，还有 70 多枚象牙。在一个地方发现这么多的象牙实属罕见。

在三星堆文明中，一个高大的青铜人像“与众不同”。我们都知道，青铜文化的鼎盛时期是商、周，留下的青铜器都讲究气度稳重、庄严，可是三星堆的青铜器恰恰相反，讲究的是飘逸、超脱，充满神奇的想象力。这个高大的青铜人，鼻子、嘴大大的，而且嘴上好像涂着朱砂，眼睛像个三角形。这样极富夸张的人像，在我国考古史上是仅有的发现。为什么要用青铜雕塑这个高大的像？他是谁，代表什么？人们一直没有弄清楚。

在三星堆出土的文物中还有一棵奇特的神树。它高达 4 米，由底座、树身和龙三个部分组成。这棵树长在一座小山上，分上中下三层，每一层的树枝都是三根。而且，古人用金子做树叶，用白玉做果实。在这棵小树上，共有 9 只小鸟和 27 颗“果实”。树干上还有一条小龙正在蜿蜒而下。想一想，爬行的龙、嘤嘤啼叫的小鸟、随风摇动的树叶……这是一幅多么动人的田园风景画啊!可是，这是一棵什么树呢?有的说是古代的摇钱树，有的说是传说中东海的扶桑树。

更让人不解的是，三星堆这些宝物的主人是谁？它是怎么来的？当时的四川没有很多的金矿和铜矿，那么这些金器、玉器、铜器的原料是从哪里来的？有的说，它属于外来文明；有的说，当时的中原夏王室发生动乱，王室里的人把这些宝物偷偷运到蜀地埋藏起来。但是，这些都仅仅是猜测而已。

震惊世界的“第九大奇迹”

1986 年，四川省考古队在三星堆挖掘出两个大祭祀坑，出土了金杖、黄金面罩、青铜人头像、青铜人像等许多稀世瑰宝，这次发现震惊了考古界，引起了人们无尽的不解和好奇。

随着对三星堆遗址的进一步挖掘，考古专家发现整个三星堆遗址竟然是一座史前文明的都城，20 世纪末的发现再一次震惊了世界。考古人员的勘测和发掘表明，三星堆遗址内东、西、南三面的土埂均为古城墙，城墙横断面为梯形，墙基宽 40 余米，顶部宽 20 余米，估计墙高在 7—8 米。东城墙长 1800 余米，西城墙被天河水冲毁，残长 800 多米，南城墙长 2100 余米，北面为雁江，马牧河穿城而过。三星堆遗址总面积为 25 平方公里。在三星堆遗址周围 12 平方公里内，分布着十多处密集的古遗址群，显示出三星堆古城有可能为密集聚落之中的内城。古代称城墙内为城，城墙外为郭，城指内城和外城，三星堆城郭已有 12 平方公里之多，在世界史前文明城市中也是极为罕见的。

三星堆遗址奇在何处、谜在何处？三个“神堆”是三星堆最神秘的地方之一。在一片台地上，依次排列着三座低矮的小山丘，这三座低矮的山丘正是追溯三星堆史前文明的重要标志。它的存在，有如埃及金字塔一样，隐藏着远古文明的巨大信息。三星堆作为“神堆”的重要性，还远未被人们认识。这三个土堆究竟是远古时代的祭台，还是帝王的墓地，抑或是灵台（天文观察台）呢？何以取名“三星堆”呢？虽然这可能只是当地人代代口传的“土名”，但亦有可能有某种真正的含义在里面。既是“神堆”，其神秘之处何在呢？三星堆的“堆”在川人口语中，有人工垒积的意思，如“坟堆”、“肥堆”之类。而且，其起源甚早，“离堆”即可为证。从字面上理解，三星堆可以理解为人工所垒积的三座土山（台）。

作为地面珍贵文明遗址的三星堆曾经因常年累月被烧砖工人取土，加上风吹雨打，已经崩秃缺倒，不复当初三星堆的巍峨了。

1986 年 3 月，四川考古学者曾经以当时残存的半个三星堆为基准，进行网状布方。他们挖了 53 个探方，总面积达 1325 平方米（另一则报告为 1700 平方米），在厚 2.5 米的 15 个文化层内共发掘出 9 座房屋遗址，101 个灰坑，10 万多块陶片和 5000 余件铜、陶、玉、石、漆器等。其中十多件制作精致的鸟间陶夕柄，特别引人注目。

考古学者们所发掘的只是“残存的半个三星堆”，面积竟达 1325 平方米。

保守估计，整个三星堆当有 3000 平方米，也就是说长、宽各约 50—60 米之间。事实上这半个三星堆的周边都被取土而挖掉了，估计周边不会少于羊子山的周边。另外，最重要的是他们没有在探方中发现历代的坟茔，而发掘出 9 座房屋遗址，可以证明三星堆作为“台座”而有庙殿存在的可能，我们尚不知这 9 座房屋遗址是出现在一个层面，还是数层面，如果是后者，那么三星堆在长达 2000 年的存续期间，就是不断地在神庙的旧址上又兴建新的神庙。

世界考古大发现往往集中在埃及文明、玛雅文明和两河流域文明之上，不但从已发掘的文物去探讨，更是从更宽广的范围，如整个遗址的布局以及周围环境去寻找史前文明的痕迹。正是这些努力改写了整个人类的发展史。甚至有不少学者提出，在现在的地球文明之前，曾经有过上一次文明。上一次文明便已形成了“全球化”的趋势，对上一次文明的中心（或源头）的寻找就成为考古探索的热点。在这种背景下展开对三星堆遗迹的探索，无疑是引人入胜的。

神秘的三星堆文物

三星堆古城遗址的整体布局令人称奇，整座城是经过严密的勘测、设计而修筑的，不是由村落发展而来的。它的布局十分严谨，是以中轴线为城郭区域的核心进行规划的。几个重要遗址，如宫殿区、作坊区，都分别位于中轴的不同区段上。中轴线南端，南城墙内外，以及中轴线的东、西两侧，东、西城墙以内，都有着密集的文化遗迹。生活区有大片房舍遗址，生产区发现陶窑、玉石器作坊，其中大量生产工具，手工业成品、半成品。还发现青铜器作坊，有陶质坩锅和铸造青铜器的泥芯。在城内还发现相当完善的排水系统。

据专家测算，三星堆王都内城面积为 2.6 平方公里，约有 1.6383 万户，以每户 5 口计，应有 8.1915 万人。如果加上外郭 12 平方公里的人口，估计有 20 余万人。三星堆王都的规模和人口在世界史前文明国家城市中都是首屈一指的。

如此规模宏大、设计严密的一座大都市，在近 4000 年前突然崛起在成都平原上，加之出土文物，如最令人骇异的青铜纵目人面具、神奇的大金杖、青铜人物雕像等，这里已然形成了国际大都会，真是一大奇迹。

三星堆出土的青铜人物雕像，不管是全身像、人头像还是人面像，都是服式、冠式、发式各异。服式上，有左衽长袍、右衽长袖短衣、犊鼻裤等，各不相同。发式上，有椎髻、辫发、光头等区别。冠式上，有花状定形高冠、平顶冠、双角形头盔等区别。雕像群里显然是不同族类的集合。这些族类，证之史籍，当包括氐羌和西南贵族，也有不见于古代中国的某些外来族类。其雕塑风格既与西亚、近东的雕塑风格相近但又不尽相同。譬如美索不达米亚考古材料中的梅尼希叱什（Manishtnsn）时代的帝王青铜人头像，它本身就完全写实并且是特定人物的肖像。

三星堆的青铜人头雕像有着自己的特点，它以抽象和概括为特征，注入了大量理性化的色彩，由此区别于上古雕塑中的偶像或原始的图腾崇拜。三星堆人头雕像注意局部，特别是面部刻画，强调面部的顶骨结节、顶丘、偶角、下颏六点。其中对额丘、颧骨、咬肌、颌结又给予重点突出。这些雕刻技术表明古蜀艺术家对人体解剖已有深刻的了解，尤其是对人头像的透视感已上升到一定高度。

三星堆文物的另一神奇之物是大金杖。金杖出土于三星堆 1 号坑，年代在夏末殷初（公元前 14 世纪左右），距今约 3500 年。这根纯金卷包的金仗，长 1.42 米，净重约 500 克，其上平雕有戴冠的人头、鸟、鱼图案，这在中国尚属首次发现。

历经 3500 年的尘封，金杖仍金光闪闪、熠熠生辉，杖身上的图案清晰可辨。在中国考古史上，这是第一次出土金杖，学者们依据既有的史料无法说出它的来历和用途，这成为三星堆文物的一大难题，一个难以破解的哑谜。

从形式上看，三星堆金杖与西亚、埃及较晚时期的权杖相似，属于细长类型。两者均在杖身上端刻有与国家权力有关的平雕图案，标志着王权、神权和财富垄断权。故而有的学者认为，金杖是采借近东权杖的文化形式而制成的，是“舶来品”。

有的学者认为，“权杖”乃古蜀传国之宝，为当权者所执，人在杖在，人亡则传之于后世，或为后起者所夺得，而不是与其他铜器一起被焚烧掩埋。由此看来，“金杖”不像是蜀王的“权杖”，而更像天神作法所用“魔杖”一类的法具。从出土的铜人头像和铜人等器物来看，这些铜像实际上是被古蜀先民尊崇的天神偶像。神像及法具二者的联系似有必然，此为“神杖”或“魔杖”说。

另外还有部分学者根据金杖杖身上的图案，推测金杖既是权杖也是神杖。金杖上的人头图案，头戴五齿高冠，耳垂三角形耳坠，与 2 号祭祀坑所出蜀王形象造型——青铜大立人相同，表明杖身所刻人头代表着蜀王及其权力。鱼、鸟图案的意义在于，鱼能潜渊，鸟能登高，它们是蜀王的通神之物，具有龙的神化般功能。而能够上天入地、交通于神人之间的使者正是蜀王本身，所以金杖不仅仅是一具王杖，同时也是一具神杖，是用以沟通天地人神的工具和法器。

金杖究竟是权杖还是神杖？持杖之人究竟是天神还是人皇？其形制是从近东古文明采借还是中国本土产生？

三星堆的文物是十分奇妙神秘的，人们都试图揭开它神秘的面纱，了解其真正的内涵，但这并非易事，人们只能猜测。

怪异的青铜纵目人面具

在三星堆出土的众多文物中，最令人骇异的是那面巨大的青铜纵目人面具，其造型之奇特、面目之怪异、形状之巨大、铸造之精美都是世界文物考古史上空前的，给人留下深刻的印象。

青铜纵目人面具出土了多件，都为同一类造型的面具，大约分大、中、小三种，最为巨大的一面出土于 2 号坑，编号为 K2:148。据文物报告：“阔眉大眼，眉尖上挑，眉宽 6.5～7 厘米。双眼斜长，眼球极度夸张，直径 13.5 厘米，出眼眶长 16.5 厘米，前端略呈菱形，中部还有一圈镯似的箍，宽 2.8 厘米，眼球中空。鹰钩鼻……大嘴，两嘴角上翘接近耳根，双耳极大，耳尖向斜上方伸出，似桃尖……额中部有一个 10.4×5.8 平方厘米的方孔……通高 65 厘米，宽（以两耳为准）138 厘米，厚 0.5～0.8 厘米……这个画像可能是附在某个建筑物图腾柱上的。”

许多青铜面具有眉眼描黛、口鼻涂朱的情况，在其两只桃尖形、形如兽耳的大耳朵内侧刻有复杂的图案，似与人的形象有所区别从而加强神性特征。

青铜纵目人面具以其想象丰富、怪诞神奇，而引起不少专家注目，然而迄今尚无人作出令人信服的解释。

有的考古学家认为其是蜀国第一代蜀王蚕丛，也有人认为是傩神方相氏，甚至认为是一种神兽，众说纷纭，莫衷一是。

还有一种看法认为是蚕丛氏，也就是蚕祖，蚕目为鼓突状，所以蚕丛就应该是鼓眼。而蚕又为马，马目也可以称为“纵目”，蚕又可化为“龙”，龙目自然也是“纵目”。此说有点道理，但遗憾的是我们为何在青铜纵目人面具上找不到丝毫能表现蚕、马、龙的特征，比如马嘴龙唇等，而仍然是十分真实的人面呢？

青铜纵目人面具会不会带着史前文明的信息呢？

《山海经·大荒北经》中记载："西北海之外，赤水之北，有章尾山。有神，人面蛇身而赤，身长千里，直目正乘，其瞑乃晦，其视乃明。不食不寝不息，风雨是谒。是烛九阴，是谓烛龙。"

这段记载称，一条千里之长的赤色巨蛇，不需吃喝，也不呼吸。一呼吸便起风，或吹呼之间便为冬、夏。特别强调了它的眼睛，为"直目正乘"，闭上便一片黑暗，张开就大放光明。对"正乘"的含义，语焉不详，历史颇多分歧，但对"直目"，诸家都赞成郭璞的说法，即"目纵"之意。研究三星堆的学者认为，三星堆的纵目人面具就是烛龙"直目"的真实写照。蚕丛纵目实际上就是烛龙"直目正乘"。纵目人面具的发现印证了《山海经》上的记载和《华阳国志》上的记载。近代研究者还认为祝融读音与烛龙近，烛龙又可视为古史记载的赤帝祝融。

在炎黄二帝的谱系中，都有祝融。这些表明，"祝融"起到了"光融天下"的作用，融炎黄为一族，为两族共奉的祖先——蚕丛氏。

"祝融"显现为"烛龙"的形象却令人诧异，对"身长千里"前人有所怀疑，列为注解，有的研究者认为是烛龙出现时其光耀强烈，令千里之外的人也能见到。"视为昼，瞑为夜"即"瞑乃晦，视乃明"。昼夜当作明暗讲，形容其"直目"射出的光线之强，"正乘"之意就是很强烈。"吹为冬，呼为夏"是言烛龙在活动时，需大量空间摄取热能，使得大地生寒如冬天；它排除废气时，也可使大地酷热如炎夏。"烛龙"可以控制气候，所以说"风雨是谒"。由"融降于崇山"来看，烛龙是可以升降的，也可能是一条火龙。这条火龙是巨型火龙，还是小型烛龙，《东山经》记载：祝融只如黄蛇，比起烛龙来小得多了。黄蛇，黄色的圆柱身，并且生有鱼翅一般的飞翼，起飞和返航时都有光。

从以上记载可以推测，祝融及烛龙，实际上是史前文明的空中飞行器，从巨型到微型，由父代到子系，可以说已形成一个庞大的空中体系。

20 世纪 20 年代，瑞典地质学家兼考古学家安德森在中国甘肃一带进行考察，在宁定（今广河）购得几件新石器时期半山文化类型的陶塑半身神像，其中一件为圆头、长胫，下部切成齿状并满饰彩绘。令人印象深刻的是一尊像的额顶有两块对称的圆镜饰物，极似一副护眼的风镜。从整个头像观察，很像是一位神情肃穆、戴着头盔的人像。从这尊塑像所属的文化类型看，它距今至少有 4500 余年的历史。

1959 年，在浙江省海宁的马家浜遗址发掘出一块陶片，上面刻有似猿似人的头像，外面显然套有一个封闭式的头盔，其右侧还有一带状饰物，可惜已折断，不知连接于头盔的何处。其年代在 4500 年前。

这些发现提供了线索：上一次文明存在过航天时代。

据史载，颛顼在位 78 年，崩年 98 岁，颛顼传九世，共 548 年。这些记载真实可靠，但三星堆出土的精美文物表明，华夏文化的确曾经有过一次辉煌。

据此我们可以猜测，蚕丛（祝融）一代的“纵目人”，就是大约在 5000～10000 年前，黄帝——颛顼时代的华夏上一次文明所培养的“太空人”。

七大千古之谜

三星堆遗址的神奇亮相引起了人们的纷纷猜测，一时间众说纷纭。三星堆古城无论是其本身，还是其中的祭祀坑，还是千奇百怪金铜像、金手杖等文物，都让人百思不得其解，至今仍是难以破译的千古之谜。虽然专家学者对其中“七大千古之谜”争论不休，但它们终因无确凿证据而成为悬案。

一、三星堆文化来自何方？

猜测：关于三星堆文化的来源，目前有与岷江上游新石器文化有关、与川东鄂西史前文化有关、与山东龙山文化有关等看法，即人们认为三星堆文化是土著文化与外来文化彼此融合的产物，是多种文化交互影响的结果。

二、三星堆遗址居民的族属为何？

猜测：目前有氐羌说、濮人说、巴人说、东夷说、越人说等不同看法。多数学者认为岷江上游石棺葬文化与三星堆关系密切，其主体居民可能是来自川西北及岷江上游的氐羌系。

三、三星堆文明为何突然消亡？

猜测：外族入侵？洪水？瘟疫？外星人入侵？

四、三星堆古蜀国的政权性质及宗教形态如何？

猜测：三星堆古蜀国是一个附属于中原王朝的部落军事联盟，还是一个相对独立的已建立起统一王朝的早期国家？其宗教形态是自然崇拜、祖先崇拜还是神灵崇拜？或是兼而有之？

五、三星堆青铜器群高超的青铜器冶炼技术及青铜文化是如何产生的？

猜测：蜀地独自产生发展起来的，还是受中原文化、荆楚文化或西亚、东南亚等外来文化影响的产物？

六、出土上千件文物的两个坑属何年代及什么性质？

猜测：年代争论有商代说、商末周初说、西周说、春秋战国说等，性质有祭祀坑、墓葬陪葬坑、器物坑等不同看法。

七、“巴蜀图语”有何象征？

猜测：三星堆出土的金杖等器物上的符号是文字？是族徽？是图画？还是某种宗教符号？

这七大悬案也即三星堆七大千古之谜，迄今在考古学界尚无定论。令人惊讶的是，三星堆文物的每一次发现，无论是意外的发现或是考古发掘的发现，都会不断打破人们的成见，令人惊叹不已、匪夷所思，给世界考古界带来震撼。

成都平原上五座史前文明古城可能是夏人构筑，为鲧“始作”。但在《山海经》中却记为“大比赤阴始为国”，这“大比赤阴”又是什么呢？这个“国”其实就是城郭、块邑、都邑。

这段话记载在《山海经·海内经》上是这样的：后稷是播百谷。稷之孙曰叔均，是始作牛耕。大比赤阴，是始为国。禹、鲧是始布土，均定九州。

袁珂认为，说“大比赤阴”即赤国妻氏，是对的。大比赤阴就当是一个人名，“‘大比’或即‘大妣’之坏文，赤阴，若即后稷之母姜原，以其音近也。”看来，这一看法是精当的。

“大比赤阴”即“稷母姜原”，实是“姜原妻氏”，这个“妻氏”是指谁呢？

据《中华大字典》释，“妻”，在上古之时，作贵女讲，也就是贵妇的意思。《山海经》上的“帝俊常羲”和“帝俊羲和”的“妻”都不作配对讲，“帝俊”为“天”，即“天后学羲”的意思。在夏王尚称为“后”，即沿袭“妻”的称号，故而我们以为，“赤国妻氏”可能就是“帝俊妻”。

成都平原史前即有黄帝故国“嘹国”。《后汉书》李贤注说，嘹县故城在今梓州嘹县（按：即今三台县）西南。这个“嘹国”可能就是“赤国妻氏”“大妣赤阴”，也就是姜原姬姓之国。后稷始用农耕，其族始为国是完全可能的，并且姜原就在岷江上游，这和已发现的郫县芒城相近。

由此我们可以得出结论，“鲧始用城廓”和“大比赤阴始为国”并不矛盾，而是一致的，不过一个依父系，一个依母系，他们建造都邑的地方都在成都平原，其年代最迟在 4500 年前，当时成都平原上已是都邑密布，形成了相当昌盛的城邦文明。

关于史前文明的大城，《山海经》上也有记载。

《山海经·海内西经》曰：后稷之葬，山水环之。在氐国西。流黄酆之国，中方三百里，有涂四方，中有山，在后稷葬西。

《山海经·海内经》曰：有国名流黄辛氏，其域（《藏经》域作城）中方三百里，其出是尘土。有巴遂山，绳水出焉。

郭璞认为，流黄酆氏之国和流黄辛氏之国是一国，“中方三百里”指的是“国城内”。这两则记载很有价值，“流黄酆氏之国”记载了“有涂四方，中有山”，点明这座大城具有四通八达的大道，并且“中有山”，很可能就是三星堆。“流黄酆氏之国”则生动地描绘了大城的繁盛，“其出是尘”，古经上记载的是“其出是尘土”，可见车马往来，尘土飞扬，十分热闹。而“绳水出焉”，前人以为即若水，其实不然。三星堆所在地古称绳乡，绳水当是从绳乡流出的一条水。

这个“酆氏”或“辛氏”或许就是史籍上的“莘国”、“有莘氏”。辛，胜也，也就是女人头上佩戴的花冠。西王母便“戴胜”。而“王母”的意思据《尔雅》解释是“人祖”的意思，西王母其实就是女娲娘娘，这个“辛氏”其实就是“大比赤阴”或“赤国妻氏”所开创的王国。有趣的是这个“女儿国”与鲧、禹的关系。《吴越春秋·越王夫余外传》说：“鲧取于有莘氏女。”《太平寰宇记》说：“莘国，姒姓，夏禹之后，（周）武王母太姒即此国之女。”

综上所述，三星堆王国有可能就是《山海经》上记载的“流黄酆氏之国”或“流黄辛氏之国”，其源远流长，可追溯到伏羲女娲，是黄帝时代的古国，为夏王朝复兴的基地。

第四章
致命建筑——金字塔

在地球北纬 30° 附近，存在着许多令人难解的神秘怪异现象，沿着北纬 30° 线寻觅，我们不能不提到古埃及金字塔。

金字塔是古埃及文明的代表，是埃及国家的象征，埃及人民的骄傲。在古埃及文里，金字塔称为“庇里穆斯”，意思为高。它是一种方底尖顶的石砌建筑物，从各个角度看都像是汉字的“金”字，故中国人称之为“金字塔”。

古埃及金字塔由 230 万块巨石堆积而成，每块巨石平均重约 2.5 吨，石块之间没有任何黏着物，人们很难把一把锋利的尖刀插入石缝中。很难想象，在没有现代化操作设备的年代，金字塔是如何建造的？又是谁建造的，用途到底是什么。隐藏在金字塔之后的那些神秘的数据又蕴含着什么玄机呢？

金字塔的神秘数据

作为史前文明的遗迹，作为古代世界“七大建筑奇迹”中唯一保存完好、称得上是货真价实的奇迹建筑，金字塔背负着太多的难解之谜，尽管历经几个世纪的艰难探索，我们仍知之甚少。金字塔的数据之谜就是其中之一。

大金字塔的塔高 × 10 × 10^9 = 地球到太阳的距离（1.5 亿公里）

大金字塔底周长 × 2 = 赤道的时分度

大金塔的自重 × 10^{15} = 地球的重量

大金字塔塔高的平方 = 塔面三角形面积

大金字塔底部周长 ÷ （塔高 × 2） = 圆周率 π （3.1416）

大金字塔斜面高 × 600 = 一个纬度

金字塔的神秘数字还不仅于此，还有更巧合的地方，例如：

金字塔的对角线之和是 25826.6 厘米，地球两极轴心的位置处于不断变化中，但是经过一定的周期后，它又会回到原来的位置，这个周期是 25827 年。

吉萨的三座大金字塔构成的三角的三条边的长度比例为 3 ∶ 4 ∶ 5，符合毕达哥拉斯定理。

大金字塔的长度单位是根据地球的旋转大轴线的一半长度而确定的，即大金字塔的底是地球旋转大轴线一半长度的 10%。

大金字塔的底面的四边方向，正好对着东、南、西、北，塔的进口隧道正好对着北极星，在隧道内任何一处地方，任何时间里均可观察到北极星。

大金字塔同时确定了法寸的长度和公亩的边长。

金字塔距地球中心的距离和距北极点的距离相等。

如果用底的 1/2 除大金字塔的斜面长度（斜边距离）的话，就会出现 0.618 的黄金比率分割。

如果将金字塔底面正方形的纵平分线延伸，无穷下去就是地球的子午线，穿过金字塔的子午线，正好将地球的陆地和海洋分成均匀的两半。此外，这条经线还是地球所有经线当中经过陆地长度最长的一条。

如果将金字塔面正方形的对角线延伸，正好将尼罗河、尼罗河三角洲平分。

以上只不过是少数几则例子，这些数字的吻合真的只是巧合吗？还是大金字塔是古埃及人的数学智慧结晶呢？

金字塔各部分的尺寸在金字塔学家们看来具有深远而重大的意义。金字塔高 137.18 米，塔基边长 230.38 米，塔底周长约 1 公里，这个数字很重要，它表示着“金字塔预言说”全部理论的各种关系。这个理论特别重视 13 这个数字和 1 / 3 英亩（约 1348.95 平方米）的“石头铭文”，因为它们都是除不尽的数。太阳历一年的天数是 365.24，把小数点放在第 5 个数字后，成了 36524，用 36524 除以 4，得出的结果是 9131 这个数字，正好是金字塔塔基的边长（英寸），也表示四季平分的时间。用 36524 乘以 5，得出 182620，而这正是古埃及和希伯来使用的腕尺长度（约等于 18.26 英寸，自肘至中指尖的长度）。用塔基的边长 9131 除以 25，又得到 365.24 这个数字，即公历一年的天数。不仅如此，金字塔中还显示了恒星年（比太阳历一年长约 20 分钟）的近点年（365 天 6 小时 13 分 53 秒，比恒星年长约 5 分钟）。6000 年之久的春分、秋分之间的岁差也通过度量单位表示了出来，而现代天文学知道这个差别的历史只有约 400 年。

金字塔还向研究者揭示了圆周率的值。

过去，任何一本教科书都告诉我们，公元前 3 世纪的希腊数学家阿基米德（Archimedes）是第一个计算出 π 的正确数值为 3.14 的人。学者们认为，在美洲，人们知道 π 值则是在 16 世纪欧洲人抵达之后。因此，当埃及吉萨地区的大金字塔和墨西哥泰奥提华坎古城的太阳金字塔的设计上都和 π 值“巧合”时，他们确实深感惊讶。更为“偶然”的“巧合”便是，这两座金字塔在表达 π 数值的方式上竟然非常相似。这似乎暗示着，在阿基米德发现 π 值很久很久之前，大西洋两岸的古代建筑师们便已“偶然”地理解和熟悉了这个超常数。

在几何构造上，任何金字塔都不可避免地会牵涉如下两个基本要素：一是顶端距离地面的高度：二是金字塔底边的周长。埃及大金字塔的高度（481.3949 英尺）和周长（3032.16 英尺）之间的比率，正好等于一个圆的半径和圆周长之间的比率，即 2π。当我们将其高度乘以 2π 时，就可以准确地算出其周长：481.3949×2×3.14＝3032.16。反之，如果我们将其周长除以 2π，同样可以得到其高度：3032.16÷2÷3.14＝481.3949。

很显然，在如此精确的数学关联面前，很难得出单纯的巧合的结论。也许在面对事实时，我们应该承认埃及大金字塔的设计师确实已经懂得了 π 的原理，并将它运用到了金字塔的建造上。

不过，埃及人为何要替自己设计如此高的标准呢？如果他能宽容的误差度为 1%～2%，而非 0.1%以下，不仅不会对金字塔的品质造成明显的影响，反而可大大降低工程的难度。在全世界人都以惊叹然后是挑剔的目光面对金字塔时，这个宽容的想法是很有用的。至少，它产生了一个和金字塔一样笨重但又相当巧妙的问题：为什么在 4500 年前要建造一个理论上非常原始的大石碑建筑，而且要这般坚持着机械时代都难以达到的高精密度？

如果手捧一把米、沙或小石子，让它自行慢慢从手中滑落，不久就会形成一个自然圆锥体，圆锥体的锥角一般为 52°，也即是自然塌落现象的极限角和稳定角，令人惊奇的是，金字塔的锥角正好是 51° 50′ 49″。

金字塔取接近 52° 的锥角十分符合科学原理，由于地处强劲风暴的沙漠中心，金字塔这种斜面和锥角正好抵御和衰减了风暴的力量，塔的受风面由下而上，越来越小，在到达塔顶的时候，塔的受风面几近于零，从而在相对尖削的塔顶部位，风的破坏力也趋近于零。

探秘金字塔能量之谜

尤其令人感到惊奇的是，金字塔内有着一股无形的、特殊的能量，那就是当前蜚声欧美各国的“金字塔能”。据说这种能量有着许多奇妙的用途和奇特的功效。

法老胡夫金字塔墓室和甬道里十分黑暗，但内部结构极为复杂和神奇，并饰以雕刻、绘画等艺术作品。用火炬或油灯照明一般会留下用火的痕迹，可是它积存的灰尘里却没有一颗黑烟的微粒。于是今天的人推测说，艺术家在胡夫金字塔地下墓室和甬道里雕刻、绘制壁画时，根本不是使用火炬或油灯来照明，而是很可能利用了某种特殊的光电装置。

听说某一座看起来平平常常的金字塔密室里藏有一具冰封的物体，探测仪器显示这一物体内部似有某种生命体，而这一生命体似乎也有着类似地球人的心跳及血压现象，人们相信它至少已经存在 5000 年了。在密室里面，人们还发现了一块刻有古埃及象形文字的金板。据金板记载，公元前 5000 年，有一辆被称为“飞天马车”的东西在开罗附近坠毁，只有一名生还者。

一些科学家说，实验的结果表明，把肉食、蔬菜、水果、牛奶等放在金字塔模型内，可保持长期新鲜不腐。现在法国、意大利等国的一些乳制品公司已把这项实验成果运用于生产实践之中，采用金字塔形的塑料袋盛鲜牛奶。据说，比起其他的包装形式，金字塔形内的鲜牛奶存放时间最长。

把种子放在金字塔模型内，可加快出芽。断根的作物栽在模型内的土壤里，可促其继续生长。金字塔形温室里的作物，生长快、产量高。把自来水放在金字塔型内，25 小时后取出，称之为“金字塔水”。这种水在塔里所获得的能源被“禁锢”在水分子之中，有着许多神奇的功效，可放入冰箱或其他潮湿的地方，长期贮藏，以备不时之需。用“金字塔水”泡茶、煮咖啡、冲奶粉、制作清凉饮料，味更醇；用它烧菜、熬汤，比用普通水味道更鲜美；每天喝杯“金字塔水”，能健胃，助消化，医治神经紊乱；用它洗脸，可使皮肤娇嫩；它能消瘀止痛，减轻关节炎患者的痛苦，甚至治好关节炎；它对医治粉刺、黑痣、鸡眼、痈疽、疣肿等皮肤病也有一定的疗效；用“金字塔水”浇灌农作物，可促进作物茁壮成长，提高产量；用它浇果树、蔬菜和花木，水果和蔬菜的滋味更佳，鲜花更加缤纷馥郁；摘下的鲜花如插在盛“金字塔水”的花瓶里，可推迟凋谢，延长观赏时间。

最奇妙、最引人入胜的莫过于对人体的试验了。进入金字塔模型内，人就会感到相对舒适，精神容易集中，思维也敏捷得多。如果你头痛、牙痛或感到其他不适，到金字塔里，一小时后就如释重负；神经衰弱，疲惫不堪，到金字塔里几分钟或几小时后，就会精神焕发，气力倍增。在座椅下面放一个小金字塔模型，可以消除久坐的疲劳，保持旺盛的精力；在床下放置一个小金字塔模型，可以消除失眠或睡觉不踏实的症状，并使人睡眠安稳，妇女经期出血减少，头脑清醒，性功能改善。把夜里哭闹的孩子放进金字塔模型内，他会立即安然入睡。

据说，一位牙科医生在手术椅上挂了13只小金字塔，收到了使病人疼痛感减轻的效果。罗马尼亚许多地方民用供水塔建成金字塔的形状，能够杀死水中的一些细菌，饮用水质量大大提高。美国一位名叫莎莉·坚斯的女心理健康医生，用不锈钢细管制成一米多高的金字塔形理疗框，让那些上了年纪而不宜做剧烈运动的男女静坐在里面，松弛精神，任意冥思，能够产生神奇的医疗作用。

关于金字塔的神秘作用在西方国家被广为宣传，这究竟是出自商业投机心理，还是金字塔真正在发挥作用，人们很难辨别，因为关于这些传说、消息等的真伪，至今未有医学上的可靠证据出示在人们面前。

金字塔的神奇用途

直到今天，“金字塔是埃及古代王朝法老陵墓”一说似乎已经被人们认可，埃及几乎所有金字塔的内部隔间都被冠以“国王墓室”、“王后墓室”之类的字眼。事实上，吉萨高地上所有被盗和没有被盗的金字塔内从来没有发现过任何一具木乃伊和殉葬品。法老的尸体全都放在金字塔周围的庙宇里。人们在金字塔里找到的尸体全是盗墓者或土匪的尸首。

那么，大金字塔到底有什么用呢？科学家们对此议论纷纷、莫衷一是。

一年中，在特定的某几天，当太阳照在吉萨高地金字塔顶上的条纹大理石板上的时候，其反射到空中的亮光在月亮上都能清楚地看到。这难道是与外星进行通联的方式？

最新最奇的理论是——金字塔是发电厂。埃及著名的金字塔研究专家阿兰·F·阿尔福德在他刚刚出版的新书《新世纪的奇迹》中一一列出证明其理论的证据：胡夫金字塔“王后墓室”的地板上竟然有被水长期浸蚀的痕迹，“国王墓室”四周被远古时期的强热烧焦了，离吉萨高地不远的国王谷和王后谷里有成堆成堆无法解释的高温作用后留下的白色“细砂”。那么这究竟是怎么一回事呢？阿尔福德的注解是：当尼罗河被引到金字塔边的时候，水最先淹进金字塔的地下室，这些水被抽进“王后墓室”里燃烧，从而释放出巨大的热能。那么，在这里建造如此巨大的“电厂”有什么用途呢？埃及的古谚语说过：“金字塔是光明之顶，是巨大的眼睛。”这么说，金字塔是给遥远的宇宙航行指导方向的“灯塔”？

“金字塔是星座图”是又一新说法。1998 年，英国著名金字塔学家扎克里亚·斯特钦在新著《通往天外之路》中写道："吉萨高原乃至整个尼罗河谷金字塔的排列与猎户星座排列完全一致，所以金字塔肯定跟这个星座有关。整个尼罗河谷是一幅巨大的星象图！"

还有另一种比较古典的说法，即约 300 年前，法国的德·夏鲁塞所提出的大金字塔日食之说。他注意到照射在大金字塔各斜面的太阳影子会随季节的更迭而有稍微的变化，经过一年的观察，他终于查出北侧的斜面上分为可形成影子和不能形成影子的季节，其分界就在 3 月 1 日和 10 月 14 日。而这两日正好是农作物的收种日期，因此他才发表了大金字塔是用来通知耕种之历法日时的文章。

关于金字塔的用途，除了上述几种，还有很多种说法，但都没有充足的证据，有待后人进一步考察。

金字塔到底是如何建成的

金字塔作为古代世界建筑史上的一大奇迹，既是文明古国埃及的象征，又是全人类极其珍贵的文化遗产，那些见过甚至没有见过金字塔的人们不禁会问，在技术水平、运输条件、起重设备、打磨工艺等相当落后的古代社会里，古埃及人是如何完成规模如此浩大、技艺如此精细的庞然大物的呢？

关于金字塔的建造之谜，迄今已有不少学说流行于世，但均大相径庭。其中具有代表性的有以下三种：

一、外星人的杰作

由于建造金字塔之说上有很多难以解释之处，再者，随着飞碟观察和研究活动越来越多，有人便把神秘的金字塔和变幻莫测的飞碟上的外星人联系起来。

许多西方学者断定人类是无法完成如此浩大的工程的，提出是外星人建造的观点，主要代表人物是冯·丹尼肯。他认为，古代埃及缺少石头和木材，也没有测量技术，绝对造不出如此高大的建筑物。他还认为，建造如此巨大的建筑，承建国至少需要有 5000 万人，而当时全世界仅有 2000 多万人口。

有的学者经过推算还发现，通过开罗近郊胡夫金字塔的经线把地球分成东、西两个半球，它们的陆地面积是相等的，这种巧合大概是外星人选择金字塔建造地点的用意。20 世纪 80 年代有人宣布了一个惊人的发现，说考古学者在金字塔里发现了藏有外星人或者生物的证据。据说，在金字塔内发现了一卷用象形文字记载的文献资料。据资料记载，5000 多年以前有一辆称为“飞天马车”的东西撞向开罗附近，并且有名幸存者，他就是金字塔的外星人设计师和建造者，而金字塔则是通知外太空的同类前往救援的记号。

再加上有关的金字塔真真假假的神力传说，这一说法日渐盛行起来。

二、混凝土浇筑的结果

2000 年，法国化学家约瑟·大卫·杜维斯提出了惊人的见解，他在著作中说，建造金字塔的巨石不是天然的，而是人工浇筑而成的。大卫·杜维斯借助显微镜和化学分析的方法，认真研究了巨石的构造，他根据化验结果得出，建造金字塔的石头是用石灰和贝壳经人工浇筑混凝而成的。大卫·杜维斯认为，古埃及人通过掌握的浇筑技术，将搅拌好的混凝土一筐筐地抬到建筑工地上，按一定的规模浇筑成一块块巨大的石块，一层一层加高，最后建成宏伟的金字塔。他还提出一个很有说服力的佐证：在一块石头里，他发现了一缕 1 英寸长的人的头发，唯一可能的解释是，工人在劳动时不慎将这缕头发掉进了混凝土中，保存至今，这也是古埃及人辛勤劳动和聪明才智的证据。

一些科学家认为，鉴于现在考古研究业已证实人类早在数千年前就知道如何浇筑混凝土，所以大卫·杜维斯的判断得到了很多人的支持，但也有更多的学者对此提出了质疑。古埃及人为什么舍弃附近的花岗岩而去用一种复杂方法制造难以计数的石头?

三、百万奴隶的劳动成果

具有“西方史学之父”之称的希罗多德有资料记载，建造金字塔的石头来自“阿拉伯山”，修饰其表面的石灰石是从河东的图拉开采运来的。

在那个落后的年代，没有炸药，没有先进的工具，所以开采石头不是一件容易的事情。埃及人用铜或青铜的凿子在岩石上打眼，然后插进木楔灌上水，当木楔吸水膨胀后，岩石便破裂了。这样落后的技术，在 4000 多年前却是了不起的。

据说，当年建造金字塔时，所有的劳工被分成 10 万人的大群来工作，每一大群要劳动 3 个月。这些劳动者中有奴隶，也有普通的农民和手工业者。古埃及奴隶先在地面上用巨石砌好金字塔的第一层，然后再在第一层旁边筑起一道坡度平缓的土墙，把利用牲畜和滚木运到建筑地点的巨石沿着斜面推上金字塔，垒起金字塔的第二层。这样一层一层地垒上去，直到金字塔最后砌成之后，再将四周形成的土山移走，金字塔就雄伟地耸立在地面上了。由于古代技术条件落后，修建运输石料的路和金字塔的地下墓室就用了 10 年的时间，整个艰苦而浩大的工程 30 年才完成。

关于金字塔的建造，越来越多的证据表明，这是迄今比较趋向一致的说法。实验考古证明，古代埃及人在实践中发现并采用这种方法建造金字塔是可能的，可见金字塔凝聚了古埃及人的所有聪明才智。

所以，外星人建造了金字塔的说法是不可靠的，缺乏令人信服的依据。金字塔到底是如何建成的，现仍处于猜测推理之中。

还有一个问题，古埃及人是如何把金字塔建设得如此精确的呢？例如，胡夫金字塔的底座几乎是一个完美的正方形，与正北方呈精确的直线，北侧的基座和南侧的基座几乎是等距离的，相差只有 2.5 厘米，真可谓精确之至了。

越是神秘的东西越能蛊惑受众，使得越来越多的人为之神往。金字塔在经历了 4000 多年的狂风暴雨、地震沙暴、严寒酷暑的侵蚀和破坏之后，仍然巍然耸立、英姿飒爽、威风不减当年，这本身就是一大奇迹，一个难解的谜团，而且金字塔的建筑地点——地理上的位置，恰好是北纬 30° ，这仅仅是巧合吗？

法老墓的恐怖诅咒

在金字塔幽深静谧的墓道里，刻着一句十足威严的咒语：“谁若打扰了法老的安宁，死神的翅膀就必将降临在他头上。”人们以前对这种咒语不屑一顾，5000 多年以前留下这样一句话，无非是忠告那些觊觎金字塔内墓室宝藏的后来之人，无非是法老想让自己获得永久的安宁。后来随着近代考古学的兴起，世界各地的考古学家和探险家前来埃及，或发掘古迹，或探寻宝物，他们自然也没有特别对咒语给予关注。可是接下来发生的事情，却让即使最胆大妄为的人和最痴迷于寻宝的人也望而却步了。

数百年来，进入法老墓的人，无论是盗墓者、科学家还是探险者或好奇的游客，绝大多数人或染上不治之症，或发生意外事故，然后莫名其妙地死去。人们直到此时才重新开始审视刻在墓道里的咒语：“……死神的翅膀就必将降临在他头上。”这无疑是法老的咒语显灵了。

1922 年 11 月，英国考古学家卡特率领了一支考察队，终于打开了图坦卡蒙的陵墓，之前他们在埃及帝王谷的深山中奔波了整整 7 年。等他们凿开墓室时，金碧辉煌、满室珍奇异宝的景象让考察队员们欣喜若狂。然而人们意想不到的事情发生了：这支探险队的资助者卡纳冯爵士在进入陵墓后不久突然得急病去世了。卡纳冯爵士时年 57 岁，身体一直很好。但那天他的左颊突然被蚊子叮了一口，这小小的伤口竟使他感染了急性肺炎，以致丧命。而令人不可思议的是：据后来检验法老木乃伊的医生报告说，木乃伊左颊下也有个伤疤，与卡纳冯被蚊子叮咬的位置完全相同。随后不太长时间，英国另一位著名考古学家莫瑟先生在发掘现场时推倒墓室里的一堵墙壁，事后手部溃疡奇痒，迅速发展成神经错乱而死去。更不可思议和更可怕的事情还在后面，在以后短短几年的时间内，在挖掘和参观过图坦卡蒙陵墓的人中，先后有 20 多人不明不白地死去。

参加考察队的卡纳冯爵士的兄弟赫伯特，不久死于腹膜炎。协助图坦卡蒙的发现者、考古学家卡特编制墓中文物目录的理查德·贝特尔，不久之后自杀。次年 2 月，他的父亲威斯伯里勋爵也在伦敦跳楼身亡，据说后来有人在他的卧室里发现了一只从图坦卡蒙墓中取出的花瓶。

考古学家卡特自以为侥幸躲过了劫难，胆战心惊地过着隐居的日子，不料在 1939 年 3 月突然死亡，而其家人宣称卡特平时并没有什么大的疾病。

1942 年，著名的英籍埃及生物学家怀特，怀着好奇心进入一座刚发掘出来的古埃及法老的墓穴参观了几分钟，回到家中就出现高烧不退、胸部奇疼的症状，在神志极度恍惚的情况下咬破手指，写下千言血书，申明自己的死因是法老陵墓咒语造成的，自己决定带着忏悔的心情去见上帝，随后悬梁自缢。这样，在图坦卡蒙法老陵墓发掘工作开展的前后两年时间内，就有 22 位与发掘工作有关的人暴死，这一时间成为世界性的恐怖消息，许多人不得不相信法老的墓碑咒语真的灵验。于是，在随后相当长一段时间里，金字塔墓室的考古工作处于停止状态，无人敢拿自己的生命去冒险。

几个世纪以来不断传出这样的消息，人们一听到金字塔的墓碑咒语就感到心惊肉跳、毛骨悚然。这些人的死去果真和法老的咒语有关吗？很多科学家自然极力否认这种“迷信”的说法。为了解开法老墓杀人之谜，几十年来人们一直在进行种种调查。一些科学家认为，死亡之谜来自于陵墓的结构。其墓道与墓穴的设计，能产生并放射出某种特殊的磁场或能量波，从而置人于死地。但要设计出这样的结构，必然要有比现代人更高的科学技术水平，而 3000 多年前的古埃及人又怎么可能掌握这种能力呢？这使悠悠 5000 多年的金字塔更加蒙上了浓厚的神秘色彩。

人们在进行了很长时间的考察分析后提出了许多观点和解释。

一种说法认为，古埃及的科技水平已经达到制作毒物品或者生物品用以防止法老陵墓遭到盗挖的水平，例如 1956 年地理学家怀特斯在发掘罗卡里比陵墓时就遇到了带毒菌蝙蝠的袭击。还有一种说法是，古埃及人在墓室的四壁上涂有一层粉红色或者灰绿色的粉剂，其能够产生一种致人丧命的放射性物质。

还有一种比较惊人的解释。1963 年埃及开罗大学生物学博士、著名医学教授伊泽廷豪声称，他多年来对从事金字塔考古工作的专家和工作人员进行定期身体检查，后来发现，几乎所有被跟踪检查者的体内均不同程度地存在着一种引起呼吸道感染和使人发高烧的病毒。考古人员进入金字塔的墓内感染上这种病毒，就会导致呼吸道发炎造成窒息而死亡。法老的木乃伊已经在墓室里存放 4000 多年了，墓室的这种病毒的生命力为何如此顽强，科学家们无法解释其中的原因，因此人们对伊泽廷豪的说法不能表示完全赞同。

1983 年，法国一位名叫菲利普的女医学专家发表研究报告认为，她根据长期的观察、研究、分析得出结果，进入金字塔墓室而猝死者的病症基本是相同的：先出现肺部感染，后造成窒息死亡。她解释出现这种病症的原因是，古埃及法老死后，除了大量的珍宝、工艺品、衣服等随葬品外，由于人们认为法老进入天国后仍然会继续生活，于是又在墓室里放入了大量水果、蔬菜、粮食等生活用品，这些生活用品在数千年的保存过程中腐烂变质而产生一种肉眼看不见的病菌。这些病菌弥漫在墓室里，而考古人员进入墓室吸入这种病菌后就会出现肺部急性感染，引发呼吸困难，痛苦地死去。但是陵墓掘开那么久了，霉菌微尘怎么不随风消散呢？

到底是什么原因导致了这些神秘死亡呢？古埃及法老墓为什么能够杀人？这些问题在今天仍没有确切的答案。

神秘枯尸木乃伊探秘

古埃及人相信人的生命在死后还会继续，认为完整的尸体是灵魂在来世栖息的必要场所。所以，在古埃及时代，有钱人死后，人们为了保持死者尸体的完整性，便将死者的尸体内脏全部取出，将尸体涂上香油，浸泡在盐水里一段时间后，再填进特制的防腐物，最后敷上松香，缠上厚厚的一层细麻布，再装入特制的棺材里。在波斯语里，松香被称为“木米伊”，敷过松香的尸体被则称为“木乃伊”。

金字塔墓室内的咒语给人类造成的恐怖是巨大的，同样，木乃伊也给人类带了巨大的恐慌感和神秘感。

国际著名的 X 射线专家道格拉斯·里德，是世界上第一位给法老木乃伊进行 X 光透视拍照的人，但做完工作后不久，他身体奇怪地出现日渐虚弱症状，不长时间就死去了。

盖米尔·梅赫莱尔是开罗博物馆馆长，他从来就不相信“墓碑咒语”的说法。有一天，他说：“我同木乃伊打了数十年的交道，现在还不是非常健康吗？”他说完这话后的第四个星期，上午他还在指挥考古队员将从图坦卡蒙法老陵墓中发掘出来的文物打包装箱，晚上就不明不白地猝死在家中。

据说，20 世纪的最大一次海难就是“木乃伊”在作祟。

1912 年 4 月 14 日，有“全世界最美、最大、最快、永不沉没巨轮”之称的英国“泰坦尼克”号客轮从英国开往纽约，在途中撞上了冰山，船上 1500 人葬身海底。船长爱德华·史密斯是位经验丰富的、第一流的船长，可是出事的那天，从他选择的航线、不寻常的高速行驶，到求救的方式以及最后一分钟才发布救援计划来看，他的行为非常怪异和可疑。

“泰坦尼克”号客轮上载着 2000 多名乘客、40 吨土豆、1200 瓶矿泉水……还有一具运往美国的埃及木乃伊。这具木乃伊太贵重了，没有放在货仓里，而是安置在船长指挥室的后面。它是十八王朝一位女祭司的遗体，发现时身上佩带着各种饰物，头下面放着一块符咒，上面画着死神奥西里斯像和一行铭文：你从沉睡中醒来吧，你看一眼就可以战胜伤害你的一切。在此之前，许多和木乃伊打交道的人都出现了神经错乱的现象，是不是史密斯船长也不例外呢？

距今已有 4000 年历史的木乃伊，居然发生如此神秘的事情，科学家们无法解释其中的原因，只是猜测也许和它的制作有关。那么，木乃伊是如何制作的呢？

制作木乃伊，主要采用埃及某些地区特别是奈特龙洼地出产的氧化钠，它使尸体完全干燥。制作师先通过鼻腔吸出脑髓，注入药物清洗脑部。然后在腹部切一个口子，取出肺、胃、肠等器官，体内留下心和肾。再用椰子酒和捣碎的香料冲刷体腔，填入树脂、浸过树脂的亚麻布和锯屑等，照原样缝好，把尸体全部埋入氧化钠内干燥。70 天后，制作师取出尸体进行清洗，涂上油膏和香料，用大量的亚麻布包裹严密，外面涂上树脂。包裹时从手指和脚趾开始，乃至四肢全身，还要特别小心别让指甲脱落。这样包裹好的木乃伊，保持着脱水前的形状。有的木乃伊头上套着特别的棉套罩，酷似死者生前的面貌。

制作木乃伊的过程长达 70 天，并且费用昂贵，仅包一个尸体，有时就要用 1000 多米的优质亚麻布。因此，只有国王、王亲国戚、贵族富豪才花销得起，穷人只能从简，甚至草草了事。

木乃伊的神秘性至今仍是未解之谜，但古埃及人制作木乃伊的习俗，给了人们了解人体结构的机会，这对古埃及的医学特别是生理学和解剖学的发展，具有重要影响。

木乃伊的心脏起搏器

随着古埃及保存完好的一具具木乃伊不断出土，一个个新问题层出不穷，一件件令人震惊、难解的蹊跷事也不断涌现出来。在卢索伊城郊外出土的一具木乃伊里，竟然装有一个奇特的心脏起搏器，让整个世界为之震惊!

在埃及卢索伊城郊外，人们将一具刚出土的木乃伊抬出墓穴，在准备将其交给国家文物部门收藏之前，一名参与处理工作的祭司觉得这具木乃伊似乎存在某些与众不同的地方。他仔细地检查眼前的木乃伊，竟然听到其体内发出一种奇特的有节律的声音。他循着声音找去，发现声音是从心脏发出来的，仿佛是心脏在跳动时所发出的声音。

难道是这个死者的心脏还在跳动吗？这实在让人难以置信。那么会不会是什么东西藏到了这具木乃伊的心脏里了呢？人们不敢去拆开那缠满白麻布的尸体进而揭开这一谜底，于是立即组织人将其原封不动地送到了地方诊所。地方诊所也不敢贸然处理这具奇特的木乃伊，随后它被转送到了具有丰富经验的开罗医院。

接到这具转送来的木乃伊后，开罗医院组织了一些经验丰富的专家对其进行检查。然而，他们仍然无法从尸体的表面查清声音存在的原因，于是决定进行解剖检查。医生们将缠满尸体的白麻布拆开，对尸体进行了解剖，结果发现有一具起搏器位于尸体心脏的附近。

这个能在 2000 多年后仍然跳动的黑色起搏器引起了医生们的极大兴趣，他们利用先进的仪器对其进行了测试，发现这个起搏器是用一块含有放射性物质的黑色水晶制造的。在世界上现存的水晶中，人们从未见到过黑色的水晶，而只见过白色的和少数浅红色的或紫色的水晶。

医生们发现，虽然这个 2500 年前的心脏早已干枯成为肉干，但它还是随着起搏器的韵律而跳动不止，它那“怦怦”的跳动声很有节奏，每分钟跳动 80 次，人们可以清楚地听到。

开罗医院随后将这一重大发现公布于世，并将这个起搏器重新安放到木乃伊体内，让人们前来参观。这一惊人的消息不仅吸引了众多的考古学家，大批电子学家也对其产生了兴趣。他们从世界各地纷纷赶到开罗医院，对这具身藏心脏起搏器的木乃伊进行参观、探究。大家都对这个神秘的起搏器赞叹不已。

在 2500 多年前就懂得黑水晶含有放射性物质并可以使心脏保持跳动的是些什么人呢？另外，作为协助心脏工作的心脏起搏器，一定是在人活着的时候被安放到人体内的。那么在古埃及落后的医学条件下，当时的人们又是如何将如此先进的起搏器放入人的胸腔里去的呢？这一个个黑色的水晶起搏器是由什么人制造的，它到底来自何处呢？这个难解之谜，看来只能留待后人来解答了。

第五章
巨石上的艺术品——狮身人面像

狮身人面像位于北纬 30°，耸立在哈夫拉金字塔东侧，被阿拉伯人称为阿布·赫尔（AbuHol），意思是“恐怖之父”。

狮身人面像用一块巨石天然雕刻而成，有着一具人的头，美女般的脸庞，狮子一样的身躯，并且长有双翅。它高约 22 米，长达 73.5 米，头部高 6 米，脸部宽达 4 米，仅耳朵的直径就达 2 米。有人说他的脸型是仿照哈夫拉法老的面庞雕刻而成的，它头戴国王头巾，额上雕刻有国王标志的眼镜蛇，下巴上原有 2.5 米长的胡须，现在已不复存在了。

狮身人面像绝对可以说是古埃及人的天才设想，千百年来，人们都在苦思它的用意何在，但结果呢？恐怕没有人能说出一个完整的答案。或许是古埃及人从美人鱼的身上得到了一些奇特的设想。或许那时的人都像“老顽童”，不经意间就有这一奇特的创意。或许是造物主在建金字塔的同时，觉得很有必要再造一个狮身人面像，让未来的人类更是找不着北。

狮身人面像传说

关于狮身人面像，有众多娓娓动听的传说。据说狮身人面像是巨人与妖蛇相交后所生的一个怪物，她有着一具人的头，美女般的脸庞，狮子一样的身躯，并且长有双翅。她便利用美丽的脸孔作掩护，残杀了无数丧失警惕性的无辜百姓。这个可怕的妖女，被人们称为“斯芬克司”。

不知何时，“斯芬克司”这个妖女利用花言巧语从智慧女神那里学到了许多深奥的谜语，便经常蹲在底比斯悬崖的通道上，或是站立在通向大道的路口，向过往的行人提出一些十分荒诞无稽的谜语，并向经过此地的行人宣布：她提出的谜语，如果谁猜不中，就要被她吃掉；谁要是猜中了，她就跳悬崖而死。结果，很多天来，她的谜语没有一个人猜中，正如她所言，猜不中谜语的人都被她当场撕成碎片吞食，就连国王克瑞翁的儿子也没能逃脱这场厄运。

于是，举国上下人心惶惶、谈妖色变。为了铲除妖女、安定人心，国王克瑞翁传旨全国：如果谁能够制服“斯芬克司”这个美女妖魔，就可以登基做国王，而且能够娶公主为妻。

传旨后不久，来自希腊的一位青年男子来到王宫，自称可以为民除妖，他名叫俄狄普斯。国王克瑞翁非常高兴，热情接待了俄狄普斯，谈话中国王问：“年轻人，你有什么神机妙算之法能够制服妖女呢？”俄狄普斯只说了一句：“臣民既然敢于揭榜制服妖女，自然有臣民的打算，请陛下不必担心”，便不再言语。国王制服妖女心切，害怕影响眼前的这位年轻人制妖的决心和情绪，也就不再追问。

俄狄普斯在王宫休息了一天，养足了精神，来到底比斯悬崖脚下。斯芬克司远远地看见又一个猎物自动送上门来，高兴得手舞足蹈地从悬崖上飞落到地上。

她对俄狄普斯说：“我出一个谜语，如果猜不出来，我就杀了你!”

“如果我答对了呢?”俄狄普斯回答说。

“那我就跳崖自杀!”女妖很骄傲、很自信地说。

于是女妖出了一个非常难猜的谜语：“什么动物早晨用四只脚走路，中午用两只脚走路，晚上用三只脚走路？在一切生物中这是唯一能够在不同时间用不同数目的脚走路的生物，但这种生物的脚最多的时候正是速度和力量最小的时候。这种生物是什么?”

俄狄普斯略作沉思，大声回答说：“这种生物是人，只有人是能够在不同时间用不同数目的脚走路的唯一生物。”斯芬克司满脸的惊愕，俄狄普斯继续补充道：“人在幼儿时期，刚刚开始学习走路，用两只手和两条腿爬行，是用脚最多的时候，也正是速度和力量最小的时候。到了中年时期，用两条腿走路，这是人生的中午时候。到了晚年，年老体弱，需要借助于支撑物走路，于是拄着拐杖走路，成为三条腿，这时正是人生的晚上。”斯芬克司一听，答案完全正确，立即感到羞愧难当，无地自容，表示认错，当即赎罪，跳崖身亡。

消息传开，举国欢腾。数万人轮流高举着俄狄普斯，以热烈隆重的仪式将他送回王宫。国王亲自在宫外迎候，同俄狄普斯手挽着手走进宫内，并将他扶到了王位上坐下，当场宣布俄狄普斯从此就是王国的新国王。老国王宣布完毕，取下王冠，戴在俄狄普斯的头上。万民叩头，顶礼膜拜，向新国王表示崇敬和忠心。随后不久，老国王又亲自为俄狄普斯与公主成婚举行了盛大隆重的仪式。

俄狄普斯登基做国王之后，一想到斯芬克斯女妖残害了那么多无辜平民，心里就愤恨难忍。为了让世世代代都记住王国历史上这罪恶的一页，他下令将斯芬克司的形象耸立在那里，让人们永远铭记这段历史。

狮身人面像被谁毁了容

狮身人面像是世界古代石刻艺术中的瑰宝，也是世界雕刻奇迹之一。可是，为什么古埃及的国王要在自己的墓旁雕塑这样的“怪物”？有什么用途？它的鼻子神秘地失踪了，这又是为什么？这一系列谜团让狮身人面像成了雕刻史上最有争议的“人物”。

狮身人面像建成后的几千年间，几次神秘地失踪，又奇迹般地重新出现，所以人们称它是“不翼而飞的雕像”。其实，它只不过是一次次被淹没在沙丘下而已。

公元前 2250 年，埃及国王哈夫拉来到吉萨，察看金字塔的修建情况。当他看见采石场的一块巨大的石头时，便命令石匠按照传说中的斯芬克司形象，雕刻一尊狮身人面像安放在自己的陵寝旁。心灵手巧的石匠们按照国王的要求，终于把狮身人面像雕刻完毕。它双目炯炯有神，威严地注视着前方，直面东部，静静地卧在金字塔的旁边，两只巨大的前爪轻轻地搭在地上。整个雕像构思非常精巧，人与狮子浑然一体，真可谓巧夺天工。

可是，哈夫拉为什么要这样做呢？斯芬克斯毕竟是传说中的恶魔呀!难道国王反其道而行之，欣赏它的智慧、凶悍？用狮子的威严、人类的智慧来镇守自己的陵墓？这一切永远是个谜团。

更让人感到不解的是，不知过了多少年以后，狮身人面像的鼻子神秘失踪了。这是什么原因呢？至少有以下几种猜测。

有人说，这是拿破仑一世在侵略埃及时，命令人用大炮把这一“国宝”的鼻子炸飞的，因为他本来以为狮身人面像的鼻子里暗含着通往金字塔的秘密通道呢。

有人说，500 年前，埃及中世纪时的禁卫兵在演习时，不小心把狮身人面像的鼻子炸掉了。可是，埃及历代国王和臣民都对狮身人面像敬重有加，怎么会有人敢在这里操练兵马呢？这让人难以理解。

而另据中世纪阿拉伯著名史学家马格里齐记载，石像的狮身部分一度曾为沙土所覆盖，有人经常前来对它顶礼膜拜。有一位名叫沙依姆·台赫尔的苏菲派教徒坚决反对偶像崇拜，就爬上石像的头部，用斧头猛砍它的鼻子，造成石像被毁容。马格里齐还说，狮身人面像被毁容以后，飞沙掩埋了附近的农田，造成了严重的自然灾害，当地老百姓将其归结为太阳神发怒的结果。

当然也有人认为，鼻子失踪不是人为的因素，而是大自然风化的“恶果”。特别是一些专家认为，鼻子在脸部高高凸起，容易遭受风吹雨打，年复一年，鼻子就在不知不觉中消失了。

可是，真正的答案至今还是没有找到。

从地质、水文、气候、风力、石料等多方面因素来综合考察，发现狮身人面像“先天不足”——石料质地脆弱、松散，除头颅部分的石质较坚硬外，胸背部石料最差。石像还受到灼热的阳光、悬殊的日夜温差以及强劲风沙侵袭的恶劣自然环境的影响。而且，随着阿斯旺水坝的建成，尼罗河水稳定在地表层，造成石像下面地下水位上升渗入体内，石像外表出现盐晶，周围的工厂、企业、别墅、夜总会的建成也给石像环境带来污染。

可见，围绕着狮身人面像有很多的谜团，但保护这一古文明的象征势在必行。

历经千年风沙洗礼的雕像

狮身人面像堪称古代世界建筑艺术中的上乘之作。远远望去，狮身人面像头戴皇冠，额前是圣蛇装饰，耳后是方巾垂肩，前方是须套，所有这些都生动、形象地显示出法老的威仪妆容。那炯炯有神的双目凝视着东方，嘴角刚毅微露，整个面部充满自信的笑容……整座雕塑的比例和造型都恰到好处，充分显示出古代埃及文化艺术水平的卓越超群。尤其是每当旭日东升之际，狮身人面像面向金色的阳光，如同一位忠心耿耿的卫士守候在金字塔面前，给人以庄严肃穆的感觉。

当然，这样一件旷世珍品，也有它留给后人的遗憾之处。

狮身人面像凿刻在一块巨大的古代沉积岩石上面，这块岩石的地质年代可以追溯到 6000 万年以前。它是一块石灰岩石，由三部分构成，头部和后部非常坚硬，最差的部位就是以上两个部位之间的地方——狮身人面像的胸部和颈部。当年，狮身人面像的建筑设计师在建筑这座世界上最精美的雕塑艺术品时，大概仅仅考虑的是与其将金字塔前的这座废弃的石山搬走，还不如化腐朽为神奇，将它雕刻成留芳后世的雕像，却忽视了石山的石质构成问题，没有想到这块巨石并不是一块上等的雕刻材料，形成了“先天不足”的缺陷。

数千年来，日晒雨淋，风吹沙蚀，日复一日，年复一年，最后这座世界上绝伦无比的艺术品被风化得不成模样。虽然埃及那古老的文明一直得到人们的惊叹和赞美，也能够在特定的历史条件下得以继续和发展，但几千年来埃及社会内忧外患，天灾人祸不断，特别是那些大小王朝如同走马灯似地更迭交替。每当一个新王朝出现，社会上便用沿袭了几千年的世态炎凉态度对待之，对新的法老王和新的权势者，甚至包括他们的都城或者陵墓、庙宇顶礼膜拜。而对金字塔、狮身人面像、孟菲斯、底比斯（卢克索）、梅杜姆、法尤姆、阿比杜斯等许许多多在古代埃及历史上熠熠闪光的建筑、都城以及它们在传统文化、建筑艺术方面所取得的巨大成就，它们所具有的空前绝后的宝贵价值采取冷漠态度，任凭它们被风沙侵蚀、被盗贼光顾……从而变得黯然无光，也使古代埃及不知损失了多少价值连城的瑰宝。

公元前 4 世纪时，古希腊历史学家希罗多德在游览开罗城后，对吉萨高地上的三座金字塔进行了详细描绘和介绍，唯独没有狮身人面像的只言片语记载，恐怕不能说是这位著名历史学家疏忽了，只能解释当年那里是一片人迹罕至的沙漠，大概除了牧羊人或者狩猎者之外，不会再有其他的人涉足，狮身人面像早已被埋藏在沙丘里面了。

18 世纪时期，就在一批著名的“东方学者”在描绘古代埃及的文物胜迹以及社会风俗的美术作品时，狮身人面像整个儿被荒沙湮没，游人可以踩着沙碛走到露在沙面之上的“人面”。总之，直到公元 19 世纪初期，狮身人面像仍然被荒沙覆盖着。

狮身人面像虽然屹立在原来的地方，但它却隐藏着自己深深的痛楚，其中最大的毛病就在于它的底部。所幸的是，它在低洼中沉寂了 2000 多年仍然能够免于崩塌，不能不令人称奇。

迷云重重的狮身人面像

传说狮身人面像是古埃及著名法老胡夫的儿子，也就是埃及古王国时代第四王朝法老哈夫拉所建造。那么，这样的庞然大物是谁建造完成的呢？

据说，哈夫拉在修建他的陵墓金字塔时，不敢逾越他的父亲，但是内心又很不舒服。一天，他在巡视金字塔修建工程时，显得很不高兴，觉得实在显示不出自己的威严。正在郁闷之时，一个工匠建议将土地上一块重 2000 吨的巨石雕刻成一尊象征法老威严的石像，这样既维系了新法老的面子，又不至于伤及已故法老的脸面，于是一座举世无双的狮身人面像就建成了。

这个故事是真实的吗？长期以来人们纷纷猜测，除了认为是法老哈夫拉所修建之外，还存在着各种各样的看法。

有人认为，这与一个民间神话有着密切的关系，即后人为了纪念俄狄普斯除去妖魔的功绩，就在“斯芬克司”女妖经常出没的地方，也就是今天哈夫拉金字塔的广场上，塑造了这么一个巨大的雕像。

但是很多人不同意这种说法。他们认为狮身人面像是自然风化而成的，并非是有人发明创造。传说大约在 3400 年前，埃及年轻的王子托莫到一处地方狩猎，晚上在一处沙丘搭了帐篷休息，由于太累了，他一躺下就酣然入睡，梦中见到一个狮身人面的怪物对他说：“我是万能的神，被埋藏于沙石中已经万年，如果你能让我重见天日，我将赐福于你，封你做全埃及的王，然而倘若你不能解除我的烦恼，我将让烦恼伴你一生!”托莫王子惊出了一身冷汗，立刻调集人昼夜挖掘，果然挖出了一个巨大的狮身人面像。这个传说反映了这样一种可能：狮身人面像根本不是有人刻意雕塑的，而是由于地壳运动的关系，一座山的一角经年累月受风沙打磨，就成了今天这个模样。

然而，后来考古学家又有了新的发现。他们考证出，狮身人面像大约已经有 1 万多年的历史了，而哈夫拉是公元前 2500 年的帝王，所以不可能是由他建造的。有关狮身人面像的修建情况应该是这样的：1 万年以前，狮身人面像的外形——头部和身体已经建成，5000 多年后，法老哈夫拉利用了这座雕塑，将脸部改为自己的面容。

但问题的关键是：谁首先发现了“狮身人面像”？它又是什么时候开始出现的？是人类的成果还是自然的结晶，又或者是外星人的杰作？狮身人面像之谜，到底何时能够解开呢？

探求人面像背后的真相

传说再美丽动听也终归是传说，根本掩盖不了众多考古学者雪亮的眼睛。他们从没放弃过探求狮身人面像背后的真相。

1991 年 10 月 22 日在美国圣地亚哥举行的美国地质学年会上，地质科学家们提交了他们的研究报告，指出狮身人面像最初的修建年代应当是在公元前 5000 年到前 7000 年之间。当然也有个别考古学家持不同观点，例如美国考古学家就针对狮身人面像提出了新的研究结论，认为这座雕像既不是俄狄普斯下令建造的斯芬克斯的形象，也不是王子托梦挖掘而面世的，更不是按照哈夫拉的面容造就的，因为早在 1 万多年以前就已经出现了这座狮身人面像，比所有历史书籍的记载都早 5000 多年。美国学者在考察报告中说，狮身人面像的头部和身体部位是在 1 万多年前完成的，5000 多年之后，法老哈夫拉完成了狮身人面像的背部，并且用自己的面孔代替了原来的面部造型。

美国地质学家们提出这个报告的依据是：狮身人面像是雕刻在一处石灰石岩床上的，他们是利用声波穿透岩石的研究获得证据的。这是因为，风化会在岩石上造成许多孔洞，声波穿过岩石的速度可以使科学家获得岩石的空隙度，从而证实岩石受风化和侵蚀的程度。从岩石受风化和侵蚀的程度，科学家又可以获得岩石裸露在光天化日之下的时间。

美国波士顿大学著名地质学家罗伯特·肖赫在对吉萨高地一带进行了一次

地震考察研究后得出结论认为，在狮身人面像最初雕刻时，与当时裸露在外面的这座雕像周围的石灰石受风化和侵蚀的年代要比人们所认定的早几千年，因为根据壕沟被水严重侵蚀的程度推断，至少应当是在公元前 3000 多年以前的很长时间，因为历史上这一地区在这段时间降雨量是最丰富的。另外，狮身人面像同其他年代雕刻的建筑物被水侵蚀程度上的差异也表明狮身人面像要显得古老得多。

地质学家所得出的具体结论是，狮身人面像的“尾部”是在哈夫拉时期刻在岩床上的，其年龄只有雕像的前部以及两侧的壕沟年龄的一半。也就是说，到了哈夫拉时期，仅仅是对狮身人面像进行了一番修理，并纳入他的墓群——金字塔群体的一部分。这就意味着狮身人面像的头部在哈夫拉出生时已经在那里屹立了好几千年时间。

就算从一般认为的哈夫拉时期开始建造狮身人面像，距今也有 4500 年之久了。然而，这个年代可靠吗？按这种年代推算，雕像至少应有 3000 年是被埋入土中的，也就是说，它展露于世不过 1600 年之久。但同一时代的其他石灰岩建筑为什么没有受到同样程度的侵蚀呢？风沙的侵蚀应该为水平的、锐利的，而且只有比较柔软的岩层才会受到大的伤害，可狮身人面像有的地方，至少在部分墙壁上，侵蚀伤痕深达 2 米，使得外观看起来蜿蜒弯曲，好像波浪一般。由此是不是可以猜想，这些波纹是从更加古老的时代，一个吉萨高地上雨水多、温度高的时代残留下来的痕迹?

针对地质学家和个别考古学家所提出的新观点，许多考古学家认为这彻底推翻了他们所掌握的狮身人面像的证据，甚至包括他们所掌握的古代埃及的许多常识性知识。众多的考古学家针锋相对地提出反驳观点说，根据迄今所掌握的材料和证据来看，在哈夫拉登基称王及前几千年时间里，生活在埃及境内的人们根本没有掌握建筑狮身人面像这样空前绝后的建筑技术，甚至连建造这一宏伟建筑的想法都是不可能出现的。

由于地质学家与考古学家“对埃及了解的一切情况都是背道而驰的”，于是人们比较注重倾听埃及学者的意见。埃及学者提出的观点是狮身人面像是哈夫拉时期建造的，其证据是狮身人面像的头酷似哈夫拉的面部。针对埃及学者的观点，一些地质学家风趣地反问道，既然哈夫拉能够将这一建筑纳入他的金字塔墓地群体，为什么就不能让人将狮身人面像的头部修饰得如同他的头部一样呢？但考古学家仍然坚持认为，狮身人面像的修建技术已经比确定年代的其他建筑物的修建技术要先进得多，因此将狮身人面像的建造年代再提前几千年是不可能的，也是不可思议的事情。考古学家还以讥讽的口气说道，如果人们承认地质学家的看法是正确的，即狮身人面像至少已经有 9000 年甚至 1 万年的历史，可以肯定地说，这一建筑物的修建者不是当时的古埃及人，一定是一群超出人类智慧的高级生物。当然，也有一些人提出论点认为，狮身人面像是外星人修造的，宇宙的研究者就根据金字塔建筑群与天文现象的种种巧合之处，以及金字塔内遗存的超现代技术的物品，推测金字塔是外星人单独或帮助古埃及法老建造的。一些科学家采用先进的仪器发现，狮身人面像底层下面存在着类似金字塔的、作为宇宙导航的标志，后来为埃及法老所利用。

上述种种假说或推断是否正确，在没有确凿的证据之前，都是不可随意下结论的。估计在不远的将来，人们可以将此中谜底一一揭开。

第六章

天路的“驿站”——“巴别”通天塔

“巴别”通天塔地处幼发拉底河东岸的巴比伦城，距伊拉克首都巴格达南 100 余公里。它最早在巴比伦人中被称为“埃特曼南基”，意为“天地的基本住所”，昔日曾与“空中花园”齐名，一直被当作 5000 年前美索不达米亚城都鼎盛时代的标志。

但是，为什么要建造通天塔呢？通天塔究竟是什么样子？它是奴隶制君主的陵墓，还是古代的天文观测之地？抑或真是供诸神“下凡”的踏脚处？

关于通天塔的传说和记载纷繁复杂，但有一点可以肯定，它无疑是人类初期文明的标志之一。

通天塔之谜

根据古希腊历史学家希罗多德游览巴比伦城时的记载，“巴别”通天塔建在巨大的高台上，这些高台共有 8 层，愈高愈小，最上面的高台上建有马尔杜克神庙。墙的外沿建有螺旋形的阶梯，可以绕塔而上，直达塔顶；塔梯的中腰设有座位，可供歇息。塔基每边长大约 90 米，塔高约 90 米。据 19 世纪末期考古学家科尔德维实际的测量和推算，塔基边长约 96 米，塔和庙的总高度也是约 96 米，两者相差无几。

因为“巴别塔”是当时巴比伦国内最高的建筑，在国内的任何地方都能看到它，人们称它为“通天塔”。也有人称它是天上诸神前往凡间住所途中的踏脚处，是天路的“驿站”或“旅店”。

关于“巴别塔”，《圣经·旧约》记载：洪水大劫之后，天下人都讲一样的语言，都有一样的口音。诺亚的子孙越来越多，遍布地面，于是向东迁移。在示拿地（古巴比伦附近），他们遇见一片平原，于是就在那里定居下来，修起了城池。由于用作建筑的石料在平原上很难得到，他们商量道：“来吧，我们要做砖，把砖烧透了。”于是他们拿砖当石头，又拿石漆当灰泥。他们又说：“来吧，我们要建造一座城和一座塔，塔顶通天，为传扬我们的名，免得我们全分散在地上。”由于大家语言相通、同心协力，建成的巴比伦城繁华而美丽，高塔直插云霄，似乎要与天公一比高低。没想到此举惊动了上帝！上帝深为人类的虚荣和傲慢而震怒，不能容忍人类冒犯他的尊严，心想：“看呐！他们成为一样的人民，都说一样的言语，如今又做起这事来，以后他们所要做的事就没有做不成的了，一定得想办法阻止他们。我要变乱他们的口音，使他们的言语彼此不通。”于是，上帝决定惩罚狂妄的人们，就像惩罚偷吃了禁果的亚当和夏娃一样。他悄悄地离开天国来到人间，变乱了人类的语言，使他们分散在各处，所以那城名叫巴别，就是“变乱”的意思。

根据《圣经》记载，“巴别”通天塔是用来扬名的，其实更多的人认为它是一座宗教建筑，用来奉祀圣灵。考古学家和历史学家认为，它还有另外两个用途：其一是尼布加尼撒二世借神的形象显示个人的荣耀和威严，以求永垂不朽；其二是讨好僧侣集团，换取他们的支持以便稳固江山。

有人认为“巴别塔”是一个天象观测台。也有学者认为“巴别塔”是多功能的，塔的底层是祭祀用的神庙，塔顶则是用于军事瞭望的哨所。

在人们看来，昔日的“巴别”通天塔，较之列为世界古代七大奇迹之一的“空中花园”并不逊色，它一建成就被视作5000年前美索不达米亚鼎盛时代的标志。那它为何没有列入世界奇迹呢？有人解释说，当第一批关于世界奇迹的名单出现时，“巴别”塔已不存在了，只剩下地面上一个巨大的洞穴。随着时间的流逝，这个洞穴也慢慢地被填平了。

“巴别”通天塔是否像它的名字一样能够通天，没有人知道，传说终归是传说，它留给了我们谜一样的故事。

奇幻的“巴别”通天塔

1899年，德国考古学家罗伯特·科尔德韦在巴比伦遗址进行挖掘时，挖掘到了一座塔的巨大塔基。塔建造在一个名叫“萨亨”或“盘子”的凹地里。据科尔德韦测量，塔基每边长87.78米，塔与神庙总的高度也是87.78米。塔共7层，第一层高32.19米，第二层高17.56米，第三、四、五、六各层均高5.85米。据测算，神庙约高14.63米。该塔建造时共用了5800万块砖，这个庞然大物俯视着附近整个地区。科尔德韦认为，这座塔就是《圣经》中描绘的巴别塔。

将塔修得如此高大，真的如《圣经》中所言，是要让失散四方的人们有一个集中的地方吗？

人们普遍认为，“巴别塔”是一座宗教建筑。在巴比伦人看来，巴比伦王的王位是马尔杜克授予的，僧侣是马尔杜克的仆人，人民需要得到他的庇护。为了取悦他，换取他的恩典，保障国家城市的永固，巴比伦人将“巴别塔”作为礼物敬献给了他。在“巴别塔”里，每年都要定期举行大规模的典礼活动，成群结队的信徒从全国各地赶来朝拜。根据希罗多德的记载，塔的上下各有一座马尔杜克神庙，分别称上庙和下庙。下庙供有神像。上庙位于塔顶，里面没有神像但金碧辉煌，由深蓝色的琉璃砖制成并饰以黄金。巴比伦人按照世俗生活的理想来侍奉他们的神灵。大殿内只有一张大床，床上“铺设十分豪华”(如同希腊和罗马贵族一样，美索不达米亚贵族也是躺着进食的)，床边有一张饰金的桌子。庙里只住着一位专门挑选出来陪马尔杜克寻欢作乐的年轻美貌的女子。僧侣们使人们相信，大神不时地来到庙里并躺在这张床上休息。只有国王和僧侣才能进入神殿，为马尔杜克服务和听取他的教诲，这种超级神圣的东西同老百姓是无缘的，他们只能远远地敬拜心目中的神灵，因为如果近在咫尺，普通人经受不起大神的目光。据希罗多德记载，神像和附属物品一共用去黄金 800 泰仑。考古学家曾经在僧侣的一住处发现一只石鸭，上有铭文“准秤一泰仑”，约重 29.68 公斤。如果希罗多德的记载可靠，照此推算，马尔杜克神像连同附件则一共重约 2.37 万公斤，都是纯金所铸或制作！除了神灵，谁能享受如此高的礼遇？

不过，巴别塔的原型究竟在哪儿？为什么修建得那么高？用途是什么？对此，人们有不同的说法。

有人认为传说中的通天塔，就是新巴比伦王朝时代巴比伦城内的马尔杜克神庙大寺塔。马尔杜克大寺塔高 295 英尺，相当于今天一座 20 多层的摩天大楼的高度。这在当时人们眼里确实有高耸入云的通天之感。也有人不同意这种看法。他们认为，在巴比伦城内有两座著名的神庙：一是马尔杜克大寺塔，人称“地庙”；还有一座叫巴比伦塔，人称“天庙”。他们认为“天庙”才是传说中的“通天塔”。但由于历史久远，巴比伦塔几经洗劫，能够留下的记载已是少之又少。比较有价值的是在马尔杜克大寺塔里发现的一块石碑，上面镌刻有“历史之父”希罗多德在公元前 460 年游历巴比伦城时，对当时已经荒芜的巴比伦塔的描述。因此，一般认为，马尔杜克神庙大寺塔就是巴别塔。后来，欧洲文艺复兴时期的画家还据此描述，描绘出他们想象中的通天塔。

希罗多德笔下的通天塔多次毁于战火又多次重建。据史载，公元前 539 年居鲁士征服巴比伦时，第一次绕过了巴别塔，因为他为这座雄伟的建筑所倾倒，不仅禁止部下毁塔，而且下令在自己的陵墓上也建一座类似的建筑，只是稍小一点。但这座塔最终未能幸存，被波斯王薛西斯捣毁，成为一堆瓦砾。亚历山大大帝远征印度时，曾凭吊过这一遗址，他与居鲁士一样，为这宏伟的废墟所倾倒。他让 1 万名部下花了 2 个月的时间清理现场，但可惜已无法恢复原貌。随着美索不达米亚文明的失落与湮没，巴别塔再也未能恢复往日的雄伟与壮观。人们只能根据史家的记载和考古发现，将巴别塔的概貌大致呈现给后世的人们。

不论通天塔是马尔杜克大寺塔还是巴比伦塔，还有一个问题一直困扰着人们——巴比伦的统治者为何要修建通天塔？

还有人认为，巴别塔之所以修得这么高是想把它作为观察天象、思索宇宙奥秘的场所。远古的苏美尔人认为神会从天上利用星的飞行降到寺塔里，并和敬神的人会晤。巴比伦时代的人们也相信马尔杜克神会常到寺塔里过夜。因此人们在寺塔顶为他准备好了金榻、金圈椅和金桌，甚至还从全体妇女中挑出最虔诚的信徒住在庙中，时刻准备伺候飞来的马尔杜克神。从这里我们也可以看出古代两河流域的原始宗教对神的看法，人们并不认为神是高不可攀的。

到目前为止，这三种说法都缺乏充分的实物证据。传说中的通天塔到底在哪里仍是一个不解之谜。

由于当时中东地区战乱频繁，许多古代文明遗迹惨遭破坏。现在的巴别塔只剩下一堆碎砖断墙，惨不忍睹，只有那巨大的方形地基，虽已长满了野草，但仍能看出原地的轮廓，使人多少能想象一下它当年横空出世的雄姿。

现代人们已经知道，“巴别”一词其实来自古巴比伦文，原意为“神之门”，那么巴比伦人建造这座巨塔显然也不仅是为“扬名”。于是对塔的作用，人们也有了种种不同的解释。

有人认为“巴别塔”是古巴比伦人的天文观测台，有人则根据斯特雷波的记载，认为该塔是古巴比伦城之神马尔杜克的象征式坟墓。更多的人认为，它不是神的坟墓，而是供诸神下凡的落脚之处。还有人认为它与埃及的金字塔一样，是古代帝王的陵墓，其中可能隐藏着陵寝和密室。这派人的代表是法国考古学家弗雷斯·内尔。19 世纪中叶，法国政府派他率队前往巴比伦考察，他在写给法国外交部长的一封信中说：“……进入塔内最简便的方法，是使用地雷把它炸成两半，只有这样才能达到塔的中心。日后我如能与统治尼姆拉德泉一带沙漠地区的阿拉伯人建立友好关系，并说服他们允许我试用这种方法，请问部长大人是否允许我这样做？”

当时的法国政府竟然答应了他的要求，可是弗雷斯·内尔不适应当地炎热的气候，到达巴比伦一带不久就患了病，未来得及实行上述计划就与世长辞了。

进入 20 世纪，保护古迹已成为各国人们的共识，伊拉克政府不可能再允许以炸毁的方式来研究作为其国宝的巴别通天塔。直到如今，人们仍然未能进入“巴别塔”内部。因此，“巴别塔”内是否藏有陵寝与密室，以及建造“巴别塔”的用途，依然是个谜。

第七章
“从天而降”的文明——玛雅文化

玛雅文化，这一散布在地球北纬 30° 附近的神奇文明，一夜之间突然降临，又在一夜之间突然消失殆尽。约从公元 300 年起，玛雅文明进入被称为古典期的鼎盛时期。公元 750 年左右，玛雅文明达到顶峰，供养的人口在 300 万至 1300 万之间。但他们似乎赶在哥伦布发现美洲大陆之前便舍弃了辉煌，集体消逝在我们眼前。

玛雅人这种“从天而降”的文明现象，为何像一场刚演出序幕就已结束的历史剧呢？玛雅人为何抛弃了文明又回归原始？这确实是个千古之谜。

从天而降的玛雅文明

玛雅文明是五大古文明之一，玛雅人曾经有过辉煌的历史、灿烂的文化。流传在特奥蒂瓦坎附近的神话告诉我们，在人类出现之前，众多的神灵曾乘坐着飞船，从天而降，在玛雅人居住的地方聚会过，教会人类文明和知识之后，又飞回了宇宙深处……

古玛雅人的居住领域包括中美洲的心脏地带，横跨危地马拉、伯利兹、墨西哥、洪都拉斯和萨尔瓦多部分地区，分别以三个互相隔离的区域为中心——齐阿巴斯与危地马拉高原和南部高地、太平洋潮湿的沿海平原与萨尔瓦多西部、墨西哥湾伸展到伯利兹一带及洪都拉斯的热带森林区。主要人口集中在今天的危地马拉的佩兹省和北犹加敦岩密布的低洼地区。

约在公元前 300 年及以后的 1000 年间，玛雅文化达到鼎盛时期。尽管玛雅人以农业为主，没有多少物质财富和技术工具，但他们中照样产生了大量的建筑学家、科学家、数学家和天文学家。玛雅人拥有十分复杂的象形书写和计算系统，还在城市建立了宏大的公路网络。他们拥有世界上最辉煌的城市、高耸的金字塔、精美的宫殿、堂皇的庙宇和雄伟的寺院，所有这些建筑都是用雕刻过的石头精心装饰而成的，且在每个城市都有一件值得玛雅人骄傲的与众不同的工艺品建筑。玛雅人的天文台能观测到太阳、月亮、行星和其他众多星体。

1893 年，一位英国画家在洪都拉斯的丛林中第一次发现了玛雅城堡的废墟。这座城堡里坍塌的神庙上的一块块巨大基石，无不刻满精美的雕饰，如石板铺成的马路、路边修砌的排水管、石砌的民宅和贵族的宫殿等，这些标志着它曾经是个川流不息的闹市，是个相当文明的城市。这个发现举世震惊，随后一批又一批考古学家开始寻秘玛雅文化。

据统计，各国的考察人员在南美洲的丛林和荒原上，共发现了废弃的古代城市遗址达 170 多处，它们为人们展示了一幅玛雅人约在公元前 1000 年到公元 8 世纪，北达墨西哥南部的尤卡坦半岛，南达危地马拉、洪都拉斯，最后直抵秘鲁的安第斯山脉广阔的活动版图。

而使科学家们感到迷惑不解的是，玛雅人拥有不可思议的天文知识，他们的数学水平比欧洲足足先进了 10 个世纪。最让人惊讶的则是，在这些灿烂文明诞生之前，玛雅人仍巢居树穴，以渔猎为生，其生活水准近乎原始。玛雅文化仿佛是一夜之间发生了，却又在一夜之间轰轰烈烈地向南美扩展。没有证据表明，南美丛林中这奇迹般的文明存在着一种渐变的过程。难道玛雅人的都一切这是从天而降的？

除了“神灵”，谁还有这等魔法？

玛雅文字的迷雾

位于洪都拉斯西部的科潘遗址象形文字阶梯，是玛雅文字的一大宝库。在科潘遗址中，人们发现许多石碑、石像上都刻有象形字。最令人惊叹的是一座有 63 个石级的“象形文字阶梯”，它高约 30 米，宽约 10 米，上面刻有 2500 个象形文字，真可谓考古史上的一大奇迹！

玛雅文字最早出现于公元前后，但出土的第一块记载着日期的石碑却是公元 292 年的产物，出现于提卡尔，从此以后玛雅文字只流传于以贝登和提卡尔为中心的小范围地区。5 世纪中叶，玛雅文字才普及整个玛雅地区，当时的商业交易路线已经确立，玛雅文字就循着这条路线传播到各地。

玛雅的象形文字别具一格，每个字都用方格或环形花纹圈起来，里面的图案或像人，或像鸟兽，或是一些圈圈点点。玛雅人曾用这样的文字写下了大量书籍，可惜被西班牙殖民强盗烧毁，现在世上仅存 3 部手抄本。

现存的三种玛雅手稿包括：一是 1811—1848 年，西班牙勋爵肯格斯鲍洛自费出版的玛雅手稿“墨西哥的古物”，现存德国的德累斯顿图书馆，因此后人称之为“德累斯顿手稿”；二是法国科学家洛尼在巴黎图书馆所收藏文献中的另一种手稿，这就是“巴黎手稿”；第三种是西班牙人发现的，人们称之为“马德里手稿”。

这些文字稀奇古怪，几百来年许多专家绞尽脑汁也没有完全认读出来。第二次世界大战以后，美国和苏联投入了大量人力和物力，利用电子计算机来破解，也只能读出其中的 1/3。直到 1966 年，有人才根据已经认出的玛雅文字，好不容易试译出一块玛雅石碑，发现这个石碑竟然是一部编年史，从中人们知道了 9000 万年前甚至 4 亿年前的事情。可是，4 亿年前，地球还处于中生代，根本没有人类，这玛雅人、玛雅文字又是从哪儿来的呢？

今天已知的玛雅象形字有 850 余个，已有 1/4 左右为语言学家解释出来。这些文字主要代表一周各天和月份的名称、数目字、方位、颜色以及神的名称，大多记载在石碑、木板、陶瓷和书籍上。书籍的纸张用植物纤维制造，先以石灰水浸泡，再置于阳光下晒干，因而纸上留下一层石灰。虽然现代还有 200 万人在说玛雅话，而且其文字中一部分象形和谐音字很像古埃及文字和日本文字，有可能比较探讨出其中的异同来，但是我们对整个玛雅文字的解释依然难以定论。

现存的玛雅象形文字多被刻在石碑和庙宇、墓室的墙壁上，雕在玉器和贝壳上，也有用类似中国毛笔的毛发笔描绘在陶器、榕树内皮和鞣制过的鹿皮上的。

金字塔坛庙与象形文字的结合，清楚地表明了其宗教的性质。4 部存世的玛雅经卷上的象形文字，其用途也无疑是以宗教为主的。尤其值得注意的是，这种象形文字像是从天上掉下来的一样，我们只能看到它从头至尾一成不变的成熟完美，而不像其他古老民族的文字有一个从简到繁的发生发展轨迹。

从文字学的一般理论来看，文字都经历了三个不同的发展阶段：一是图画或象征的文字，由画面来讲述整个故事；二是会意文字的阶段，用符号代表一定的意义；三是表音文字，这时文字与语言结合到了一起。尽管玛雅文字形式的完美性远远超过甚至已像半记音字母化的古埃及那样的象形文字，但它还是按表面上看起来的那样，长期以来被归入第一阶段。这样的认识，妨碍了对玛雅文字的破解。直到 20 世纪 50 年代，苏联学者尤·瓦·克诺罗佐夫提出了一种全新的假设。他试图把玛雅文字和古埃及、中国文字一样来看待，即都兼有象形和记音两种功能。每个字既代表一个完整概念，又有它自己的发音。受克诺罗佐夫思路的启发，学者们致力于给玛雅雕刻文字标注适当的音标，好在兰达主教当年留下了不少有关玛雅文字发音的记录。

殖民者的暴行给玛雅文字的破译造成了巨大的困难。多年来，人们对奇形怪状的玛雅文字进行了大量研究，然而，这些象形文字究竟怎么读？怎么讲？它起源于何时何地？与古代埃及、中国的象形文字有无关系？这些问题至今仍困扰着玛雅文化的研究者。

玛雅文明的神秘历法

玛雅人创造出一套精巧的数学方法，来适应他们按年记事的需要，来决定播种和收成的时间，并对于季节和年度中雨水最多的时间准确地加以计算，以期充分利用贫瘠的土地。他们的数学技巧，在古代原始民族中，真是高明得令人吃惊，尤其是他们熟悉“零”的概念，比阿拉伯商队横越中东沙漠而把这个概念从印度传到欧洲的时间早了 1000 年。

玛雅人的历法是世界上最精确的。玛雅人认为一个月（兀纳）等于 20 天（金），一年（佟）等于 18 个月（兀纳），再加上每年之中有 5 个未列在内的忌日，一年实际的天数为 365 天。这正好与现代人对地球自转时间的认识相吻合。玛雅人除对地球历法了解得十分精确之外，对金星的历年也十分了解。金星的历年就是金星绕太阳运行一周所需的时间，玛雅人计算出金星历年为 584 天，而今天我们测算金星的历年为 584.92 天。这是个非常了不起的数字，为了让它配合所用的“圣年”（一年 260 天、13 个月、每月 21 天），历法师统一将 61 个金星年修正 4 天。此外，每 5 个这样的循环为一周期，要在第 57 个会合周期结束时再修正 8 天，以至使误差小到 6000 年只有一天。几千年前的玛雅人竟然能有如此精确的历法。

玛雅人创建的历法究竟精确到什么程度，请看他们当时使用的记载年代的时间单位：

20 金：1 兀纳（即 20 天）

18 兀纳：1 佟（即 360 天）

20 佟：1 伽佟（即 7200 天）

20 伽佟：1 巴伽佟（144000 天）

20 巴伽佟：1 皮克佟（即 2880000 天）

20 皮克佟：1 卡巴拉佟（即 57600000 天）

20 卡巴拉佟：1 金奇拉佟（即 1152000000 天）

20 金奇拉佟：1 亚托佟（23040000000 天）

除了“兀纳”采用 18 位之外，其他时间单位为 20 进位。

在社会和生产的实践中，绝大多数的民族根据手指数目，创造了十进位的计数法。而玛雅人非常古怪，他们根据手和脚 20 个指头的启发，创造了 20 进位的数法。同时，他们还使用 18 进位的计数法，这个计数法是受何启发，根据何在？没有人能够回答。还有，玛雅人是世界上最早掌握“0”概念的民族。要知道，数学上“0”的认识和运用，标志着一个民族的认识水平。玛雅人在这方面的才能比中国人和欧洲人要早 1000—3800 年。

玛雅人依据自己的历法建造的金字塔，实际上都是祭祀神灵并兼顾观测天象的天文台。而位于彻琴的天文台是玛雅人建造的第一个，也是迄今为止最古老的天文台。塔顶高耸于丛林的树冠之上，内有一个旋梯直通塔顶的观测台，塔顶有观金星体的窗孔。其外的石墙装饰着神灵的图案，并刻有一个展翅飞向太空的人的浮雕。这一切引得人遐思万千。

令人惊讶的是，玛雅人在当时的情况下就知道天王星和海王星的存在，他们的彻琴天文台观天窗口不是对准最高的星体，而是对准银河系之外那片沉沉的夜幕。他们的历法可维持到 4 亿年以后，其用途究竟为何？另外，他们是从何处获悉并计算出太阳年和金星年的差数可以精确到小数点之后的第 4 位数字的？

玛雅人还发明了一种仅用 3 个符号——一点、一横、一个代表零的贝形符号——来表示任何数字的计算法，实在是令人不可思议。因为希腊人虽然擅于发明，但他们必须用字母来写数目，罗马人虽然会使用数字，但只能用笨拙的图解方式以 4 个数字来代表 VIII。

现代算术发展于印度和中东，以“十进位”法求出所需之数目，而玛雅人在那时已经懂得相对值的用处和“二十进位”法。他们把大数目以纵行表示，从最下面起向上念，垂直进位，由 1 而 20，由 20 而 400，由 400 而 8000，由 8000 而 16000……20 以下的数目用一个象形图来表示，每一个象形图都是由点和横组成，每一点代表 1，每一横代表 5，贝形图案则代表 0。

玛雅人已经知道，以 20 进位法，并利用类似算盘的方法，使用两个记号“电”和“横”，而两个记号正是今天电脑的基础。

很明显，这一切知识已经超过了农耕社会的玛雅人的实际需求，令人不可思议。

既然超出他们的需要，就说明这些知识不是玛雅人创造的。那么，又是谁把这些知识传授给玛雅人的呢？在那个全世界各民族仍处在蒙昧状态的年代，又有谁掌握如此先进的知识呢？

玛雅人说，他们的一切文明都是一位天神奎茨尔科特尔给予的，他们描述这位天神身穿白袍，来自东方一个未知的国家。他教会玛雅人各种科学知识和技能，还制定了十分严密的律法。据说，在神的指导下，玛雅人种植玉米，穗轴长得像人那么粗大，他教人种植的棉花，能长出不同的颜色。天神在教会玛雅人这一切之后，便乘上一艘能把他带向太空的船远走高飞了。而且，这位天神告诉怀念他的玛雅人，说他还会再回来的。

如果我们相信这个神话的话，那么玛雅文化现象也就有了确实的答案了。可这个神话有根据吗，还有待于人们进一步的研究。

玛雅文化迷中迷：水晶头颅

人们对玛雅文化中种种不可理解的成就早有所闻，其实困扰玛雅研究者的不仅仅是玛雅的历法和文字，玛雅文明还有很多人们破译不了的神秘物品和神秘文化，比如 1927 年在中美洲洪都拉斯玛雅神庙中发现的水晶头颅，就不能不令人震惊。

这个头颅用水晶雕成，高 12.7 厘米，重 5.2 公斤，大小如同真人头，是依照一个女人的头颅雕成的。据传说，这个水晶头颅具有神奇的力量，是玛雅神庙中求神占卜的重要用具，至今已有 1000 多年的历史。专家们研究过头颅的表面及其内部结构后，肯定其历史非常悠久，确是玛雅时代遗留的文物。

那么，这个水晶头颅是怎么被发现的呢？

英国人迈克·米歇尔·黑克斯是大英博物馆玛雅文化委员会的成员。热爱考古的他在 1924 年组织了一个探测队，从利物浦出发，沿水路到达了中美洲英属的汉德里斯。他坚信能在这里找到真正的人类文明发祥地的残迹，与他同行的还有他的养女安娜，那是一位终身未嫁的英国姑娘，随着养父一起探险时年仅 17 岁。在当地玛雅人的帮助下，他们在热带森林中发现了一座古代玛雅人的城市的遗址。他们花了整整一年多的时间，把生长在这座城市遗址上的灌木和大树清理掉。实在清理不掉的枝枝蔓蔓就放火烧掉，曾经辉煌一时的古城废墟于是在浓浓的烟火中显露出来，然后探测队开始了长达几年的挖掘。

安娜 17 岁生日前夕，总想登上金字塔的最高处，一览周围的绚丽风光，但养父坚决拒绝了她的要求，因为金字塔最高处的岩石已经明显松动，爬上去是很危险的。但是，安娜还是背着养父一个人悄悄地、小心翼翼地爬上了金字塔的最高处。方圆几英里的美丽风光尽收眼底，这时安娜发现里面有一个闪闪发亮的东西，兴奋不已，回去后立即把这一发现告诉了养父。米歇尔·黑吉斯严厉地责备了安娜去了不该去的地方，似乎并没有把她的发现放在心上。

但是，米歇尔·黑吉斯第二天一大早就把大家召集在一起，开始去搬掉金字塔顶端松动的石头，且花了几周的时间才搬出了一个不大的窟窿。

安娜主动要求顺着窟窿下去探个虚实，那天正好是她 17 岁的生日。

安娜身系了两根绳子，头上绑了一盏灯，顺着窟窿慢慢下去。行至黑暗处时，她非常紧张，害怕会有毒蛇和蝎子什么的，而且她刚沉到地面就看到了那个闪闪发光的东西，赶紧把它捡起来用衬衫包好，生怕损坏，然后告诉上面的人快点把她吊上去。

原来这是一颗雕刻得非常逼真的水晶人头，不仅外观，而且内部结构都与人的颅骨骨骼构造完全相符。其工艺水平极高，隐藏在基底的棱镜和眼窝里用手工琢磨的透镜片组合在一起，发出眩目的亮光。

人们像被施了催眠术一般惊得目瞪口呆、狂喜不已，似乎有一种古老而强大的力量在每个人身上复活，玛雅人看到头颅以后又哭又笑。米歇尔·黑吉斯把头骨放到了玛雅人修建的祭坛上，玛雅人举行了一次盛大的庆典，头骨周围燃烧着熊熊篝火，虔诚的玛雅人在求它保佑。

围绕着水晶头骨，玛雅人的庆祝活动持续了好几天，一位玛雅老人说这个头骨非常古老，有 10 万年之久的历史了。老人说，很久很久以前，有个伟大的玛雅人的祭司十分受人爱戴，人们为了永远留住他的正直和智慧而制造出了这个头骨。

关于这颗水晶头颅，迷雾重重：

一是它的颜色为什么会发生变化。这颗水晶头颅本身并没有什么颜色，但是能放射出明亮无色的光，就像夜晚明月的光环。如果你静静地凝视着这颗水晶头颅，它的颜色、透明度都会慢慢发生变化，能够变成绿色、琥珀色、淡红色等。它还散发出淡淡的香味。

二是它为什么会“唱歌”。如果把它放在房间里，静静不动，就会有某种声音不时从屋子四周飘出来，这声音好像是从人的嗓子唱出来的，轻和柔润，不像是用乐器敲打出的声音。在它“唱歌的时候，会有一阵阵悦耳的银铃声相和相伴”。水晶头颅晶莹剔透，没有嘴巴，却能“唱歌”，实在是奇怪至极。

三是它能产生一种神奇的力量。如果人站在这颗水晶头颅前，静静地观察并思索着，时间稍长就会感觉到身体和脸部有一种明显的压力射出来。假如你是一个很敏感的人，只要将手轻轻地搭在这颗头颅上，又会感到一种推动力和颤动，而且在头颅的不同位置，手上会有不同的冷热感觉。

另外，据 20 世纪 70 年代的科学家研究，这颗水晶头颅至少要用 300 年左右的时间，不停地打磨才能这样精确和光滑。即使是现代的工艺水平，制作这样的水晶头颅，稍有不慎，也会把它打成碎片或弄出纵横不一的裂纹。可是，1000 多年前的玛雅人还不懂得炼铁，他们又是使用什么样的工具加工这个水晶头颅的呢？难道他们早已掌握了我们现在还不知道的某种技术吗？

我们知道，近代光学产生于 17 世纪，而人类准确地认识自己的骨骼结构更是 18 世纪解剖学兴起以后的事。这个水晶头颅却是在非常了解人体骨骼构造和光学原理的基础上雕刻成的，1000 多年前的玛雅人是怎样掌握这些高深的解剖学和光学知识的呢？

从这个奇异的水晶头颅来看，也许玛雅人掌握的科学技术，比我们所想象的还要高超得多。但他们又是怎样获得这些科学技术的呢？这就更是谜中之谜了。

“葫芦”创世的传说

一位英国画家在中美洲洪都拉斯的丛林中发现了一座城堡的废墟。一切遗存标志着它曾经是一座相当文明的城市。苍苔、荆棘和野藤，破土而出的树木掀翻了石板，仿佛急于掩盖某种神秘的奇迹。

令人迷惑不解的是，玛雅人拥有的天文知识、数学水平比欧洲还先进。这一切是怎么来的？玛雅人的《议政书》讲述了史诗性的创世故事：玛雅一个年轻的女子受到一棵树上果实的诱惑。这棵树不是苹果树，而是葫芦树，而葫芦实质上就是头颅。

葫芦创世的故事是这样的。玛雅的死神要求玉米神（生命的象征）和他们交战。死神把玉米神杀死以后，将他的头颅挂在一棵树上，很快这棵树就坠满了葫芦。

死神的一个女孩看到那棵结满果实的树，诚心想尝一个再走。一个被放在树杈处的头颅向她的手中吐了一口唾液，她于是就怀孕了。

头颅然后对女孩说："这是我给你的一个标记——我的唾液。我的头颅只是骨头，与神的头没有什么两样，是肉遮盖了骨头的真相，使人们不害怕它。当一个人死后，人们则很怕他的骨头。这之后，他的儿子就像他的唾液一样，不管是君主的儿子、手艺人的儿子还是雄辩家的儿子，他父亲并没有从世上消失，而是继续实现自己的报复。"

后来，女孩生下一对双胞胎儿子，分别叫作胡那普和艾克斯巴兰克。

双胞胎继续与死神们对抗，激战中，胡那普的头被死神们的一只吸血蝙蝠咬了下来。为了重新获得生命，艾克斯巴兰克蒙蔽死神，用一株植物替代胡那普的头部，直到他又长出一颗真头。

打败死神之后，双胞胎便去寻找他们的父亲。他们的父亲只有在说出他以前曾有的面部各部分的名字之后才能再生，然而他只能说出嘴、鼻子和眼睛。双胞胎兄弟就把他留在那里，但向他许诺会铭记他并给他以荣耀。

接着，双胞胎的灵魂升上了天空，加入到他们的祖先当中，分别成了太阳和月亮。

古代玛雅人把阴间称为“艾克西巴尔巴”，意思就是“害怕”、“恐怖”或“因惊恐而颤抖”。他们认为，一个人死后，灵魂在狗的帮助下去往阴间，沿途要经受严峻的考验。阴间共有九层，如果死去的人能很成功地经历这九层，那么他们就能再一次加入到他们那些居于天上的祖先们当中。人们相信没有死也就没有生命，吃东西的时候，实际上是在杀死它以求得自己生存，同时也必须把一些东西送回到死亡那里去。

玛雅人认为，他们的祖先是知晓未来与过去所必备的知识的源泉，而通过铭记和向神与祖先回献东西等宗教仪式，他们可以与自己的祖先联系在一起，从而加强他们和神之间的关系，获得他们祖先的超自然能力。

玛雅人以“葫芦”创造了文明，就像《圣经》故事里亚当和夏娃创造了一个新世界一样。

失落的玛雅文明

玛雅人是一个不可思议的民族，给后人留下了无数难以解开的疑团，其中最让人不解的是，玛雅人为什么抛弃了文明又回归原始。

玛雅文明如昙花一现，突然就消失了，这正应了中国的一句俗话——“来得容易去得快”。是谁或什么让玛雅人放弃了灿烂的人类文明，这确实是一个千古之谜。

公元 830 年，科班城浩大的工程突然停工。公元 835 年，提卡尔正在建设的寺庙也停止施工。公元 889 元，提卡尔正在建设的寺庙群工程中断了。公元 909 年，玛雅人的最后一个城堡也停下已修建过半的石柱。这情形令我们不禁联想到复活岛石场上突然停工的情景。

这时候，散居在四面八方的玛雅人好像不约而同地接到某种指令，他们抛弃了世代为之奋斗追求、辛勤建筑起来的营垒和神庙，离开了肥沃的耕地，向荒芜的深山迁移。

现在我们所能看到的玛雅人的那些具有高度文明的历史文化遗址，就是在公元 8 世纪到 9 世纪间由玛雅人自己抛弃的故居。如今的游客徜徉在这精美的石雕、雄伟的构架面前，无不赞叹、惋惜，而专家学者们却陷入深深的困惑之中。

玛雅人抛弃自己用双手建造起来的繁荣城市，却要转向荒凉的深山老林，这种背弃文明、回归蒙昧的做法是出于自愿，还是另有原因?

史学界对此有着各种解释与猜测，譬如外族侵犯、气候骤变、地震破坏、瘟疫流行、洪水猛兽、行星相撞、人口爆炸、地下空洞、核子爆炸、能源控制失误等，这些都有可能造成大规模的集体迁移。然而，这些假设和猜测都是不具备说服力的。

外族侵犯之说就站不住脚，因为在当时的情况下，南美大陆还不存在一个可以与玛雅对抗的强大民族。

公元 8 世纪到 9 世纪间，没有论据证明南美大陆有过灾难性气候骤变，气象专家几经努力，仍然找不到蛛丝马迹。

地震灾难之说可以排除，虽然玛雅人那些雄伟的石块建筑有些已倒塌，但仍有不少历经千年风雨仍然保存完整。

瘟疫流行这一解释似乎是可行的。但是，在玛雅人盘踞的上万平方公里的版图内大规模地流行一场瘟疫，这种可能性是很小的。再说玛雅人的整体迁移先后共历时百年之久，一场突发性的大瘟疫绝无耗时如此长久的可能性。

有的学者根据部分祭司雕像被击毁、统治者宝座被推倒的现象，作出阶级斗争的猜测。阶级斗争的确在玛雅社会中存在并出现过，但这种情况是局部的，只在个别地方和城市发生的，而玛雅人的集体北迁却是全局性的。

有人认为玛雅人当时可能采取了某种不恰当的耕种办法，破坏了森林，使土地丧失了地力等等，以致造成生存的困境而被迫大迁移。这种试图从生态角度解开玛雅人大迁移之谜的尝试也是行不通的，因为玛雅人在农业生产上表现出颇为先进的迹象。他们很早就采取轮耕制，出现了早期的集约化生产，这样既保证了土地肥力不致丧失，又提高了生产效率。

还有一些专家的思路更新奇，他们认为要寻找玛雅人搬向深山的原因，可以先反过来看看他们怎样选择自己定居的故土。我们已知的这些玛雅人最古老的城市，都不是建设在河流旁的。埃及和印度的古代文明首先发祥于尼罗河与恒河流域，中国古代文明的摇篮则在黄河和长江流域。河流不仅给这些早期的都市带来了灌溉饮水方面的便利，同时又是人员与商品交往最初的通道。从各民族的早期历史来看，他们的文明都离不开河流。玛雅人却偏偏把他们那些异常繁荣的城市建筑于热带丛林之中，这是颇有意味的。

以提扎尔为例，它是一个位于深山中的城市，从这座玛雅人的城市到洪都拉斯海湾的直线距离为 175 公里，距坎佩坎海湾 259 公里，到太平洋的直线距离也才 380 公里。他们最初的城市为什么不修建在河流边，或者海滩边，而要选择在与世隔绝的丛林莽障之中？其后的大迁移不向河流沿岸和海边转移，偏偏要移至更为荒凉的深山之中？这的确令人费解。

这当然包括那些后来匆匆停下进行过半的工程，仓促地收拾行装，扶老携幼，举族迁移的玛雅人。他们历经长途跋涉之苦，最终只得绝望地在北方建立一个新王国。他们再次按照历法预先规定的日期，重新开始修建他们的城市、神殿和金字塔，而绝不重返故土。

这真是一个大哑谜，全世界科学家都拿不出有说服力的解释。

关于玛雅文明消失的原因众说纷纭，确切的答案还未出现，这个秘密的解开有如拼图游戏一般，目前还不过刚刚开始。

第八章
史前文明源头——凌家滩

从谜团重重的埃及金字塔到神秘的玛雅文化，从迷失的古蜀国三星堆遗址到黄山的花山谜窟，这一系列的人文遗迹都有一个惊人的特点，即它们都位于北纬 30° 附近。巧合的是，同样拥有很多难解之谜的凌家滩遗址，经过考古专家的精确测定，恰好也坐落于北纬 31° 29′，仿佛注定要为这一奇异的现象再添神秘色彩。

凌家滩遗址位于安徽省含山县铜闸镇五联行政村凌家滩自然村，为一处规模较大的新石器时代晚期的聚落址，其年代距今 5300—5500 年。

在凌家滩出土的各种文物中，玉器数量多，品种丰富，雕琢精致，珍稀罕见。在刻图纹饰以及造型构思、工艺技术等方面都表现出了独特的风格，表明凌家滩遗址是中国史前玉文化的中心之一。

千年巨石阵的惊现

5000 多年前的巢湖流域中心有一座繁华的城市，它的养殖业、畜牧业、手工业已经初步形成规模，大型的宫殿、神庙等标志性建筑和气势雄浑的巨石阵巍峨地屹立着，布局整齐的居民生活区里有很多人口聚居，手工作坊里的工匠可以制作大量精美的玉器用来作生活用具、礼器与装饰品……这是考古专家们为凌家滩遗址区所描述的“时空复原图”。这座享有盛名的古人类遗址已经 5 次被发掘。

据安徽省文物研究所披露，凌家滩古文化遗址为迄今发现的中国新石器时代遗址中唯一一处有巨石遗存的遗址，其建筑年代早于英国巨石阵约 1000 年遗址中。

凌家滩的“巨石阵”原本有好几处，很多在 20 世纪六七十年代兴修水利、造房修路时被村民炸毁，目前的石头都是巨石被炸毁后的残存，这些巨石原来的高度有的达五六米，有的达八九米。经钻探发现，凌家滩的地表底下和裕溪河的河床底下还埋藏着许多巨石，如果将这些巨石发掘出来，并按其原貌展出，仅就其旅游观赏价值就可与英国的“巨石阵”相媲美。同时，其作用可能也与英国、南美洲和非洲等地的“巨石阵”一样，与观察天文、太阳运转有关联。

“巨石阵”是发掘中最扑朔迷离的一块，目前专家对它的说法还没有统一。照理说这么多巨石的出现应该和天文或者祭祀有关，但目前还没有掌握可以佐证的成果。如果没有证据，那么这些石头就会一直“无名无分”。

有专家称，现在凌家滩的“巨石阵”其实并没有真正“阵”的身份，只有在未来发掘中找到证据，才能让凌家滩的巨石阵与英国、非洲等地的巨石阵一样，成为真正的不打引号的巨石阵。

更令人难以理解的是，经研究发现，凌家滩的巨石均来自距此处 5 公里的太湖山。在 5000 多年前生产力水平和科学技术水平极为低下的条件下，运用原始的石器工具和木棍，怎样才能把这么多这么重的石头开采出来并雕刻成大石柱？又是如何从 5 公里之外搬运到凌家滩的？如何矗立？这些都是待解之谜。

发掘时还在一探方中发现了两块竖立的异形石器，外观看起来格外突兀。其中一块呈青灰色，大约有一尺高、半尺宽，石器上端有一个丫形的缺口，不像是自然形成的模样。考古队员说，从这块石器形状来看，明显是经过人工打制出来的，而且垂直埋藏在泥土中，应该不会是自然因素造成的。但这块石器具体是什么年代制作的，又是做什么用的，暂时还不能判断。

在另外的探方中发掘了多枚石块，或圆或方，大小不一，排列整齐，这已形成了一种文化现象。仔细观察可以发现，靠探方东边的石块较大，越往西越小，形成一个奇怪的图案。考古人员猜测，石块的这种走向可能有一定的意义所在。他们将这些石块上的泥土仔细地清理干净，并拿出皮尺、罗盘、相机等工具对石块的大小、摆放位置、相互之间的距离进行测量、拍摄并绘图。考古队员说："要把从这些石块上所透露出的信息都记录下来备案，如果将来这里得到有效的开发，建起了主题公园，我们就可以提供最原始、最科学、最全面的数据，将这里恢复原貌，供游人参观。"

有专家判断，这么多石块已经形成了一种文化现象，是否为当时祭祀所用，目前还不好判断，一切都是未知数。

凌家滩还出土了石钻，这可以说是中国 20 世纪考古的重大发现之一。石钻呈梯形，上细下粗，两端都制作有钻头。钻头一端粗一端细，呈现螺纹形，表明凌家滩先民已经认识到旋转力和离心力的作用，对物理、数学、几何、机械力学知识的掌握已达到较高水准。

国内外许多知名的考古学家看到这件石钻时，都惊得瞠目结舌，称他们到凌家滩来简直就是来朝圣的。更出乎他们意料的是，在那个非常遥远的年代，中华文明就已如此流光溢彩，走到了世界文明的前列。

神秘的玉石王国

凌家滩出土了大量精美玉器、陶器和石器，表明凌家滩先民已有相当高的审美能力和制作工艺，特别是出土的大批高规格的精美玉器，已把玉器文明推进到登峰造极的程度。凌家滩发现的 1000 多件玉器，种类之多、玉质之丰富、造型之美、制作之精，均是中国新石器时代其他古文化遗址不能比拟的。

凌家滩遗址至少有 12 个方面在全国考古发掘中占第一，包括玉人、玉龙、玉鹰、玉版、玉勺、红陶土块建筑遗迹、东陵玉、玉钺及斧、玉管微雕、石钻、玉戈及玉虎首璜、人工巨石堆，其中以玉器为主。而就是这些玉器，揭开了中华远古文明的神秘面纱。

凌家滩遗址出土的大批精美玉器，有别于良渚文化和红山文化，表现出独具特色的中华玉器文明。其中刻有原始八卦图的长方形玉片与腹部刻有圆圈纹和八角星纹的玉鹰，最能体现先民的原始思想。玉龙造型完美，刀法简练，栩栩如生，充满着生命的活力，是中国考古发掘出土时代最早的一条玉龙。

凌家滩遗址第五次发掘时，考古专家发掘出一头“玉猪”，位于祭坛附近的墓葬区。“玉猪”长、宽、高分别为 75 厘米、38 厘米和 22 厘米，重 170 斤，是目前为止凌家滩玉器文化中发现的最大随葬品。该“玉猪”由较为粗糙的玉石雕刻而成，在阳光的照耀下，玉猪全身上下似乎变得通透起来，眼睛、耳朵、獠牙格外清晰，散发着一种神秘的光彩。目前，“玉猪”的年代已基本确定为 5500 年前。

中国最早的玉器文明出现在距今 8000 年前，凌家滩时代正处于玉器文明的鼎盛时期，这只“玉猪”的考古和艺术价值均不可估量。

凌家滩出土了三件站姿玉人。玉人不论其造型、琢玉技术，还是设计思想都表现得极为高超。三件玉人的出土，首次展示了中国新石器时代原始人的整体形象，为研究远古文明社会提供了极丰富的信息。

还有玉版（刻着原始八卦图）、玉龟、玉勺、三角形玉饰、玉人头饰、玉管、玉璜等。极为重要的是，玉龟的上下腹甲夹着玉版，这就和历来最令人难以置信的“元龟衔符”（《黄帝出军诀》）、“元龟负书出”（《尚书中侯》）、

“大龟负图”（《龙鱼河图》）等等神话故事印证起来，真是令人不可思议。玉版的八方图形与中心象征太阳的图形相配，符合我国古代的原始八卦理论。玉版四周的四、五、九、五之数，与洛书“太一下行八卦之宫每四乃还中央”相合。故推测凌家滩出土的玉龟和玉版，有可能就是远古洛书和八卦。凌家滩出土的玉器，透出不为人所知的远古高科技信息，也透出神话般的故事。

发掘时，在一个探方中发现一块玉璜，玉身透白，两边带孔，浑身散发着迷人的光彩。玉璜的周围还随着出土了一些砺石，也就是磨刀石。考古队员推测，在这块玉璜和砺石下面可能还藏有惊喜，有待于继续发掘。

在凌家滩还发掘了一块白色玉石，呈半月形，手掌大小，质地不太均匀，玉石两边留有明显的切割痕迹，月形内侧末梢还留下一个小钮。考古专家鉴定后认为，这是块透闪石，是凌家滩石器典型的随葬品，较贵重。这一块玉料还可以做出好几件精美玉器来。

凌家滩出土的玉芯有的直径只有 0.5 厘米，管钻时留下管壁旋切厚度仅 0.2 厘米的凹槽宽度，这 0.2 厘米除去 0.05 厘米应是琢玉砂和钻孔时用水的摩擦厚度。其实管钻头管壁的厚度只有 0.15 厘米。这么薄的管钻头的管壁，只有在现代工业技术上才能见到。

凌家滩遗址揭开了一层层神秘的面纱。那堪称天下第一的玉猪、玉八卦横空出世，那数百件尘封的玉器陆续出土，中华文明的曙光让世界注目、令世人惊喜。

凌家滩这方神秘的玉石王国，在 5000 多年前到底是怎样一番光景呢？历史没有记载，因为那时可能还没有正式的文字，民间也没有任何轶闻或是传说。我们的老祖宗呢，同样没有留下只言片语的遗嘱。后人只能从这些酣睡在土里的一块块玉石、一个个陶片上，去追寻那失落已久的岁月。

凌家滩的远古文明

有资料显示，远古的凌家滩不是现在这个名字，在 60 年前的民国地图上，那个地方还叫凌王四，大概是凌姓人家在那儿世代耕作，才有了现在的凌家滩。5000 多年的漫长岁月里，数不清的天灾瘟疫和战乱迁徙早已让这里物是人非了。

从最新的地质考古看来，在远古的 3000 年至 5000 年间，凌家滩很可能陷入茫茫泽国中。沉没水中两千载，再回陆上三千年，当初的凌家滩人，要么是在霏霏淫雨中举族迁徙，逃往他乡；要么是在天灾瘟疫中，大难临头各自飞；更可怕的是在战乱的杀掠中，城毁人亡，部落惨遭灭顶之灾……如今，生活在这块土地上的人们，很难说是远古凌家滩的后人了。

那么，在那个连金属工具都没有的远古时代，是谁创造了凌家滩的文明？在世界范围内众多的考古发掘中，很多难以解释的谜团都让人联想到地外文明。

在凌家滩出土的玉器中，能展现出让现代人都匪夷所思的工艺技术有很多。凌家滩出土的玉耳和玉勺，前者底部厚 0.1 厘米、口壁厚 0.09 厘米，后者厚 0.1—0.3 厘米，二者不仅轻薄，而且造型匀称美观。虽然不能说其轻薄如纸，但也相差不远。而且专家通过高度显微镜对水晶耳放大 200 倍进行观察，仍观察不到丝毫的毛糙感。专家分析指出：“如此高超的抛光技术，在现代都堪称一流。”

凌家滩遗址在发掘过程中也发现了很多神秘难解的谜团，其中最让人不解的是一件玉人，其背后有一个隧孔，孔径只有 0.15 毫米，比人的头发丝还要细。考古学家用高倍显微镜观察后发现，这是人工用管钻垂直钻孔形成的，管钻的玉芯仍留在孔内，管钻的直径仅为 1 毫米。负责凌家滩遗址发掘的省考古研究所张敬国教授告诉记者：“管钻工艺虽然在新石器时代已开始流行，但如此细微的管钻及其使用不光是首次发现，就是在科技如此发达的今天，我们也只能用激光才能完成。”

凌家滩先人采用什么工具和技术完成这精美的杰作的？仅仅凭借石器工具如何达到这么精细的工艺？如果有特殊的加工工具为什么到现在还没有发现让人信服的踪迹？这些至今都还是考古界和科学界的一个谜。难道那近似激光打孔技术的凌家滩文明真和地外文明有关？

5000 年沧海桑田，让凌家滩的一切都变得那么陌生、那么神秘。那废墟厚重的底蕴，只得靠考古学家们去发掘、去考证了。

凌家滩的奢华往事

关于凌家滩，还有一段奢华的往事，这可能又是一个被洪水毁灭的伟大文明。

据传说，在灾难来临之前，这个部落的权贵们安逸舒适。族人为权贵们修建了 3000 平方米的宫殿和神庙。为了防潮，宫殿的地面是由厚度 1.5 米的红陶块铺成，这种红陶块经过高温烧制，质地坚硬。

为了满足权贵的需要，凌家滩人在宫殿内凿出了一个直径约 1 米、深约 3.8 米的水井，井壁上半部也用那种红陶块圈成。这样，住在宫殿里的人们每天都能喝到干净的水，甚至不用担心旱季的到来。

这里的人们根本不用为食物而担心，因为南面的裕溪河里有鲜美的河鲜，北面的太湖山上有取之不尽的山果和野兽，四周开阔的平原则为耕种提供了便利。

这里的人们也不用担心外敌的攻击，因为有背山面水的优越地理位置，但为了以防万一，他们还是磨制了刃口锋利的石钺、玉斧和玉戈，挖出了严整的护城壕沟，同时还训练着随时准备出击的武士。这些武士只接受手持玉虎首璜的人的命令。

他们的安逸还在于到处结盟，权贵的子女们纷纷与外族结姻，他们要用玉龙凤璜来见证这种政治婚姻的可靠。

在这个部落，女人们青睐的男子是长方脸、浓眉大眼、双眼皮、蒜头鼻、大耳以及大嘴的。为了使自己更为英武，男子们喜欢留八字胡，此外还要计较头冠是否别致、玉镯是否精美、腰带是否与众不同。当然，这些都不用权贵们本人来制作。

宫殿的周围有专门的手工作坊，这里的匠人技艺高超，首先制作出最大直径不超过 0.17 毫米的管钻，然后用这个工具钻出直径只有 0.15 毫米的玉芯。这些玉器在 5000 多年后出土时，人们必须用激光束才能还原这种效果。

尽管凌家滩四周物产丰富，但这里权贵们要使用的玉器原料都来自遥远的巢湖沿岸，完成这个搬运过程的通道就是面前的裕溪河，这样能够使工匠们省去很多的力气和时间。

为了让族人相信权力是由上天确定的，权贵们不仅使用玉龟和原始八卦图板来占卜，还在部落的最高处修建了祭坛，坛呈长方圆角形，西高东低，面积约 1200 平方米，分三层筑成，表层有积石圈和祭祀坑。在这里，部落的情况可以一览无余。

墓葬都安排在祭坛的下方，在权贵们的墓葬里根据个人的身份和喜好，安放着最精美的玉器，其中一个权贵特别喜欢猪，他的墓葬里放了一只重达 88 公斤的玉猪。

可是，5000 多年前，这一切的奢华仿佛都在一夜之间消失。有人作出大胆猜测，称是洪水毁灭了他们。真是因为洪水吗？谁也不能确定。

第九章
神秘大陆——大西洲

沿着北纬 30° 线寻觅，人们很容易就能想到距今 12000 年前于“悲惨的一昼夜”沉没于海底的亚特兰蒂斯大陆，也就是人们常说的大西洲。

据说，大西洲是产生过巨大历史奇迹的神秘大陆，那里智慧非凡的人民创造了高度发达的物质文明和精神文明，其因火山爆发而在一天一夜之间神秘地沉没了！

统治世界的一种超自然力缔造了这座与世隔绝、位于海洋中央的乌托邦式国家，它是地球上历史文明最大的谜。它是如何被毁灭的？这块在遥远的过去突然失踪了的陆地，随同它光辉灿烂的文明，究竟到哪里去了？如今它在何方？

沉入海底的亚特兰蒂斯

几千年来，在美洲、非洲和欧洲民间广泛流传着一个很古老的传说：在遥远的古代，地球上有一块独特而神奇的大陆——大西洲，那里气候温和、土地肥沃、森林茂盛、风景绮丽。大西洲上有一个历史颇为悠久、具有高度发达文明的神秘古国——亚特兰蒂斯王国。

有关亚特兰蒂斯的传说，始于古希腊著名哲学家柏拉图（公元前 427~ 前 347 年）。幼年的时候，博学多才的祖父曾经给他讲了“大西国”的故事。柏拉图长大后，为了验证这个故事的真实性，专程漂洋过海前往文明古国埃及，访问了德高望重的僧侣，得到了肯定的答复。

柏拉图的晚年著作《克里特阿斯》和《提迈奥斯》两本对话录中提到：公元前 9600 年左右存在着一个名叫亚特兰蒂斯的地方，其陆地面积比小亚细亚与北非之和还要大，那里气候温和、森林茂密，位于“赫喀琉斯的砥柱海峡”对面，是海洋包围着的一整块陆地。当时亚特兰蒂斯正要与雅典展开一场大战，大西王率兵进攻希腊时，却遭到了顽强的抵抗，后被希腊人打败。但大西王不甘心，想重整旗鼓，再与希腊人决战。就在这时，灾难将临了，发生了突如其来的强烈地震、海啸和水灾，亚特兰蒂斯不到一天一夜就完全没入海底，成为希腊人海路远行的阻碍。

传说中，创建亚特兰蒂斯王国的是海神波赛冬。在一个小岛上，有位父母双亡的少女，波赛冬娶了这位少女，并生了 5 对双胞胎儿子，于是波赛冬将整个岛划分成 10 个区，分别让 10 个儿子来统治，并以长子为最高统治者。

因为这个长子叫“亚特拉斯”（Atlas），因此称该国为“亚特兰蒂斯”王国。

在大陆中央的围城中，有献给波赛冬和其妻的庙宇以及祭祀波赛冬的神殿，这个神殿内部以金、银、黄铜和象牙装饰着。亚特兰蒂斯海岸设有造船厂，船坞内挤满了三段桨的军舰，码头聚集着来自世界各地的商船和商人。亚特兰蒂斯王国非常富强，除了岛屿本身物产丰富外，来自埃及、叙利亚等地中海国家的贡品也不断佳入。

10 位国王都很英明，各自的国家也都很富强。不幸的是，这些国家不久以后开始出现腐化的现象。众神之王宙斯为惩罚人们的堕落，引发地震和洪水，亚特兰蒂斯王国便在一天一夜中没入海底。

中美洲印地安人霍比部落的编年史里记载了地球上的三次特大灾难，分别是：火山爆发、地球脱离轴心后疯狂地旋转以及 12000 年前的特大洪水。这第三次灾难曾使全球的水位上升，淹没了大西洋、地中海、加勒比海等地区的一些陆地和岛屿，后来又由于海底火山爆发，部分陆地下沉，形成了世界性的特大洪水。这场洪水使得具有高度文明的国家顷刻间变得无影无踪。

亚特兰蒂斯当时的文化水平已经相当发达，人口估计有 3000 万，这个大陆却由于一次特大洪水，一夜之间便沉入了海底。这个故事与印第安人记录的那一次 12000 年前的特大洪水不谋而合。

这个传说给我们带来了巨大的诱惑，也给科学家留下了千古之谜。还在古时候，许多人就不遗余力地去寻找这个神秘的国土，但是谁也没有找到什么证据。今天，虽然说从大量的证据来看，亚特兰蒂斯的存在是可以肯定的了，但人们终究没有拿出一个真正的物证来。

一个富庶的岛国

大西洲文明的核心是亚特兰蒂斯岛，古希腊哲学家柏拉图是这样描绘它的全貌的：亚特兰蒂斯岛中心有主宫殿和奉祀守护神波塞冬的壮丽神殿，神殿是由黄金、白银、象牙和如火焰般发光的金属装饰的。岛上所有建筑物都以当地开凿的白、黑、红色的石头建造，既美丽又壮观。首都波塞多尼亚的四周还建有双层的环状陆地和三层的环状运河，最外侧的运河宽达 500 米。两块环状的陆地上还有冷泉和温泉。除此之外，岛上还建有造船厂、赛马场、兵舍、体育馆和公园等等。

19 世纪以来，关于亚特兰蒂斯的话题借助透视等方法又有新的发现。英国神学家史考特·艾利欧德说，100 万年前亚特兰蒂斯文明就达到了高峰，人们不仅有超能力，还能用化学方法制造金银，并能用特殊的生物工程技术制造不同种类的家畜。

美国大预言家艾德加·凯西通过透视法描绘了亚特兰蒂斯的高度文明，其已经能用合金制造飞机、船只、潜水艇等，收音机、电视机、电话、电梯也十分普及。其中最令人叹为观止的是亚特兰蒂斯的能源系统，为城市提供能量的仅仅是一块巨大的水晶。他们用巨大筒形玻璃制成的“火石”来收集阳光并将其转换成能源，还将其提供给各种不同的交通工具使用，也就是说，那时的人就会大规模地使用太阳能了。

英格丽特·本内特通过催眠回忆起自己在亚特兰蒂斯的前世生活中的一些事件，说亚特兰蒂斯的科技和生活文明都远远超过今日世界。

亚特兰蒂斯人与海豚、麒麟等动物相处得很和谐。大部分人被指定从事体力工作，这使得他们保持着良好的身体状况。

亚特兰蒂斯人有与飞碟相似的飞行器。它有一个像水翼船一样的引擎，工作原理和飞行器一样，它们在旋转中起降，与由磁场能量发出的气流有关。这些交通工具通常用于长途旅行。

亚特兰蒂斯有着严格的儿童教育。胎儿还在母体子宫中时就进行那个时代的灵性教育，如给他们听音乐。在整个怀孕期间，智者会对其进行帮助和指导。

亚特兰蒂斯的技术非常先进，但科技发达却导致妄为，如气温被调节、空气被净化，最后导致了亚特兰蒂斯的崩溃。

亚特兰蒂斯最后的一刻来临了——地震、火山爆发、火灾、天塌地陷。地球在崩溃，天空浓烟滚滚，大地岩浆喷发，海水汹涌而至，陆地下沉，人们四处逃散……有着众多超文明的亚特兰蒂斯岛就在一夜之间消亡了。

在地球北纬 30° 消亡的古城不止亚特兰蒂斯，简直不胜枚举，如土耳其卡尔纳支地区的地下城市、古印度摩亨佐·达罗，前者是为躲避一种在天空飞翔的敌人而修建建，后者更可能直接毁于一场核战争，而且这些先后消亡的都市有一个共同点，即科技发展到登峰造极，然后毁于一旦！

亚特兰蒂斯寻踪

公元前 350 年，柏拉图在他著名的言论集中写道：远古时代，海峡彼岸有岛，人称其为“大力神天柱”。岛的面积比小亚细亚和利比亚之和还大……岛名亚特兰蒂斯，岛上有一个美好而伟大的王国。

此外，柏拉图在另一本书中对亚特兰蒂斯岛及风土人情做了进一步的描绘，这是一座热带岛屿，方圆 15.4 万平方英里，人口估计有 2000 万。岛的北部，崇山峻岭绵延不断，形成一座天然屏障。大约在公元前 12000 到前 9000 年期间，亚特兰蒂斯人是当时那个半球文明的主宰，统治着东起埃及、西至意大利的地中海帝国。后来，亚特兰蒂斯岛遇到飞来横祸，经过整个可怕的白天和黑夜翻天覆地的变化，终于被大海吞没了。

这是古希腊哲学家柏拉图所描绘的亚特兰蒂斯大陆的全貌，自柏拉图的赞美之后，理想之都亚特兰蒂斯大陆就成为众人心目中向往的神圣乐土。千百年来，那个古老而神秘的“大西国”传说像幽灵一样，在地中海、大西洋乃至全世界回荡着，吸引成千上万人去寻找这块失落的土地，这个富庶的泱泱大国。

公元 6 世纪时，一些学者就大西国在什么地方、是什么原因和力量使它消失等问题，展开了持久的争论。16 世纪，意大利学者弗拉卡斯特罗重新挑起论战，指出：美洲的印第安人会不会是大西人的后裔呢？哥伦布发现的新大陆会不会是大西国未被淹没的土地呢？

此后，大批地理学家、地质学家、考古学家、神学家、探险家和旅行家等等，蜂拥投身到寻找大西国的行列，力求第一个发现大西国。直到今天，人们也没放弃这种努力。因此，社会上流佳着关于大西国的种种假说。有的说大西国沉没在黑海底，有的说大西国在爱琴海底，还有的说大西国在大西洋，甚至还有的提出大西国在北极、非洲……

进入 20 世纪 60 年代以来，人们利用最先进的观测手段，在大洋底发现了“石路”、“石墙”、“金字塔”等东西。人们自然把这些发现同大西国联系在一起。

1967 年，一位名叫罗伯特·布鲁斯的飞机驾驶员，驾机在美国迈阿密东面的巴哈马群岛大礁群上空飞行时，发现在安德罗斯群岛以北水域几米深的水下，有一片依稀可见的方形阴影区，分布很有规律。布鲁斯驾机在这里盘旋，一边观察，一边拍照。他将这些照片送到水下摄影家、俄籍法国人季米特里·雷比科夫那里鉴别。为了弄清楚阴影的真相，他们又改乘装有水下自动摄影机的潜水器进行实地考察。在一次考察中，他们还发现一块边长 5 米、厚约 0.5—1.5 米的方形石板，重约 25 吨。石板似乎用一种水泥一样的东西粘在一起。人们把这一引人注目的石板称为“比基尼墙”。季米特里·雷比科夫说：“这堵墙的侧面陡直，墙的上表面水平度较好，很容易使人想到远古时代大西国建筑物的一部分。”

1979 年，美国和法国的科学家采用现代化的电子仪器又一次探险，考察了百慕大三角海区，发现了又一座海底金字塔。这座金字塔高 200 米，塔底边长 300 米，塔顶距海面 100 米，比埃及的金字塔大多了。而且这座塔的塔身有两个巨大的洞穴，惊涛急流从中流过。这些海底金字塔是不是大西国人的杰作呢？有人认为，大西国曾经讨伐过埃及，并把文明播种到此地。埃及的金字塔是不是来自大西国？看来这又是一个谜。

1985 年，两名挪威海员在大西洋打捞沉船时，意外地在百慕大三角区的一个海底平原上发现了一座方形的古城。他俩用水下摄影机拍下了这一古城的全貌：街道、墙壁……他俩断定："这儿就是大西国，和柏拉图描绘的大西国一模一样。"

类似的发现不胜枚举，但也有人对这类发现持怀疑态度。

对于亚特兰蒂斯岛的地理位置，在学术界仍有争议，有的说它在瑞典，有的说它在地中海的克里特岛，有的说它在南非，有的说它在拉丁美洲的巴哈巴群岛，还有的说它在亚洲的斯里兰卡，而且各种观点又各有依据，因此至于亚特兰蒂斯究竟在哪儿，人们仍在探索寻觅。

大西洲的诡异沉沦

1898 年，人们在铺设欧美海底电缆时，在亚速尔群岛周围海域发现了一块海底高地，高地的形状和大小很像柏拉图笔下的大西洲。当时，勘探人员取出一些岩石送到科研中心鉴定，证明这一带海域在 1 万年以前确实是一片陆地。

在这之前，为了寻找大西洲的遗踪，唐纳利对欧洲和美洲的动植物以及化石做了大量比较，发现亚洲和美洲同时出现西红柿、番石榴、香蕉等引种改良的植物；大西洋两岸均出现了骆驼、猛犸和麝牛的化石；西班牙的巴斯克人与南美玛雅人有割不断的血缘关系……凡此种种都证明了世界曾存在一个大陆，它联系欧洲、美洲和非洲。

19 世纪 70 年代，英国军舰"挑战者"号在大西洋中部发现了一条淹没在水下的广袤山脉。美国军舰"海豚"号以及其他船只的声纳探测也证实了这一点。唐纳利认为“挑战者”号、“海豚”号找到的水下山脉就是大西洲曾经存在的最好证据。

后来，科学家们又考察了亚速尔群岛南端的加那利群岛，岛上的“关西人”虽然居住在非洲附近，但与美洲的“白印第安人”不仅外形相像，连风俗、建筑、文化也十分相似。“关西人”使用古希腊的太阳历，部落中至今仍然保留有关大西洲的模糊记忆，并且以神话的形式一代又一代流传下去。

这一切都使人们对大西洲的曾经存在深信不疑。那么，大西洲是如何在一天一夜之间就消失了的呢？

关于大西洲消失的原因有众多推测，其中包括一次强烈的火山喷发、一次海啸、陨星的撞击、军事进攻或核爆炸……

但是，稍有常识的人都知道，火山喷发多少应留下类似庞贝城那样的遗址，海啸过后总会有洪水退去的一天，军事进攻绝不可能将整座城池掀个底朝天。陨星的撞击则有可能撕开大西洋海脊，令亚特兰蒂斯城沉没在波涛滚滚的海底，并导致地球上一系列的灾变，让一切痕迹在风平浪静后消失。可是一推理，人们发现这其中有太多漏洞。

19 世纪中期，被誉称为“科学性的亚特兰蒂斯学之父”的美国人德奈利经过毕生努力，出版了他的《亚特兰蒂斯——太古的世界》一书，一共提出了有关该岛的十三大纲领。其内容如下：

1. 远古时代大西洋中确有大型岛屿，那是大西洋大陆的一部分，称为亚特兰蒂斯。

2. 柏拉图所记述亚特兰蒂斯的故事是真实的。

3. 亚特兰蒂斯是人类脱离原始生活，形成文明的最初之地。

4. 随着时代的演变，人口渐增，人们迁居世界各地。

5. 宗教及传说中的伊甸园就是指亚特兰蒂斯。

6. 古代希腊及北欧的神是亚特兰蒂斯的国王、女王及英雄。

7. 埃及和秘鲁的神话中，有亚特兰蒂斯崇拜太阳神的遗迹。

8. 亚特兰蒂斯人最古老的殖民地是埃及。

9. 欧洲的青铜器技术是传自于亚特兰蒂斯。

10. 字母原形是传自于亚特兰蒂斯。

11. 亚特兰蒂斯是塞姆族、印度、欧洲诸族祖先。

12. 亚特兰蒂斯因大变动而沉没海中。

13. 少数居民乘船逃离，留下了关于洪水的传说。

十三大纲领似乎可以完整地回答包括圣经故事在内的一大批人类活动的疑问。也许远古时期真有这么一次洪水大劫难？那么，是不是有关各地人类超文明的记录也应是可信的呢？远古时人类的相互沟通与交往也可以被证实了吗？

几个世纪以来，大西洲的消亡牵动着众人的心。至此，人类对史前文明（包括对亚特兰蒂斯大陆）的研究似乎要暂告一段落，因为德奈利的十三纲领已能明确地告知我们，大西国人是玛雅人、苏美尔人、埃及人的远古祖先，他们分散到世界各地后，各自创造了举世瞩目的辉煌成就。

尽管如此，许多尚未能解答的疑问依然存在，比如说亚特兰蒂斯大陆究竟在什么位置？它沉没的原因是什么？沉没后为什么很难找到大陆的残骸？这些至今仍是未解之谜。这一系列谜若有朝一日能解开，那么将给世界远古历史带来一次崭新的革命。

第十章
神话般的建筑——“空中花园”

北纬 30° 附近的巴比伦古城，是世界著名古城遗址和人类文明的发祥地之一。它位于伊拉克首都巴格达以南 90 公里处，幼发拉底河右岸，建于公元前 2350 多年，是与古代中国、印度、埃及齐名的人类文明发祥地。

一提到巴比伦文明，人们津津乐道、浮想联翩的首先是“空中花园”。它被誉为世界七大奇迹之一，至今仍让人“想象其形而心向往之”。

令人遗憾的是，“空中花园”和巴比伦文明其他的著名建筑一样，早已湮没在滚滚黄沙之中，考古学家至今都未能找到空中花园的遗迹，事实上，不少在自己著作中提到空中花园的古人并没有真的看到它。空中花园是不是纯属传说呢？为什么要建筑这样奇特的花园呢？

古巴比伦的“空中花园”

空中花园在公元前 600 年建成，高约 25 米，为一阶梯式的四层建筑，底座面积约 1260 平方米。上面的四层平台架在用石块垒起的石柱上，平台由下到上逐层缩小，中间用石梯相连。每层平台都用大理石拼砌，上面铺有芦苇和沥青的混合物。为了防止渗水，上面又铺了两层砖，并浇铸了一层铅，台阶种有全年翠绿的树木，河水从空中花园旁边的人工河流下来，这些花木看上去就好像长在空中。据说空中花园本来看起来像是由泥砖塑成的绿色高山，由城市中央升起，因而从远处望去，此园如悬空中，故又称“空中花园”。

空中花园是一座神话般的建筑，是一座爱情的神殿，至今仍然给人以美丽的幻想和安慰。千百年来，关于“空中花园”一直有一个美丽动人的传说。

公元前 604—前 562 年间，美索不达米亚平原上有一个强盛的国家巴比伦，国王是尼布甲尼撒二世（NebuchadrezzarⅡ），他有一位美丽的王妃叫阿密斯提。王妃来自一个多山的国家——米底，那里有着郁郁葱葱的原始森林，她美丽可人，深得国王的宠爱。可是时间一长，王妃愁容渐生，日夜愁眉苦脸，茶不思，饭不想，郁郁寡欢，本来美丽的身影，不久就骨瘦如柴了，这可急坏了巴比伦国王。尼布甲尼撒忙问其故，王妃说：“我的家乡山峦叠翠、花草丛生，而这里是一望无际的巴比伦平原，连个小山丘都找不到，我多么渴望能再见到我们家乡的山岭和盘山小道啊!”原来，王妃日夜思念花木繁茂的故土，以致“思乡成灾”，闷闷不乐。

的确，干燥的美索不达米亚平原上连树都少见，更别提森林了，为治愈心上人的“思乡病”，尼布甲尼撒二世命令工匠按照米底山区的景色，在他的宫殿里建造了层层叠叠的阶梯型花园，上面栽满了奇花异草，并在园中开辟了幽静的山间小道，小道旁是潺潺流水。工匠们还在花园中央修建了一座城楼，矗立在空中。巧夺天工的园林景色，终于博得了王妃的欢心。由于花园比宫墙还要高，给人感觉就像是悬挂在空中，花园因此被称为“空中花园”，又叫“悬苑”。

巴比伦空中花园最令人称奇的地方是那个供水系统，因为巴比伦雨水不多，而空中花园的遗址相信亦远离幼发拉底河，所以研究人员认为空中花园应有不少输水设备，奴隶不停地推动连系着齿轮的把手，把地下水运到最高一层的储水池，再经人工河流返回地面。另一个难题在保养方面，那就是一般的建筑物长年受河水的侵蚀而不塌是不可能的。由于美索不达米亚平原（MesopotamianPlain）

没有太多石块，因此研究人员相信空中花园所用的砖块与别处是不同的，应被加入了芦苇、沥青及瓦，更有文献指出石块被加入了一层铅，以防止河水渗入地基。

当年到巴比伦城朝拜、经商或旅游的人们老远就可以看到空中城楼上的金色屋顶在阳光下熠熠生辉。所以，到公元 2 世纪，希腊学者在品评世界各地著名建筑和雕塑品时，把“空中花园”列为“世界七大奇观”之一。从此以后，“空中花园”更是闻名遐迩。

也许是爱情力量使然，空中花园长年经受河水的侵蚀没有倒塌，但却在公元前 3 世纪不见踪影了。它到哪里去了呢？那么豪华的“天堂”风景现在却什么也看不到了，只有一段修复后的低矮墙壁中残留的一小块原址遗迹，旁边还有一口干枯的老井，据说这就是当年空中花园的遗存品。

“空中花园”存在过吗

一般认为，巴比伦“空中花园”位于幼发拉底河（Euphrates）东面，距离伊拉克首都巴格达大约 100 公里，是堪称四大文明古国巴比伦最兴盛时期尼布甲尼撒二世时代（公元前 604 至前 562 年）所建。

在传说中，巴比伦空中花园是新巴比伦国王尼布甲尼撒二世为博取王妃的欢心所建。他美丽的王妃阿密斯提常常思念她那山青水秀的故乡，加之她也不习惯巴比伦炎热干燥的气候和单调的平原景色，所以尼布甲尼撒二世下令在巴比伦城中建起立体式的空中花园。

据说，空中花园建于皇宫广场的中央，是一个四角锥体，高出地面 25 米，边长 120 米，是层层加高的阳台式建筑。它由沥青及砖块建成的石柱支撑着，台阶铺上石板、芦草、沥青、硬砖及铅板等材料，目的是为了防止上层水分的渗漏。在这样的底衬上，铺上芦草，上面是一层很厚的土，足以使大树扎根生长。每一层的支柱互不遮挡、安插合理，使每一层的植被都能得到充足的光照。虽然最上方的平台只有 60 平方尺左右，高度却达 25 米，因此远看就仿似一座小山丘。

事实上，所有描绘空中花园的人都从未涉足巴比伦，只知东方有座奇妙的花园，波斯王称之为“天堂”形成了。实际上，在巴比伦文本记载中，它本身也是一个谜，其中甚至没有一篇提及空中花园。所以，有学者认为空中花园其实并不存在。

被誉为“历史之父”的希罗多德在其书中对巴比伦金碧辉煌的宫殿和神庙建筑以及房屋、街道、商贸甚至连浮雕、装饰等多处细节都做过仔细描述，并且称赞巴比伦的“美丽远远超过了世界上的任何城市”，可他却单单不提空中花园，这是一个疑点。

另外，罗马史学家色诺芬在其著作中也赞美了巴比伦城墙的雄伟壮观，但对空中花园也是只字不提，这是一个巧合，还是世上根本没有存在过这样一个建筑?

不过也有些记载虽然提到了“空中花园”，但认为传说中的“空中花园”并不是由尼布甲尼撒二世建造的，而是一位早他 100 年的亚述国王辛那赫里布为取悦他的一个爱妃而特意修筑的。

有些记载甚至认为传说中的“空中花园”实际上指的是亚述国王辛那赫里布在其都城尼尼微修筑的皇家园林。

人们至今没有找到有关尼布甲尼撒建造空中花园的记载，但有关亚述国王辛那赫里布的许多文献记载却不止一次地提到他在尼尼微城中建有一座美丽的花园，并引城外的河水入城浇灌花木。而辛那赫里布的后代也常常提及，他们常在尼尼微的这个人造山形花园中以捕杀从笼子里放到园中的狮子和野驴为乐。

学者们还提出了另外一个证据，尼布甲尼撒二世死后 23 年，波斯人出兵占领新巴比伦城，他们还改变了幼发拉底河道，使河道远离了巴比伦城。按理说，巴比伦空中花园的花木肯定会因为缺水而枯萎，在百年之后不可能还郁郁葱葱的。可是尼尼微的浮雕却表明，亚述人不仅采用“水泵”抽水浇灌人造花园，还用水槽将山泉引入园中，即使无人灌溉，花园依然苍翠如初。

传说中的“空中花园”，它的真实面目依旧隐身于历史的迷雾之中，或许它早已不复存在，徒留下一个虚无缥缈的“倩影”。

寻觅梦幻“空中花园”

据历史记载，巴比伦是公元前 626 年由迦勒比人建立的新巴比伦王国的遗址，主要由阿什塔门、南宫、仪仗大道、城墙、空中花园、石狮子和亚历山大剧场等建筑组成。遗址一直被埋在沙漠中，直到 19 世纪末才被发现。

19 世纪末，德国考古学家终于发掘出巴比伦城的遗址。

他们在发掘南宫苑时，在东北角挖掘出一个不寻常的、半地下的、近似长方形的建筑物，面积约 1260 平方米。这个建筑物由两排小屋组成，每个小屋平均只有 6.6 平方米。两排小屋由一条走廊分开，对称布局，周围被高而宽厚的围墙所环绕。西边那排的一间小屋中发现了一口开了三个水槽的水井，两个是正方形的，两个是椭圆形的。根据考古学家的分析，这些小屋可能是水房，那些水槽则是用来安装压水机的。因此，考古学家认为这个地方很可能就是传说中的“空中花园”的所在。

但是尼布甲尼撒博物馆的馆长说，经过考证，现在仍不能确认这就是真正的空中花园遗址，因为这里离幼发拉底河 20 多公里，而资料记载空中花园就在河边上。

据考证，当年巴比伦人将土铺垫在这些小屋坚固的拱顶上，层层加高，栽种花木。至于灌溉用水，则是依靠地下小屋中的压水机源源不断地供应。而那个时候的压水机使用原理和现代社会的链泵基本一致，至今仍在两河流域广泛使用。它把几个水桶系在一条链带上，与安在墙上的一个轮子相连，轮子转动，水桶就跟着转动，完成提水和倒水的整个过程，水再通过水槽流到花园中进行灌溉。而且，考古学家也在遗址里发现了大量种植花木的痕迹。

然而，到目前为止，在所发现的巴比伦楔形文字的泥版文书中，还没有找到确切的文献记载。因此，考古学家的解释是否正确仍需进一步研究。

考古学家至今都未能找到空中花园的遗迹，事实上，没有人真正看到过空中花园，那么空中花园是否纯属传说呢？真正的空中花园在哪里？至今没人能说得清楚。

有资料证明，空中花园的遗址位于今天伊拉克首都巴格达西南方 100 公里。它不是真的悬在空中，而是建在 120 多平方米的石地基上，高度约为 25 米，比 6 层楼还高。花园就像多层生日蛋糕，由一层层面积逐次减小的平台组成。上面种满鲜花、树木，还建有溪流、瀑布、长廊和亭阁。植物离不开水，必须有完善的供水系统。据推测，应该是奴隶们不停地推动某种齿轮系统，把水抽到花园最高层的储水池中，再经过人工河流逐层流下的。

如不采取措施，高层花园土壤中的水分会很快渗透光，整个花园的地基也会被水泡塌，所以还要有防渗漏的措施。科学家认为玄机就在花园的底部构造上。有人认为其中加入了芦苇、沥青等防水材料，有的则认为是包了一层铅板。

另外，巴比伦空中花园当然不是吊于空中的，这个名字纯粹是对希腊文 paradeisos 的意译。其实，paradeisos 直译应为“梯形高台”，所谓“空中花园”实际上就是建筑在“梯形高台”上的花园。希腊文 paradeisos（空中花园）后来又演变为英文 paradise（天堂）。

古巴比伦王国曾出现一座漂浮在半空的园林，考古学家至今仍未能找到它的确切位置。在得到关于花园的地理位置、灌溉系统和真正面目的最终结论之前，考古学家们仍在努力地收集足够的证据。

第十一章
不受万有引力束缚的地方——怪秘地带

地球上有一个地方，不仅地面上东西完全发生倾斜，就是悬挂在那里的一切物体，也不会垂直于地面。在一个充满神秘色彩的小木屋里，人始终摆脱不了倾斜的命运，却能在木屋里毫不费力地行走，牛顿的万有引力在此不起作用。同时，在离小木屋不远处有两块神奇的魔板石，人若站在上面，它可使高者更高，矮者更矮。一切正常的物理现象在这里发生了颠倒，但又没人能说得清楚。

这个地方就是位于北纬 30° 附近的美国加利福尼亚州的圣塔柯斯小镇。是什么原因导致了如此奇怪的现象呢？

圣塔柯斯的“怪秘地带”

从美国加利福尼亚的海滨城市旧金山驱车南行，经过大约 2 小时的车程就可以到达圣塔柯斯镇，再驱车约 5 分钟，就会到达一个不同寻常的地方，人们称之为“怪秘地带”，面积约 1.7 万平方米。

森林包围在“怪秘地带”四周，风拂林吟，气氛竦然。在空地的木栅门上高挂着标有“怪秘地带入口处”的牌子，进了这道门，就如同来到另外一个世界，令你处处惊讶不已。

在进门后不远的地方摆放着两块石板，这两块石板看起来很普通，每块长约 50 厘米，宽约 20 厘米，彼此间距约 140 厘米。然而，这不是一般的石板，而是两块“天然魔术”板。如果两个人各选一块石板站好，再互相交换位置，所看到的情景会让你瞠目结舌，简直不敢相信自己的眼睛。这是怎么回事呢？

只见两位游客矢追和大桥踩着这两块石板比个头。他们各选一块石板站好，就见身高仅 1.64 米的矢追倒显得比身高 1.80 米的大桥还高大、魁梧得多。再来交换一次位置，大桥转眼间特别高大起来，矢追一下子矮小得可怜。他们就这样来回交换着位置，他们的身高也随着来回变化着，忽而伸长，忽而缩短。

当时人们曾怀疑石块有高低之分，于是有人拿出水平仪测量，结果发现两块石块处于同一个水平面。有人又拿卷尺测量矢追和大桥的身高，发现站在石板上的身高与站在其他地方的身高竟完全一样。那么看上去人体的增高与缩小，究竟是人们视觉产生的错觉呢，还是卷尺与人一样发生了相应的伸缩呢？也许秘密就在石板上，只不过不为人所知罢了。

这就是“怪秘地带”造就的一个奇谜。

“怪秘地带”的五个奇迷

离开石板，沿着一条坡度极大的小道走去，便是“怪秘地带”的中心，沿途只见周围的树木全都向一个方向倾斜着，好像刚遭受了强台风的袭击。人也不例外，在不知不觉当中，身子已经极度倾斜了，几乎达到平行坡道的地步了。然而每个在此行走的人，却都步履稳健，并不觉得费力。这是怎么回事呢？

一个年代不详的简陋小木屋立在“怪秘地带”的中心，由木板搭成的围墙与木屋之间留出了供游客逗留的空地。这里的木屋也明显地倾斜着，与树木倾斜的方向一样。进入小屋的人的身子依然无法挺直，憋足劲也没有用，全都不由自主地朝一个方向倾斜着。许多人侧歪着身子边走边笑、边跳边叫，感觉似乎比平常还要好受些。这真是一种难以言语的奇景，让人无法捉摸。究竟是一种什么异乎寻常的力量使身体发生倾斜呢？目前谁也说不太清楚。这就是怪秘地带造就的又一个奇谜。

凡进入小木屋的人要小心为好，因为一进入就有一股强大的力量向你袭来，似乎要把你推到重力的中心点去。敏捷的人虽然可以就近抓牢把手，与这股力量抗争，但不出 10 分钟，你就会感到头昏眼花，像晕船一般难受。

小木屋的一侧有一块向外伸展的木板，人们不论从哪个角度看去，木板都很明显是倾斜的。游人把高尔夫球放在木板上，球不会向下斜的一方滚落，反而向上滚；即使用手推动球，球也是被迫往下滚动几圈后，再自动滚上来；如果有人用手将球推离木板，球不会垂直而落，而是沿着斜方向掉下来。有时，好奇的游客会伸出双臂，向上用手抓住小木屋里天花板的横梁；你若站在一旁看去，就会发现那悬挂着的身子不会同地面垂直，而是倾斜到一边。科学家已经验证，这地方的任何悬挂物都无法与地面形成直角，总是呈现出自然倾斜的状态。这就是怪秘地带造就的第三个奇谜。

在小木屋里，人们可以在没有任何扶持工具的情况下，自然地站在房子的板壁上，甚至毫不费力地在板壁上自由自在地行走。一直为游客讲解的老向导开始表演了，只见他不用扶持，稳当当地从木屋板壁接地边沿踩上去，顺着板壁步步高升。当他斜立在板壁高处，微笑着向下招手时，游客们都为他身怀“飞檐走壁”的绝技而感到吃惊。随后，大家都学着老向导的样子走上板壁。哈，原来如此自由自在，如同在平地散步一般。这种绝妙的飞檐走壁的“杂技”，即使训练有素、身怀绝技的杂技演员，也是望尘莫及的。这就是怪秘地带造就的第四个奇谜。

小木屋里的“钟摆”也很古怪，一根悬挂在天花板横梁上的铁链，其下端系着一个直径约 25 厘米、厚约 5 厘米的圆盘状物体，这就是供游人们赏玩的“钟摆”了。当然，它悬挂的角度也是倾斜的。它看上去很沉重，当你从一个特定方向推动它时，只要用手指轻轻一点，它就会向前摇晃起来。但你若从相反方向来推它，它则纹丝不动，即使双手运足力气，也不能移动分毫。但是按照常规来看，钟摆被推动起来后，它会一左一右、一右一左规则地摆动，幅度由大而小，最后以垂直状态静止下来。然而，小木屋的这个“钟摆”却很独特。它在受到冲击后，最初是按常规左右摇摆几下，但随后就会自动改变摇摆方向，每隔五六秒钟，还会自动改变摇摆方向一次，一会儿前后摇摆，一会儿左右摇摆，一会儿竟划起圆圈来，如此周而复始，历久不衰。究竟是“钟摆”自己潜藏着巨大的能量，还是这儿的地势赋予了它特殊的能量，科学家也不清楚。这就是怪秘地带造就的第五个奇谜。

圣塔柯斯“怪秘地带”发生的种种奇异现象，超出了自然界的正常规律，也违反了牛顿的万有引力定律。或许大自然就是这样，尤如一个调皮的小精灵，偶尔也搞些恶作剧。

为何背离了万有引力定律

圣塔柯斯镇的神奇魔板石、奇异怪坡、诡秘小木屋引起了众多专家、学者的注意，同时也赢得了世人的关注。科学家们陆续来到圣塔柯斯镇，对此镇进行了周密的勘测。

在这里，科学家们只对奇异的怪坡作出了明确的阐释。

有人认为是人的“视觉”产生误差而造成的。

物理学家认为：这很可能是“重力移位”现象，他们根据“万有引力”学说，认为物质结构的密度越大，则引力越强。在坡顶端地下，很可能有一块密度很大的巨石和空洞引起了这种奇特的现象。但这个引起“位移”的物质至今也没有找到。

在英格兰斯特拉斯克莱德的克罗伊山公路中，也有令人迷惑的现象。如果驾驶汽车在这条公路上行驶，迟早会慢下来，甚至完全停止，令驾驶人不知所措。

从北部驶向这座小山，会遇到离奇之事，司机眼看前面道路向下倾斜，总以为车辆会加快，因而把车速降低，结果汽车“嘎”的一声完全停止。事实却与表面现象相反，那条路并非下坡路，而是上坡路。

从南部来的驾驶人也同样产生颠倒混乱的感觉。他们以为是向上坡行驶，于是加速，结果发现车子比预期的速度快得多，其实那条路是下坡路。

迄今尚无人能就克罗伊山这种奇异的现象作出圆满解释。曾有人认为，那地方周围的岩石含有大量铁质，存在磁场，感应出磁力，因而产生强大的引力，将汽车拖上山坡。

这个说法现在已遭摒弃。有人认为，此种感觉是视觉假象，或由当地的特殊地形造成，或由地球磁场发生局部变化。这些变化也许与人的视觉平衡感有关，因而改变人的视觉，但每个司机都对此嗤之以鼻，因为视觉可能“假”，但车子跑起来一点都不“假”。

无论是神奇的魔法石、奇异的怪坡，还是诡秘的小木屋，科学家们都无法解释清楚，因为它们完全背离了万有引力定律。因此，美国的圣塔柯斯镇不仅吸引了全世界的游人，更引起了许多科学家的关注。一旦解破谜底，不但意味着人类传统的重力观念发生了全新变革，而且必然会带来人类在实现极速星际航行方面的根本突破。到时候，就连外星人也不免要对地球人刮目相看了。

第十二章

恍如天外的来客——巨石阵

巨石文明是地球历史中极其重要的组成部分，同时也是横亘于我们现代人心目中一座高不可攀的高峰。一块块巨石就像一个个问号，它们历经沧桑，执著地矗立于这个古老星球的北纬 30° 上，也矗立于人类渴望被知识浇透的心灵荒原中。它以令人惊叹的原始艺术价值、悠久的历史，向人类的所有思维能力发出了无声而持久的挑战。

神秘的巨石神庙

马尔他岛位于利比亚与西西里岛之间，面积仅 246 平方公里，却拥有 30 多处巨石神庙的遗址。

1902 年，在这里的首府瓦莱塔的一条不引人注意的小路上，发生了一件引起轰动的大事。有人盖房时在地下发现一处洞穴，后来人们才知道这里埋藏着一座史前建筑。

现在人们称之为“Hypogaum”，这个词来源于希腊语，“Hypo”意思是“在上面”或者“在下面”，而“Gaium”则指“土地”，合起来为“在地下”。

整座地下建筑由许多上下交错重叠的房间所组成。里面有一些进出洞口和奇妙的小房间，旁边还有一些大小不等的壁龛。中央大厅里耸立着直接由巨大石块凿成的大圆柱与小支柱，支撑着中央大厅的半圆形屋顶。整个建筑采用了粗大的石料，以一种近乎完美的方式建成，线条清晰，棱角分明，甚至那些粗大的石梁也不例外。没有用石块镶嵌补漏的地方，更没有用多块小石块拼装之处。无缝的石质地面上耸立着巨大的独石柱，壁龛与支柱直接雕在这些石柱上——都是些非常致密、坚固的大石料。整个地下建筑共3层，最深处离地面达12米。

这些不可思议的史前地下建筑的设计者是谁？在石器时代，他们为什么花费这么大的精力来建造这座巨大的地下建筑？人们百思不得其解。

11年后，在该岛的塔尔申村，人们又一次发现了巨大的石制建筑。考古学家们经过挖掘和鉴定后认为这是一座石器时代的庙宇的废墟，也是欧洲最大的石器时代遗址。这座约在5000多年前建造的庙宇，占地达8万平方米。整个建筑布局精巧，雄伟壮观，很多祭坛上都刻有精美的螺纹装饰。站在这座神庙的废墟面前，首先映入眼帘的是一道宏伟的主门，其后是厅堂和走廊交错的迷宫。

而在马尔他岛上的哈加琴姆、穆那德利亚、哈尔萨夫里尼，考古学家们也发现了精心设计的巨石建筑遗迹。哈加琴姆的庙宇用大石块建造，也是最复杂的石器时代遗迹之一。有些“石桌”至今仍未肯定其用途。石桌位于通往神殿门洞内的两侧，神殿里曾发现多尊母神的小石像。穆那德利亚的庙宇俯瞰地中海，扇形的底层设计是马尔他岛上巨石建筑的特征。这座庙宇大约建于4500年前，有些石块因峭壁的掩遮而保存得相当完整。

在马耳他岛上，最令人不可理解的是“蒙娜亚德拉”神庙，人们把它称为太阳神庙，它足足比海平面高出48米，是一座相当准确的太阳钟。蒙娜亚德拉神庙的整体轮廓看起来如同一片三叶苜蓿的叶子，宽约70米。

一个名叫保罗·麦克列夫的马耳他绘图员曾经仔细地测量过这座神庙，并由此得出一个极其令人震惊的结论：在夏至的日出时分，太阳光擦着神庙出口处右边的独石柱射进后面椭圆形的房间里，正好在房间左侧的一块独石柱上形成一道细长的竖直光柱。这道光柱的位置随着年代的不同而改变，在公元前 3700 年，光柱偏离了这块独石柱而射向它后面一块石头的边缘；而大约在公元前 1 万年，这道光柱如同一束激光一样笔直射向后面更远一些的祭坛石的中心。在 12 月 21 日的冬至日，上述情况又出现了，不过这次出现在相对的一侧，同时在房间右侧后部设有祭坛石。

可见，在日出时分，太阳发出的第一道光线笔直地在出口处的两块独石柱之间穿过，射进神庙的房间里，光线穿越门拱并照亮了房间中部巨大的祭坛石。神庙中出现的这种准确的投影现象绝非偶然，事实上整个神庙建筑布局上的精确性已经排除了任何偶然性。

根据马耳他岛上太阳神庙中相当精确的太阳钟，我们可以推测出其建筑的许多情况。建造者并非完全未开化的原始蒙昧的生命，至少他们具有丰富的天文学知识和精确的历法。此外，我们还得以确定他们生活的年代，这都是作为后人的我们感兴趣的话题。

这座地下建筑的设计者是谁？在石器时代，他们周围是一些什么样的人？他们为什么急急忙忙地建造了这座巨大的地下建筑？至今仍没有人知道。但毫无疑问，这些巨石建筑的建造者们在天文学、数学、历法、建筑学等方面都有极高的造诣。

石球从何而来

位于中美洲南部的哥斯达黎加是一个美丽富饶的热带国家，境内大部分是山地和高原，北部和沿海为低地平原。在古代，曾经有 3 万多名印第安人栖息在这块土地上。20 世纪 30 年代末，美国某果品公司的地界标定人乔治·奇坦前往哥斯达黎加的热带丛林中进行实地考察，在人迹罕至的三角洲丛林以及山谷和山坡上发现了约 200 个石球，直径在 2 米以上，制作技艺精湛，堪称一绝。这使人们不得不提出一连串颇费猜测的难题：这些巨型石球有什么用？人们为什么要制作这些巨型石球？没有一个人能回答这些简单的问题。于是，人们仍旧只有猜测：这些石球也许代表着天上不同星球之间的相对位置？这些石球也可能是外星人放在这里的？

这些躺在不同地区、大小不一的石球，引起了人们极大的兴趣。科学家们对这些石球进行了详细认真的测量，发现这些石球表面上各点的曲率几乎完全一样，简直是一些非常理想的圆球。这些石球有什么用，没有人能够给以正确的阐释。摆放在墓地东西两侧的石球可能代表太阳和月亮，或者是图腾标志，但这只是推测；有人戏称之为巨人玩的石球。据考证，这些谜一样的石球差不多都是用坚固美观的花岗岩制作而成的。令科学家和考古工作者迷惑不解的是，这些石球所在地的附近并没有可以制作它的花岗岩石料，在其他地方也找不到任何原始制作者留下的踪迹。

对大石球做过周密调查的考古学家们都确认，这些石球的直径误差小于 1%，准确度接近于球体的真圆度。从大石球精确的曲率可以知道，制作这些石球的人员必须具备相当丰富的几何学知识，具有高超的雕凿加工技术，还要有坚硬无比的加工工具以及精密的测量装置，否则便无法完成这些杰作。诚然，在远古时期，生活在这里的印第安人大多数都是雕凿石头的巧匠能手。然而，有一点必须肯定，琢磨如此硕大的石球必然会付出艰巨的劳动，从采石、切割到打磨，每道工序都要求不断地转动石块，要知道这些石球重达几十吨，这无论如何不是一件容易的事。难道这些大到几十米的石球就是他们的祖先在缺乏任何测量仪器的情况下，运用原始简陋的操作工具一刀一刀地雕凿而成的吗？这实在是令人难以置信。

在哥斯达黎加的印第安人中间长期流传着古老的神奇传说，其中就有宇宙人曾经乘坐球形太空船降临这里的故事。因此，不少人在对上述奇迹百思不得其解的情况下，便猜想这些大石球与天外来客有着直接联系。依照他们的看法，这些天外来客降临这里后，在较短时间内制作了这些大石球，并将它们按照一定的位置和距离进行了排列，布置成模拟某种空间天象的“星球模型”。这些大石球象征着天空中不同的星球，它们彼此之间相隔的距离表示星球间的相对位置。据说，天外来客试图利用这些石球组成的“星球模型”向地球上的人类传递某种信息。但是，今天有谁能理解这个“星球模型”的真正含义呢？又有谁能知晓在这些大石球中，哪一个代表这些天外来客生活的故乡呢？

乔治·舒马克评论说：“哥斯达黎加石球名扬四海，但人们对它了解甚少，除非能找到按原样排列且不遭破坏的石球群，否则这些圆圆的石头对我们来讲永远是一个不解之谜。”

探秘卡尔纳克巨石群

在法国西部布列塔尼的摩比尔昂，有一座名为卡尔纳克的村庄，村庄的田野上耸立着一排排巨大的石头，犹如行进在田间的一队队威武的士兵，这一巨石长阵就是欧洲巨石遗址中蔚为壮观的代表性遗址之一——卡尔纳克巨石群。这是一个什么性质的巨石阵？是怎么形成的呢？

卡尔纳克巨石群每块高约 1—6 米，共分数列，长度近 4 公里，总数近 3000 块，分为麦克、克乐马利沃和克尔勒斯康 3 个群落。此外，麦克石群和克尔勒斯康石群的附近还有两处圆形的石列，上述石群中最高的石块达 7 米，如同阵中挺立的高大旗手，整个巨石长阵排列整齐有序，显然事先经过周密的布局配置，巨石长阵中石头均为天然石，未加雕琢。对于巨石群之谜，科学家历经艰难的考察，仍没有答案，他们完全陷入了毫无头绪的猜测中。

现在，对于巨石阵的用途，主要存在这样一些看法：

一、巨石阵是远古时代的天文观测仪器

持这种观点的是一些天文学者。的确，巨石阵的神秘色彩与天文学有异乎寻常的联系。早在 200 年前，就有人注意到巨石阵的主轴线指向夏至时日出的方位，而冬至的落日方位又在东西拱门的连线上。1965 年，波士顿大学的天文学家霍金斯通过计算机测定，巨石阵的排列可能与太阳与月亮在天空运行的位置有关，而 56 个奥布里坑群则能准确地预报日食、月食。他在《巨石阵解谜》一书中说道："实际上，奥布里坑群组成的圆环可能曾被用来推测许多天体的运行情况。"他还推断祭司们是通过转动坑群标记来跟踪日月运行从而进行推算的。这种天文学观点曾轰动一时，得到不少人支持，但对于巨石阵究竟是否真的是天文观测仪还有争议。巨石文化专家阿特金森指出：当时蒙昧落后，没有任何先进计算工具的史前人类是不可能建造如此精密的天文观测仪的。英国天文学家霍伊耳也提出异议：作为天文观测仪的材料为何一定要用难以开采的大砂岩而不是轻便的木材和泥土？这样不是要耗用大量的劳力吗？而且奥布里坑群中的人类遗骨也很难与天文学联系起来。再者说，如果是高度发达的史前文明的结晶，为什么又消失了呢？这样人们又回到宗教这个传统观点上去，甚至有人把巨石阵与外星人联系起来。

二、巨石阵是原始人狩猎的特殊装置

也有学者认为，由于巨石阵的全部建筑时间都属于新石器时代，一些专家认为巨石阵是猎取大型野兽的机关。他们认为，由于当时的工具和武器都很原始，为了猎取较大的野兽，如猛犸、熊、河马、犀牛等，又不使自己受到伤害，人们就想出了这种办法。专家们认为，今人只看到巨石阵的残迹，当初它一定还有一些由木头、骨头和兽皮等制作的构件，由于年代久远早已不复存在。另外，残迹旁还有许多多余的石头，看来也有一定用处。由此，他们的结论是，巨石阵很可能是一种狩猎、生活多种用途的设施。复原后的结构可能是这样的：

巨石柱围着的是一个院子，在两根石柱之间留有洞口，其大小可以通过较大的野兽，每个洞口的上方有一块用木棍支撑的石头，野兽撞倒木棍时，石头立即砸下来，打在野兽身上，同时发出警戒信号。

院子内侧，正对洞口的地方还安放了第二道防线，即一块巨大的“打击石”。当野兽闯过第一道防线时，站立棚顶的人使劲牵动操纵绳，使打击石劈头盖脸地砸下来。

院内的中央还建一座二层小楼，是由圆木和一些巨石柱围建而成的，楼板铺在巨石柱的上面。为了便于监视大院及其周围，从楼板到第一圈石柱有木桥相连。

当然，这种狩猎设施并非守株待兔地等待野兽来临，一般是在其中放置一些引诱物，如利用野兽幼仔的叫声作诱饵。为此，可以把捉来的幼兽栓在小院内两块巨石之间，让它头向着石缝，并不断地叫唤。兽群听到幼仔的叫唤声后，会立即包围院子，并不顾一切地冲入院内。如果野兽未被砸死，楼上的猎人则投掷石块，把被困的野兽置于死地。

击中野兽后，院内的人一方面把猎物拖进小楼的二层进行加工——剥皮、取出内脏、分成小块。兽皮和肉等有用的东西放在楼上晾干、贮藏起来，而其他无用之物则扔到楼下作为诱饵，以引诱野兽进入圈套。每次狩猎后，他们又迅速地把警戒、打击石等恢复原状，以迎接下一次狩猎。

三、巨石阵纯粹就是古人举行祭礼的宗教场所

大多数的学者都认为这是关于巨石阵最合理的解释。据最早记载有巨石阵

的《中世纪编年史》一书描写，亚瑟王的谋臣梅林用魔法把巨石阵从爱尔兰移到英格兰做墓地。根据这一说法，学者们把巨石阵的石桌视为石棺，把高大直立的石条视为重大事件和人物的纪念碑。同时在空中俯看巨石阵时，能清晰地看出巨石阵是极有秩序地排列成了蜥蜴、鹰等动物的图案，谁又敢否认这些动物不是当时古人们心中的图腾呢？

太阳门是谁建的

世界上最高的淡水湖——的的喀喀湖东南 21 公里、海拔 4000 米高的层峦叠嶂的安第斯高原上，有一座印加时期的蒂亚瓦纳科文化遗址。它位于玻利维亚与秘鲁交界处，由重达几十吨甚至数百吨的巨石严密砌成。根据毕生研究蒂亚瓦纳科文化的玻利维亚学者推算，该古城可能建于 1.7 万年前。号称“世界考古最伟大发现之一”的太阳门，就在蒂亚瓦纳科城中。

太阳门是怎么形成的？真是自然天成呢吗？千百年来，人们众说纷纭。

太阳门由重达百吨以上的整块巨型中长石雕镌而成，造型庄重，比例匀称。其高 3.084 米，宽 5.962 米，雕刻有 12000 年前灭绝的古生物“居维象亚科”和同期灭绝的剑齿兽，还雕刻有既繁复又精确的天文历法。门中央凿一门洞，门楣中央刻有一个人形浅浮雕，人形神像的头部放射出许多道光线，双手各持着护杖。其两旁排列着三排 48 个较小的、生动逼真的形象，其中上下两排是面对神像的带有翅膀的勇士，中间一排是人格化的飞禽。浮雕展现了一个深奥而复杂的神话世界。据说，每年 9 月 21 日黎明的第一缕曙光总是准确无误地射入门中央。

天文历法由象形文字表示着，它的一年只有 290 天，12 个月中有 10 个月只有24天，其余两个月25天。这部天文历代表着什么意义呢？莫非它包含有某种我们还不曾了解的宗教意义？它又是以什么作为标准的呢？1553年，西班牙人侵占了这块地方，认为“这里的人无视神（西班牙人的神）的旨意，而遵照奇特的法律生活”。

在那个年代，没有先进的运输工具和驮重牲畜，因此在这云岚缭绕、峭拔高峻的安第斯高原上建造起如此雄伟壮观的太阳门，真是令人不可思议。

16世纪中叶，西班牙殖民主义者发现这座庄严的古建筑时，曾认为是印加人或艾马拉人造的。但艾马拉人不同意此说，认为太阳门是太阳神维拉科查开辟天地，建造了太阳门和蒂亚瓦纳科其他各种动人心魄的建筑群。

另外有一种传说说那些雕像原是当地居民，后来被一个外来朝圣者变成了石头。

还有一种说法称太阳门是宗教圣地，朝圣的人群跋山涉水去那里举行朝拜仪式，可能就在朝拜的同时运来了建筑材料，建造了这些宏伟的建筑物。但问题是，当时的生产力极为原始，怎么把重上百吨的巨石从5公里外的采石场拖曳到指定地点，要完成这个任务每吨至少要配备65人和数公里长的羊驼皮绳，这样就得有2.6万多人的一支庞大队伍，而要安顿这支大军的食宿，非得有一个庞大的城市，但这在当时还没出现。

还有人认为，太阳门所在地并不是宗教活动场所，而是一个大商业中心和文化中心，阶梯通向之处是中央市场，太阳门上的浅浮雕上呈辐射状的线条表示雨水，两旁的小型刻像朝着雨神走去，象征着承认雨神的权威。

更有人将蒂亚瓦纳科说成是某一时期外星人在地球上建造的一座城市，太阳门是外空大门，那无疑是极其奇特的一种看法了。

这个谜一般的城市位于海拔4000米的高原上，离任何地方都很远。高原上的景象不像是地球上的，气压大约只有海平面的一半，空气中氧含量也很少，体力劳动对于任何一个非本地人来说都是难以忍受的。自 1548 年这个遗址被发现之日起，围绕蒂亚瓦纳科文化和太阳门就众说纷纭，也不知太阳门的本来面目什么时候才能昭示天下。

史前石柱群

英格兰东南部的历史名城索兹伯里附近，有一个小村庄名叫阿姆斯伯里，村西的原野上有一片史前石柱群，是人类早期留下来的神秘遗迹之一。这些最壮观因而建造难度也最高的巨大石柱群与散布于北纬 30° 的各类巨石阵文化有着不可分割的联系，而且应该是搭乘漂移的大陆板块从北纬 30° 附近出发的。

这组巨大石柱群是一座高 4 米、由重 25 吨至 30 吨的巨石排列成图形的巨石遗物。这些奇特的巨石建筑默默地在风雨中经过了几千年，注视着人间的沧桑。那么，这巨大石柱群究竟为谁所建，目的是什么，以何种方法建造的呢？

石阵的主体是一根根巨大的石柱排列而成的几个完整的同心圆。石阵的外围是直径约 90 米的环形土岗和沟。沟是在天然的石灰土壤里挖出来的，挖出的土正好作为土岗的材料。紧靠土岗的内侧由 56 个等距离的坑构成又一个圆，坑用灰土填满，里面还夹杂着人类的骨灰。这些坑是由 17 世纪巨石阵的考察者约翰·奥布里发现的，因此现在通常称之为“奥布里坑群”。坑群内圈竖着两排蓝沙岩石柱，现已残缺不全，有的只留下原来的痕迹。

巨石阵最壮观的部分是石阵中心的砂岩圈。它由 30 根石柱上架着横梁，彼此之间用榫头、榫根相连，形成一个封闭的圆圈。这些石柱高 4 米、宽 2 米、厚 1 米，重达 25 吨。砂岩圈的内部是 5 组砂岩三石塔，排列成马蹄形，也称为拱门，两根巨大的石柱每根重达 50 吨，另一根约 10 吨重的横梁嵌合在石柱顶上。这个巨石排列成的马蹄形位于整个巨石阵的中心线上，马蹄形的开口正对着夏至日出的方向。巨石圈的东北侧有一条通道。通道的中轴线上竖立着一块完整的砂岩巨石，高 4.9 米，重约 35 吨，被称为踵石。每年冬至和夏至从巨石阵的中心远望踵石，日出的第一道光线正好投射到踵石上，增添了巨石阵的神秘色彩。

从飞机上俯视，巨大石柱群看来就像是有柄的镜子，相当于手柄的部分被称为林荫路，是面向巨大石柱群中心的道路。入口处附近则是著名的踵石。除此之外，还有周沟、山石、洞穴等配置于同心圆上的构造，现在通常是从中心向外依次分为三石塔、撒逊圆、工穴、丫穴、顾普力穴及周沟。

巨石阵是早期英国部落或宗教组织举行仪式的中心，也是观察天文的地方。

夏至，巨石阵的巨石正好同夏至那天太阳升起的位置排成一线。在巨石阵纪念夏至的人，大都相信英国古代克尔特人的巫师宗教，认为他们举行的活动同当年在巨石阵举行的宗教仪式相似。有人认为，信奉神灵的古代克尔特人是巨石阵的建筑师。

最早的克尔特巫师是法官、立法人员和神职人员。他们在那里举行宗教仪式，解决法律纠纷，并向老百姓发布指令和提供帮助。到了大约公元前 1500 年，英格兰的早期居民就不在这个地方举行任何活动了。

后来，英国考古学家发现巨石阵的巨石上刻有人面像。人面像紧皱双眉，表情严肃地遥望着撒里斯布利平原。人面像只有在一天中的特定时间才能被清晰地看见。在夏天，这段时间为 14 点前后的 1 个小时。它是用世界上最坚硬的石头修建的，大约建于公元前 2450 年，需要在一个平台上工作几百个小时才能建成，修建动机不明。人们也许永远也不知道这个人面像是谁。

巨石阵具有令人惊异的声学特性。科学家们在一些巨石阵中放入先进的录音器材进行实验，发现组成巨石阵的巨大扁平石块能非常精确地反射巨石阵内部的回声，并将其集中于巨石阵的中心，形成“音箱”效应，类似于北京天坛的寰丘。

从现在看来，巨石阵的建筑规模和工程难度对于早期人类来说，简直是不可思议的。它的建成比埃及最古老的金字塔还要早 7000 年，然而究竟是谁建造了这雄伟的巨石阵，现在仍然众说纷纭。有人认为这是当地早期居民克尔特人建造的墓穴，也有人认为是古罗马人为天神西拉建造的圣殿，还有人认为是丹麦人建造的用来举行典礼的地方。

多角度分析研究表明，巨石阵的建筑并不是一次完成的，而是费时 1000 年以上，经过多次整修而成的。无数学者经年累月地找寻着巨石阵的建造者，慨叹巨石阵与埃及金字塔一样神秘莫测。有人提出巨石阵的建筑石料均是从 160 多公里外的地方运输而来，开采、运输、安放如此巨大的石块，除了具备高超技术的巨匠外谁也做不到，于是他们认为巨石阵与金字塔出自一位巨匠之手。

迄今为止，包括巨大石柱群在内的所有巨石建筑物都是一个谜团。可以肯定的是，这些巨石柱是由高水准的土木技术建造者完成的。但每当人们解开一道围绕巨石阵的谜团后立即就会产生另一个谜团，因此始终都无法完整地破译出环绕巨大石柱群的神秘谜底。

循迹探究巨石阵

巨石文化是由一些粗石巨柱或条状块石组成的，石碑、石塔、石墓道或石圈等代表着一种史前文化。散布于地球北半球北纬 30° 线附近区域的巨石遗址产生于新石器时代，距今已有 5000 多年的历史。人们除了对巨石建筑的作用感到迷惑不解外，对是谁建筑了这样伟大的建筑也十分感兴趣。

我们可以给无数的巨石遗址建造者列出一道公式：规划＋算术＋几何＋预制建筑构件＋硬钢工具＋金属钳＋载重运输＝一项了不起的技术。但这项了不起的技术显然不是随便传人的，要不我们也可以轻易仿造出金字塔、通天塔、巨大石柱群。但我们显然不能妄想去与古代先民比赛，我们已经输了，因为我们还不知到底是什么样的人分别建造了那么多远古巨石建筑，他们生活的时代到底是什么模样？

更让人难以推测的是，人们花费长达1000年的时间去建筑巨大石柱群的直接动机到底是什么？我们虽然立足于人类历史所形成的文明之上，但我们又习惯于以自己所谓的文明视角去透视古人的思想，在我们并不能很清楚地证明他们的目的之前，似乎只能从现代的观点来证明这是属于地球人的行为，或为使死者的灵魂获得自由而建造的。但以巨大石柱群为首的许多巨石建造物，看来似乎都拒绝了我们的理性分析。有一点可以肯定，人类早期的历史是用石头、力量和技术塑造的，而巨石则是远古文明最辉煌的经典篇章。

为了解答这些难以破译的巨石文化，科学家们做了大量的勘察和研究工作，取得了一些突破性的成果。

1969年，波士顿大学天文学家雪拉鲁特·S·勃金斯发表了《巨大石柱群天文台论》一文，正确地记录了巨大石柱群的构造物、洞穴及蓝石等配置，并修正了经历4000年时间的不吻合之处，并指出构成巨大石柱群的重要巨石排列具有用来指示夏至点方向的指示器作用，同时表示某固定年之月份的特别周期，至于顾普力穴，则是为追寻日食和月食图设置的“电脑”。这一假设一提出，怀疑论接踵而至，一种普遍的观点认为，如果这个民族拥有如此高超的技术，那又为何全然看不到天文学以外的发明？

1921年，英国实业家阿尔弗雷特·瓦特金斯在一次旅行中偶然发现了海利弗德复的丘陵地带突然出现了一条不可思议的路。在这条路上，呈一条直线地排列着古老的石碑和教会，而这条直线也连接其他的石碑和教会，并呈直线相交，看来就像一种很明显的网状组织。

瓦特金斯很快发现直线上大都是语尾中有 Ley、lay、lea、Leigh 的地名，因此将这条直线命名为“雷线”。事实上，巨大石柱群正位于连结索尔斯伯利巨石遗迹的直线上。

瓦特金斯随后提出自己的观点，认为“雷线”可能是罗马人入侵英国以前所制定的古代直线道路计划，只是“雷线”建造在沼泽地的险峻道路上是否还昭示着什么别的意义？

随后，著名地理学家盖·安达乌特确认了这些遗迹的地下有着山脉线、水源线、道路线之别的交叉点。他将这些地下线解释为“用发生于地球内部的、随着波动传来的能量，在地表各处制成网状组织，这样它既会对植物的萌芽及成长产生重大影响，也会让动物及昆虫一边感应其流动一边行动”。

“雷线”肯定预示着某种能量，正如另一巨石文明的埃及金字塔拥有神力一样，古代人正是用某种特殊方法感觉出“雷线”的存在，并在“雷线”所在位置以巨石设标志。而且，在近代科学思想未侵入之时，沿“雷线”分布的国家或地区岂不仍于无意识之中遵其法则，并建造教会或圣井吗？

也许，像巨大石柱群这种既巨大又精巧的遗迹，真是作为能源站来使用的也说不定。常有人在巨大石柱群附近目击到 UFO，这说不定也与“雷线”有关？

也有学者干脆把巨石阵视为一种文化，一种古人对巨石力量的崇仰与尊重。古人崇尚巨石般的坚毅威猛，向往巨石般的牢固与结实，这是古人对心中理想的完美垒砌。

众说纷纭，无法有一权威的推断。几百年来，人们陷入了对巨石阵不断探索的苦苦追求之中。

第十三章

亦幻亦实的猜想——诺亚方舟

上帝在厌恶了世人的贪婪和无耻之后，决心启动他重新造人的计划，于是又掀起一股洪水，淹没世俗的人类，又吩咐诺亚建造方舟。诺亚顺承上帝的旨意，建造了一座方舟，挽救了人类。但事实果真是如此吗？是不是远古时期有过一场特大洪水？诺亚方舟是用来抵御洪水的吗？诺亚当年也绝没有想到，5000 年后的今天，不知有多少仁人志士为之激动不已。

诺亚方舟的传说

据传说，远古时期，外星人乘着诺亚方舟到达了地球，停泊在现今土耳其境内的亚拉拉特山上。按传说中的说法，诺亚方舟长 360 米，高 13.6 米，分为上、中、下三层，大约相当于 1.5 万吨级的船舶。在当时造如此巨大的船舶，似乎令人匪夷所思。那么诺亚方舟是用来做什么的？是用来抵御洪水的吗？是不是远古时期有过一场特大洪水？来看看《圣经》中到底是怎么讲的。

《圣经》中有一段关于诺亚方舟的传说：亚当和夏娃偷尝禁果之后，被上帝赶出了伊甸园，他们来到地面，繁衍了一代又一代，让人布满大地，可人类的贪欲似乎是与生俱来的，以至人间到处都是罪恶。上帝愤怒了，有一天突然决定把自己所造的丑恶的人和所有的生物都消灭。他说："我要将所造之人和兽、飞鸟和昆虫都从地上除灭，因为我后悔造他们了。"可是那时有一个叫诺亚的信徒，他品行端庄，心地善良，上帝不忍心让他陪着恶人一起死去，就对他说："这块土地上的罪恶实在太多了，我后悔自己在这个世界创造了生命，我要将把他们毁灭，可是我的儿子，只有你心地和善，我决定救助你和你的妻子及你的孩子和他们的妻子。我即将使洪水肆虐地上，毁灭天下，而你凭我赐予你无比的智慧，用木材造一只大船，完成之后，要把你的家族还有所有的动物分成雌雄 7 对，都放到方舟上去，一切准备妥善，我就让雨不停地下 40 个昼夜，毁掉地上所有的生物。"

诺亚照上帝的吩咐用木头造了方舟，方舟长 360 米，宽 23 米，高 13.6 米，分为三层，相当于今天的 1.5 万吨级巨轮。方舟完全建成后，诺亚一家、所有的动物分雌雄 7 对都转移到了方舟上。

不久，乌云密布、电闪雷鸣，灾难开始了，一连降了 40 昼夜的暴雨，上帝完成了他可怕的惩罚。罪恶消灭了，生命也毁灭了。大地茫茫一片，唯有方舟在洪涛中不断地漂泊。

150 天后，水势渐退。诺亚方舟搁浅在亚拉拉特山巅（今土耳其东部）。又过了 40 天，诺亚放出一只乌鸦，让它去探听一下外边的情况，可这只乌鸦一去不复返，诺亚只好又放飞几只鸽子出去。不久，有一只鸽子回来了，嘴里衔着一根橄榄叶子，诺亚知道有些地方的洪水开始退了，于是走出了方舟。诺亚带着一切活物走出方舟，回到地面，重建家园。上帝告诫他们："你们要生育繁殖，遍布大地，切不可作恶，凡流人血的，他的血也必被人所流……"

神话毕竟是神话，然而这个神话偏偏能在现实中找到依据，这仅仅是个惊人的巧合吗？

近百年来，感兴趣的探索者依旧乐此不疲。他们终于通过航空观察和实地考察，在亚拉拉特山发现了巨大船只的化石，其保存尚且完整。从已发现的船角部分推测，它全长超过 120 米。经碳 14 探测，其确定为五六千年前的木制物，船上房间密布。实物的鉴定与《圣经》记载基本相符。

1990 年秋天，中央电视台的“正大综艺”节目中对诺亚方舟做了专题报道，通过实地录像和有关人员考察的镜头，巨大的方舟形象清晰可见。

作为史前的远古遗迹，诺亚方舟带给人们的不仅仅是一个个美妙动人的传说，而且使得数代人为之魂牵梦绕。

诺亚方舟是传说，还是现实

诺亚方舟的故事不仅在《旧约全书》里记载得清清楚楚，而且在有“世界最古老的图书馆”之称的古代亚述首都尼尼微的文库里发掘出来的泥板文书上，也有关于此事的记载。今天世界上几乎很少有人不知道诺亚方舟的故事，但是大多数人只不过将它视为一个有趣的传说。那么，世界上究竟有没有诺亚方舟呢?

1883 年夏天，亚拉拉特山地区发生了一场大地震，当地政府官员到山上去察看地震造成的破坏，却意外地发现了一个巨大的木制的船形建筑物，其一部分埋在冰河里，一部分裸露在外。据当时的目击者说，这个建筑物大约有 100 多米长，这与《圣经》中记载的诺亚方舟的长度差不多。

1916 年俄国飞行员拉特米驾驶着侦察机在亚拉拉特山上空看到了一个湖，好像没有完全结冰，冰面上停泊着一只巨大的船。在好奇心的驱使下，他飞回去细看，竟然发现一艘房子般古老的大船，它一半埋在冰水里，上面还竖着两根短而粗的桅杆，一侧有门，只是其中的一扇已经损坏。飞行员把这个奇遇汇报给了沙皇尼古拉二世。沙皇组织专家进行研究，结果得出一个石破天惊的结论：这只像房子的船有可能是诺亚方舟!俄国飞行员的发现公布之后，世界为之震惊!

1955 年，法国的探险家费尔南·纳斯带着他的儿子来到亚拉拉特山中寻找诺亚方舟。父子俩在冰河中发现了一个巨大的黑色物体，敲开冰洞后，从船的横梁上截下一块 1.5 米左右的木板。这一块木板被送到法国、西班牙、埃及等国家研究机构鉴定后发现，它是用特殊防腐材料处理的，经碳 14 测定，至少有 4400 年的历史。这正好与诺亚方舟建造的年代吻合。

之后，费尔南把自己的经历写成一本书，这就是著名的《我发现了诺亚方舟》。这样，在照片和实物的双重证据面前，一向认为“诺亚方舟”是无稽之谈的人们，也有一部分开始改变自己的观点，认为或许在人类历史上有过一场大洪水，也有可能发生过“诺亚方舟”这样的事情。

然而，仍有一部分人认为诺亚方舟只是一段美好的传说，根本不可能存在。他们认为，如果洪水真要淹没到山顶，那么把南极、北极及各处的冰雪全部融化也不够，海平面的高度也只能上升 60 米，而且至少要向地表补充 40 亿立方米的水才行。同时，凭诺亚方舟的体积怎么能装载世界上所有雌雄 7 对的生物物种呢？因此，有关“诺亚方舟”的发现存在几点致命的疑问。

1. 即使再大的洪水，水位也不可能升到海拔 5000 米的高度。

2. 如果在 5000 年前发生过诺亚时期的大洪水，那么为什么今天在地球表面找不到有被水改变的痕迹？

3. 即便是所谓的“照片”也都模糊不清，往往要依靠人的想象力去辨认方舟的形象。

4. 假如说方舟被搁浅在亚拉拉特山附近，那也应该会被冰川运动冲回较低的地方，怎么可能在高达 5000 米的山顶上呢？

5. 5000 年前的木板船，有可能存放到今天吗？恐怕早就支离破碎了，又怎么可能呈现出方舟的形象？

可是，考古学家又确实在中东地区发现了陆地被大水淹没的痕迹，还在亚拉拉特山的 3000 米处发现了贝壳。

世界上是否真的有诺亚方舟，围绕这个问题，专家学者展开了激烈的辩论，至今还没有统一的结论，世人仍然在期待谜团解开。

诺亚方舟遗迹追踪

关于诺亚方舟，《圣经》上清清楚楚地记载着它停靠在亚拉拉特山顶。圣经中记载的很多事情都被证实是真实的，譬如在一次战争中，一位军官根据圣经的记载，找到了大山里的一条秘密小道，率领军队突然出现在敌人面前，从而取得了巨大的胜利。那么，亚拉拉特山上到底有没有诺亚方舟呢？它现在停泊在何处呢？

亚拉拉特山位于土耳其、伊朗和俄罗斯交界的地方，是座死火山，海拔 5065 米，山势陡峭，终年积雪。公元前 300 年，巴比伦一个祭司和作家洛贝斯曾在一本书中说，有一些人曾走近过诺亚方舟。公元 13 世纪意大利著名的旅行家马可·波罗离开中国后，曾实地去过亚拉拉特山。他在日记中写道：诺亚方舟依然停泊在某一座高山极顶之上，那里终年积雪，不仅不会融化，而且随着冬雪增加，积雪越来越厚，将方舟淹没于千年积雪之下。

千百年来，不论是历史学家、考古学家，还是探险家、信仰宗教的人，他们蜂拥而至，历尽艰难，要寻找那与他们命脉息息相关的方舟。

从 1792 年到 1850 年、1876 年，探险家们屡次登上了亚拉拉特山顶，但均不见方舟踪影。

今天，知道诺亚方舟故事的人达 15 亿以上。但是，除了基督教徒外，谁还会相信这些神话?

1883 年，一次大地震使亚拉拉特山的一个地段裂开了一道大口，突然露出了一条船！当时赴地震灾区考察灾情的一个委员会的所有委员都看到了这条 12—15 米高的大船，因为一大部分还嵌在冰川里，无法估计它的长度。

这个消息震惊了全世界，从此寻找诺亚方舟的热潮再度席卷全球。

法国探险家费尔南·纳斯曾于 1952 年、1955 年和 1969 年三次到亚拉拉特山探险。1974 年，土耳其卫星在亚拉拉特山拍到了方舟的卫星图片。

20 世纪中叶，人们在亚拉拉特山西北翼 5000 米高处测绘地形时发现了一个罕见的石头形成物。这个形成物像个船身，其 183 米的长度和《圣经》中记载的诺亚方舟的规格大致吻合。20 世纪 80 年代，有考古学家对这一现象进行了研究，并根据这个物体上的大量线痕来证明它就是诺亚方舟。

还有考古学家考察了今土耳其东部的亚拉拉特山西南方 250 公里处的朱迪山。朱迪山高 2100 多米，更适合方舟停泊，而且它的位置还在亚拉拉特山之内。

另外，有少数考古学家对距离亚拉拉特山不远的“杜鲁皮纳”情有独钟，认为这里才是方舟真正停泊的位置。他们从当地一些地形“看出”有方舟停靠的痕迹。极少数人相信方舟搁浅在伊朗西北山区，那些山脉是亚拉拉特山延伸过来的。

美国学者戴维在亚拉拉特山以南的乌兹恩吉利村附近的穆萨山顶上发现了一艘大船，这个村庄与史书上所说的尼塞村位于同一地点。该船呈洋葱状，船身长 164 米，长度基本上和《圣经》上记载的诺亚方舟相符。

1989 年 9 月 15 日，两名美国人乘直升机飞越亚拉拉特山西南麓上空时，发现了诺亚方舟，并拍摄了照片。驾驶员查克·阿伦说，在亚拉拉特山的一处通常由冰川覆盖的、海拔 4400 米的地方发现了一只方舟形物体，而那个地方的冰川因今年夏天该地区的高温天气而消退了。阿伦说："我百分之百确信，这是方舟。"他和同伴计划于 1990 年 6 月攀登这个地段，届时将派出一个包括地质学家和考古学家共 20 人的考察队。目前，至少有 3 个美国小队在搜寻这艘诺亚方舟，重点放在亚拉拉特山的西南麓。

诺亚方舟现处何方，真是叫人牵肠挂肚。或许，在人类还没找到它之前，上帝又在密示某位诚实的人打造另一座方舟了！

第十四章
地球的“肚脐”——复活节岛

在茫茫无际的南太平洋水域，有一个面积级 117 平方公里的三角形小岛，它却被明显地标注在各国出版的世界地图上，而且一向引人注目，这就是举世闻名的谜岛——智利所属的复活节岛。

神秘复活节岛

复活节岛属智利领土，在南太平洋中，距智利海岸 3600 公里，当地人叫它“拉帕努伊岛”，意思是“世界的中心”、“地球的肚脐”。那么，它为什么叫复活节岛呢？地处南太平洋中的一座孤零零的小岛，怎么会叫“世界中心”呢？

据说，1722 年 4 月 5 日荷兰著名海军上将雅各布·罗格文率领一支分舰队，寻觅所谓的“南方大陆”。当时，他们正航行在一望无际的大洋上，负责瞭望的水手突然发现远方的海面上有一个绿点，看上去像是陆地，他立即向舰长罗格文报告。罗格文听到后惊奇不已，因为海图上标明这里没有任何陆地。罗格文立即命令船只驶向那里，待看到这确实是一个岛屿时，他便在海图上用笔记下了一个点，并在黑点旁边注上“复活节岛”，因为那天正好是复活节。

把这个岛命名为复活节岛，意思是“我主复活了的土地”，这是荷兰人的称呼。西班牙人和拉美各国称它为“依列·杰·帕斯柯阿”，也是“复活节岛”的意思。其他欧洲各国，如英国、波兰、保加利亚、法国、德国等，也都各自用本国语言称它为“复活节岛”。

当地的土著居民把复活节岛叫作拉帕努伊岛，即“大腊帕岛”。这个名称是同“腊帕·依基岛”，即“小腊帕岛”(在复活节岛的南方)相对应的。复活节岛的居民则把自己的家乡称作“吉比托奥吉·赫努阿”，即“世界中心”。

乘坐现代的超音速飞机翱翔于蔚蓝而浩渺的太平洋上空，从1万多米的高空鸟瞰复活节岛的美景，我们吃惊地发现：当太阳光普照太平洋时，整个太平洋反射出一片白光，复活节岛点缀在太平洋的中心位置。复活节岛上的土著人告诉考古学家，自己所居住岛的名称是从祖宗那儿听来的。

难道古时候的复活节岛上的人，曾经从万米之高的天空中看见过自己住处的位置吗？复活节岛的悬崖下有一堆大圆石块，上面刻有许多鸟首人身的浮雕图案，被称为“鸟人”。居民为什么选择了这种“鸟人”作为崇拜对象？鸟首隐寓着什么呢？有人认为，也许它是指一种能够在高空飞翔的智慧生物，正是这种智慧生物在高空中俯瞰地球，才得出了复活节岛是“世界中心”的结论。

一位学者这样说道：“复活节岛的四周是一望无际的海洋和天空，寂静和安谧笼罩着一切。生活在这儿的人们总是在谛听着什么，虽然他们自己也不知道在倾听什么，并且总是不由自主地感到，似乎门庭以外有什么超乎他们感觉以外的神圣之物存在着。”

神秘、诱人、不可思议，这是世人对复活节岛的评价。那么，这个神秘的小岛有什么神奇的景观呢？

荷兰航海家雅各布·罗格文和他的同伴们在太平洋南部海域航行时，意外地发现了这个无名的岛屿，并高兴地将这个岛屿命名为复活节岛。第二天清晨，当罗格文还心满意足地沉睡在梦乡时，他的一位助手突然破门而入唤醒了他，并气喘吁吁地报告说，刚才在岛上发现了不可思议的情景。罗格文赶紧随这位助手跑向“出事”地点，而眼前呈现的奇异景象使他惊骇得几乎说不出话来。岛上的土著居民正在举行宗教仪式，他们燃起火堆，伏卧在地上，向着他们崇拜的神像喃喃地祈祷着。这些神像高达 9 米，是用巨石凿刻而成的人头像，长耳朵，短前额，大鼻子，面部表情十分严肃，令人望而生畏。而巨石人像的数量之多也是惊人的，仅这一处就达 40 多个，而在不远处的拉诺·拉拉古山的一面斜坡上竟多达 300 个!它们有的并靠在一起，更多的是隔 45 米左右一个个地散立着。而每一尊巨石人像的重量都在 30 吨以上。

罗格文和他的同伴们面对这孤岛荒岭之上的亘古奇观，不能不产生一系列不得其解的问题：是谁塑造了这些巨石人像？它们产生于什么时代？为什么人们要创造这些面孔冷峻、长相奇特的巨石头像？它们又是怎样被置放在荒丘野岭之上的？

复活节岛石像之谜

复活节岛本来只不过是太平洋上一个普通的小岛，是世界上最孤独的地方之一，但它之所以小岛出大名，是因为它上面屹立着 600 多尊巨石像，从而被世界上更多的人所熟知。那么，是什么人雕刻了这些石像？他们有什么目的？石像代表什么呢？这些石头来自什么地方，用什么工具运到这里，再竖起来的？这一切使这个海岛笼罩上了神秘的色彩。

复活节岛四周的海岸边屹立着 600 多尊巨人石像，这些石像一般高 7—10 米，重 30—90 吨，有的一顶帽子竟重达 10 多吨。它们分组整齐地排列在长形石座上，每个石座一般安放着 4—6 尊石像，最多的排放了 15 尊。这些石像都由整块的暗红色火山岩雕琢而成，眼睛是专门用发亮的黑曜石或闪光的贝壳镶嵌上去的。它们一律半身，没有腿，外形大同小异，而且造型古朴、生动，个个都是长脸、高鼻、深目、长耳垂肩和前突的嘴的造型。同时，有些石像头上还戴有红帽子，它们被当地人称为“普卡奥”。远远看去，红帽子颇似一顶红色的王冠，更为石像增添了尊贵、高傲的色彩。当然，并非所有的石像都有红帽子，享有这种特权的石像仅 30 多尊而已，只分配给岛东南岸 15 顶，北岸 10 顶，西岸 6 顶，这些佩戴红色石帽的石像宛如众多石像中的贵族。

这些石像的一双长手放在肚前，朝着无边的大海眺望，表情冷漠，神态威严，一副茫然若失的神态，势如大军行将出征，蔚为壮观，足可与秦始皇兵马俑相媲美。

使世人赞叹不已的石像已经成为这个天涯孤岛的象征。但在惊叹之余，人们不禁要问，现在岛上的居民既没有雕刻这些巨大石像的艺术造诣，又没有海上航行数千公里的航海知识，是什么人雕刻了这些石像呢？

200 年来，这个问题深深吸引着世界各国人类学家、民俗学家、民族志学家、地质学家和考古学家，他们纷纷踏上这个小岛，试图去揭开这层神秘的面纱。

英国学者詹姆斯在他的《消失的大陆》一书中，曾提出巨像是古大陆人类文明遗迹的见解。这种见解长期以来被认为是科学的论断，很多文献或教科书均有所引用，流行一时。詹姆斯在书中写道，古时在太平洋有很大一片陆地，这片大陆西起斐济岛，东至复活节岛，陆上住有 6400 万人，有 5000 万年的悠久文明历史，石像可能是那时建造的。在距今约 1.2 万年前，因火山爆发和地震，这块大陆沉没洋底，复活节岛只是幸存的残岛。詹姆斯见解的根据是在太平洋的某些岛屿上发现了大陆性动植物和大陆性地块。

可是，詹姆斯学说与人类学、地球物理学的结论不符。现代科学证明，地球上猿人的出现最早也不超过几百万年，人类文明史连 1000 万年也达不到，更谈不上 5000 万年了。

根据对现场发掘的考察和对石像放射性碳 14 的测定，复活节岛石像是公元 5 世纪建造的，并不像詹姆斯所说的那么古老。石像建造年代与大陆沉没年代上下差距达万余年，年代不符，说明石像不是古大陆文明遗址。

英国专家夏普对南太平洋海域考察后认为，至少在几万年内没有陆地沉降现象。复活节岛现在的海岸线仍和石像建造年代的海岸线相近似，几万年沉降不到 1 米。这也说明古陆沉降说与实际情况不符。

挪威人类学家索尔·海尔达尔提出一个比较新的论点，他认为复活节岛的巨像文化起源于南美大陆。他在 1947 年撰文指出，复活节岛的最早移民并非是来自太平洋岛屿的波利尼西亚人。其有力论据是：在复活节岛上发现了刻有表意文字的硬木书板，而在岛上一些巨石人像的后颈部位也发现刻有表意文字。但历史学界经过考察得出一个一致公认的事实，即波利尼西亚人从未有过书写文字的表达形式。这就是说，复活节岛的最初移民一定是来自有过文字历史的某个其他民族。海尔达尔认为，这个民族就是古代玛雅人的后裔、印加帝国统治以前的秘鲁人。他们不是在公元 12 世纪左右才来到复活节岛上的，而是早在公元 3 世纪时就乘船只漂流到了这里。这些移民即真正的“长耳人”，有很高的石刻技术，大约在公元 1100 年开始建造“莫埃依”巨石人像。至 15 世纪左右，“短耳人”才从马克萨斯群岛迁居到岛上。

索尔·海尔达尔在对秘鲁和复活节岛分别进行了实地考察之后，还提出了一个几乎不容辩驳的论证：即在秘鲁维拉科察一地发现的石刻人像，其面貌特征与复活节岛上的石刻人像惊人的相似。由此可以断定，复活节岛的最早居民和岛上巨石人像的创造者是秘鲁人。

学者们做过一个试验，雕刻一尊不大不小的石人像，需要十几个工匠忙一年，所以雕这样巨大的石像，至少需要5000个身强力壮的劳动力才能完成。利用滚木滑轮装置似乎是岛民解决运输问题的唯一途径，但令人困惑的是，在雅各布·罗格文初到复活节岛时，他并没有看到树木。再说那5000个石匠吃什么？靠什么生活？小岛上仅有的几百户土著人根本没有能力提供养活5000个强壮劳动力的粮食。显然，那些石像不可能是当地人做的。还有，采石场上的石料只加工到一半就停工了，好像是忽然发生了一件大事而撤离似的。小岛到底发生了什么？火山爆发吗？复活节岛固然是座火山岛，但它是一座死火山。狂风海啸吗？但是，岛上居民理应对海岛的自然灾害司空见惯，再说灾害过后随时可以复工，但他们却没有这么做，这是为什么呢？雕刻巨石像已经是个谜了，采石场的突然停工，却又是谜中之谜。

有些学者指出，这些石像的造型与远在墨西哥的玛雅——印第安文化遗址上的石雕人像存在着许多相似之处，莫非是古代墨西哥文化影响过它？墨西哥远离复活节岛数千公里，这几乎是不可能的。再者，这批石雕人像小的重约2.5吨，重的超过50吨。它们究竟是如何被制作者从采石场上凿取出来加工制作的，又采用什么办法将它们运往远处安放，并使之牢牢地耸立起来？那几个世纪，岛上居民还未掌握铁器，这一切都令人不可思议。

经过长期的争论和多次实地考察，较多专家们认为，巨像文化的起源地应在波利尼西亚当地。

波利尼西亚位于太平洋中部，是中太平洋岛群的总称，意为“多岛群岛”。总人口有150多万，多为波利尼西亚人。多数考古学家和历史学家认为，复活节岛上延续至今的土著居民——波利尼西亚人，是在公元12世纪左右定居于岛上的。相传这部分最早的土著居民是乘着木船，凭借着波利尼西亚人高超的航海技术，从岛的西北面2000海里以外的太平洋岛屿马克萨斯群岛迁移过来的。这部分“移民始祖”的长相特征是：耳垂很大，因此耳朵显得很长，故被考古学家们称为“长耳人”。这批早期移民在极其艰难恶劣的自然条件下，克服了无数难以想象的困难，终于在岛上顽强地生存了下来。大约 14 世纪前后，“长耳人”为了纪念他们的移民始祖所开创的基业，开始在岛上建造巨石人像，并将其作为偶像加以崇拜，他们还赋予这些神像以“莫埃依”的尊贵名称。

继“长耳人”之后不久，又有一批新的移民从太平洋的其他岛屿迁居到这个岛上。据说他们的耳朵与“长耳人”相比要短小许多，也许就像普通人一样吧。历史学家们为区别起见，将这部分居民称为“短耳人”。而“莫埃依”神像也同样是“短耳人”的崇拜物。

在开始的一段时间里，岛上的两部分居民友好相处，亲如一家。但经过两个世纪的和平岁月之后，分裂对抗的不幸局面却发生了。“长耳人”在较长时间里建立的移民优势，使他们逐渐转而压迫并欲统治“短耳人”。不平等现象日渐增多，终使“短耳人”起而反抗，导致了部落间的战争。经过残酷的搏斗厮杀，“长耳人”逐渐处于劣势，后来撤到该岛东端的玻依克高地。他们在那里挖了一条 2000 米长的沟壑并填上树干和灌木条点火引燃，但这条大沟壑仅挡住了一部分“短耳人”的攻击，另一部分“短耳人”却机智地避开火沟，从高地的另一端攻了上去。这一突袭使“长耳人”溃不成军，他们被赶到了自掘的火道边上，绝大部分人都被活活烧死，生还者寥寥无几。考古学家们对那条沟壑的土层做了碳化分析，估计那场战争进行的时间大约在距今 1680 年前。

但秘鲁人也好，波利尼西亚人也罢，他们为什么要在岛上创造如此巨大、如此众多的人面石像呢？难道仅仅是出于后人纪念先驱者的“祖先崇拜”心理？

一些心理学家分析，可能是岛上居民长期处于与外界隔绝的孤苦、乏味的生活之中，想从这种富有艺术性的劳动中得到某种寄托和快乐。也可能是因为他们精神上总陷于苦闷和空虚，想通过建造巨石神像卷入一种狂热的宗教信仰，以得到某种解脱。还有可能是为了对岛上出没的野兽或入岛的外来侵略者造成心理上的威慑力量，才把“莫埃依”神像建造得如此巨大，并且个个都是一副威严可畏的样子。

现在，岛上的居民大多数是玻利尼西亚人，有 2000 多人，大部分居住在西岸的安加罗阿村。但是，他们的相貌特征与巨人群像没有丝毫共同之处，而且他们也说不清楚石像的来历。

如果这些石像真是地球人的杰作，那么古代复活节岛的居民是怎样把这些巨石雕像竖起来的呢？有一尊石像重达 200 吨，仅一顶帽子就重 30 吨，况且岛上还有数量如此多的石像。一些迹象表明，这些石像都是成批制造、成批完成的。在岛上的东南部，人们发现了 300 多尊尚未完工的巨像，显然创造者们是突然停下他们手中工作的。这么大的工作量得需要多少人工同时工作？岛上过去有那么多人吗？

复活节岛上仅生活着 1000 多居民，而在罗格文来到之前，小岛仅有数百人，岛上没有树木，无法以采集度日，狩猎也不可能，因为岛上除了零星的鸟类之外，成群的老鼠便是唯一的动物。岛上的土著居民以近海捕捞为业，在他们目所能及的视野内，除了大海、太阳、月亮以及星星之外，就别无他物了。

时至今日，石像之谜仍未解开，尽管当代学术界提出了各种各样的推测，但仍没有一个确切的答案。

复活节岛最神奇的谜团

“朗戈朗戈”木板是复活节岛最神奇的谜团之一，是一种“会说话的木板”，当地人称之为“科哈乌·朗戈朗戈”。最先认识这种木板价值的是法国修道士厄仁·艾依罗。厄仁在岛上生活了将近 1 年时间，深知这些木板上记载着复活节岛的古老文字。

一般来说，朗戈朗戈木板是一种深褐色的浑圆木板，有的像木桨，上面刻了一行行图案和文字符号。有长着翅膀的两头人，有钩喙、大眼、头两侧长角的两足动物，还有螺纹、小船、蜥蜴、蛙、鱼、龟等幻想之物和真实之物。厄仁在世时，这种木板几乎家家有收藏，后厄仁染病去世了，由于宗教干涉，朗戈朗戈木板被一一烧毁，以至几乎绝迹。

这是在太平洋诸岛所见到的第一种文字遗迹，其符号与古埃及文相似。从本质材料上看，它源于小亚细亚半岛；从写法上看，它属于南美安第斯山地区的左起一行右起一行的回转书写法系统。原始印度文与“朗戈朗戈”图案符号较为相像，两种文字符号中有 175 个完全吻合。

复活节岛文字存在于 19 世纪中叶，而印度河谷文字则早在公元前 2500 年成熟，相距 4000 多年。复活节岛古文字与古代中国的象形文字也颇为相似。另外，苏门答腊岛民族饰品上的鸟的形象与朗戈朗戈木板上的很相像。朗戈朗戈文与巴拿马的印第安人、古那人也有着密切的联系。

后来，有一位名叫棉托罗的青年从复活节岛来到泰堤岛，自称能识读神秘木板上的字符。他立即被大主教佐山召进府读唱了 15 天，主教在旁急速记录符号，并用拉丁语批注，写了一本笔记。1954 年，一名叫巴代利的人种族志学者在罗马僧团档案馆发现了一本油渍斑斑的旧练习簿，那就是“佐山主教的笔记”。两年后，巴代利声称已破译朗戈朗戈文字符号，说它叙述了南太平洋诸岛是种族战争、宗教杀人仪式的舞台。

1915 年，英国女士凯特琳率考古队登岛。听说岛上有位老人懂朗戈朗戈语，她立即去拜访。老人叫托棉尼卡，不仅能读木板文，而且写了一页给凯特琳，符号果真与木板上的一模一样。但不知道是出于什么原因，已重病垂危的老人至死也不肯说出它们的含义。

有学者认为木板上的符号就是文字；也有学者声称“朗戈朗戈”符号不是文字，只是一种印在纺织品上的特殊印戳。100 多年来有过探索、发现、希望、失望及轰动，但刻有鱼、星、鸟、龟等图案及符号的木头却始终保持着沉默。目前世界各地收藏的木板只有 20 多块，分别保存在伦敦、柏林、维也纳、彼得堡、华盛顿等地。1996 年，俄罗斯的历史学博士伊琳娜·费多罗娃写了一本小册子，终于揭开了复活节岛“会说话的木头”之谜。伊琳娜经过 30 多年的研究，得出“朗戈朗戈符号实际上是一种字形画”的结论。她利用“直觉 + 波利尼西亚语知识 + 同义词和同义异音词的搜寻”的公式，阅读了现存的木板文字符。关于彼得堡博物馆珍藏的两块木板中的一块，伊琳娜译为：“收甘薯拿薯堆拿甘薯甘薯首领甘蔗首领砍白甘薯红甘薯薯块首领收……”

威廉·汤姆森是“密歇根”号美国轮船的船长，这艘船 1885 年停靠在复活节岛。美国国家博物馆出版了汤姆森介绍复活节岛历史的著作，那是当时最为详尽的关于该岛的记述。

在到达复活节岛之前，“密歇根”号停靠在塔西提。在那里，汤姆森拍下了主教收藏的木筒的照片。一到复活节岛，他就四处寻找能翻译这些符号的岛民。他遇到了一位叫乌尔·韦伊克的老人，一看到这些木筒的照片，老人就开始了吟唱。他似乎不是在“读”这些文字，因为不管给他看什么，他唱的都是同样的东西。根据汤姆森的记述，乌尔·韦伊克对这些符号的“诗歌翻译”如下：

我女儿的独木舟从未被敌人部落战败

我女儿的独木舟从未被霍尼蒂卜的诡计摧毁

所有的战斗中她都凯旋

没有什么能迫使我女儿喝下黑曜岩杯里的毒汁

强大的海洋把我们天隔一方

我的女儿!我的女儿!

无尽的水路伸展到天边

我的女儿，喔，我的女儿

我要游过这深不可测的海水找到你

最后，老人坦承，岛上没有人能读懂这些符号。看来，现在已经找不到懂得木板上符号的人了，这些“会说话的木板”就算是奉献给静默之神的诗篇吧。

复活节岛的神秘字符

复活节岛位于太平洋中间，面积约 117 平方公里，东北部高出，面对着波利尼西亚小岛群；西南部地势平缓，与智利海岸遥遥相对，呈三角形状。三角形的每个角上各有一座火山：左边角上是拉诺考火山；右边是拉诺拉拉科火山，这座火山的斜坡上有岛上最大的巨型石像群；北方角上是拉诺阿鲁火山，它与特雷瓦卡山相邻。岛上的居民几乎都住在靠近拉诺考火山一个叫汉加罗的村庄里。

有人在复活节岛上发现了一些难于辨认的字符，这是什么人使用的文字呢？他们什么时候来到这座岛屿的呢？来自何方？是他们带来了自身的文明和自己的文字吗？这些深奥晦涩的符号曾经想表述一种什么样的情感、思想和价值呢？

谁能解开其中的疑惑呢？遗憾的是，这些谜团随着最后一群知情者的意外死亡而无从得知。那些知情者是如何死亡的呢？

复活节岛于 1772 年被荷兰商船队长雅各布·罗格文发现。那时岛上的人口是 4000 人，到 1863 年减至 1800 人，到 1870 年只有 600 人，而 5 年之后仅有 200 人，到 1911 年时也不过稍多一点。复活节岛上唯一的资源就是人力和少数几块农田。

1862 年，一支贩运奴隶的海盗船队从秘鲁出发，来此寻找挖鸟粪的人。他们掠走了 1000 多岛民，包括他们的国王凯莫考、他的儿子和那些能读懂称为“rongo—rongo（朗戈－朗戈）”的木板文字的老人。

驻利马的法国领事最终将 100 多个被贩卖的岛民遣返回岛。但那时他们都已染上了天花，并且回去之后又传染了其他岛民。或许复活节岛文字的秘密就是随着这场灾难性传染病受害者一起被埋葬的。

人们最早着手研究这些文字遗迹是在 1864—1886 年，那时他们试图把这些符号加以分类或是把它们与其他未经破解的文字（如古印度文字）加以比较。这些破译的尝试分为三个阶段，每一阶段都与一个象征复活节岛一段历史的图形和一个特定的木简相关联。

当 1866 年法国商船“坦皮科”号停泊在复活节岛近海时，岛上约有 1000 居民。这艘船的船长是迪特鲁·博尔尼耶，随船前来的还有传教神父加斯帕尔·赞博。两年后，迪特鲁·博尔尼耶在岛上定居下来，与岛上女王科雷托·库阿普伦成婚，或者更准确地说，是他挟持了女王，并与一个叫约翰·布兰德的与混血人结成一伙。

1868 年，赞博神父决定返回瓦尔帕莱索。由于他将途经塔西提，岛民请他带给主教德帕诺·若桑一件礼物以表敬意。这件礼物是用 100 米长的发辫绕成的一个巨大的球。当礼物解开后，展现在主教面前的是一块有奇怪符号的木简。据传，教会里有一位年长的岛民乌鲁帕诺·希那波特解释说，那是“rongo-rongo（朗戈－朗戈）”，是记录岛上最古老传统的木简。但自从知道这些符号秘密的老人去世后，就再没有人能解释出来了。主教给仍留在岛上的传教士希波利特·鲁塞尔神父写信，要他尽其所能地寻找这些木简并送给他。鲁塞尔送了 6 块给他，并随附注记说，上面的符号很可能什么都不表示，岛民也不知道它们表示什么，而那些宣称知道它们含义的人都是骗子。

1870 年，智利“沃伊金斯”号海船船长伊格纳西奥·加纳抵达复活节岛时，迪特鲁·博尔尼耶把一根刻有符号的当地首领的拐杖送给他，专家们认为这是现存的最好的“rongo-rongo（朗戈－朗戈）”范例。

加纳把这根拐杖连同两块刻有符号的木简送给了自然历史博物馆的学者鲁道夫·菲利皮，并解释说，复活节岛民对这些符号如此敬畏，显然这些符号对他们来说极为神圣。菲利皮立即把木简的石膏模型送给世界各地的专家，但没有一位被请教的专家能找到这些神秘符号的答案。

1885 年，“密歇根”号船长威廉·汤姆森到达复活节岛，他拿着在塔西堤拍下的主教收藏的木简的照片，到处找人翻译那上面的符号，但只是徒劳，已经没有人识读木简上符号，更别说它的含义了。

专家们现在认为复活节岛上的这些符号有些可能是单词，或许它们只是些符号，帮助把口头传诵的传统传递下去，尤其是使家族系谱记录代代相传。

复活节岛是迄今唯一一个发现有古代文字的波利尼西亚岛屿，而这些文字的意义至今仍是一个谜。

诡异的岬角

复活节岛当然是一座具有灵性的岛屿，今天它还在发生着惊人的变故，总是让人耳目一新。

一些船长不断报告说，他们在这一带的海域里发现了新的土地，但这些土地后来却不见了。胡安·费尔南德斯和爱德华·戴维斯曾在复活节岛一带的海域里发现过辽阔的土地，土地周围还有别的小岛，但到罗格文海军上将于 1722

年发现复活节岛时，他只看到岛上起伏的山峦，周围已经没有任何土地或岛屿了。

有人于 1802 年在复活节岛以南 50 海里、以西 300 海里处的海域里发现了重重悬崖和层层峭壁，可是现在复活节岛周围海域里只有一处悬崖，那就是萨拉伊戈麦斯岛，但它是在复活节岛以东约 250 海里处。

有人于 1809 年在南美沿岸的海域里（即秘鲁的卡亚俄城和智利的瓦尔帕莱素城之间）发现了层层山岩，有人 1576 年在这里发现过鲁滨逊岛和神秘的陆地，但在费尔南德斯和赫涅维尔之后，再没有任何人在那里发现过什么岛屿或山岩。

有人于 1879 年在这一海域里发现了一座小岛，并把这座岛命名为“波捷斯诺”岛，说这个小岛呈椭圆形，高 120 米，岛围 1200 米，但从那以后谁也没有再看见过这个岛。1935 年，海图上也不再标出这个岛了。

英国“格罗埃洛恩”号船长于 1912 年在智利瓦尔帕莱素城宣布，他在复活节岛不远处发现了一个岛屿，船上的所有军官也都证实了这一发现，但当后来智利战舰“巴克达诺”号奉命前去寻找这个岛时，它却消失得无影无踪。

复活节岛是一个火山岛，处在“太平洋火圈”上，即太平洋海底火山地震带上。岛民们的神话和传说中都一再提到，以前复活节岛很大，后来大部分土地沉入水下，只剩下现今这么大了。科学考察证实，复活节岛在上升。

第二篇
北纬 30° 恐怖死亡未解之谜全记录

北纬 30° 是一条充满神秘色彩的纬线。它的附近不仅分布着大量令人叹为观止的自然奇观、历史文明未解之谜，还发生过许多怪诞离奇的死亡事件。其中到底隐藏着什么奥秘，为什么会出现这些怪异现象？它们是巧合，还是有某种内在联系？这是个无法猜透的谜。北纬 30° 给人类带来了灾难，也创造了奇迹。是什么神奇的力量使然呢？

神秘的鄱阳湖老爷庙水域接二连三地发生沉船事件，即使是风平浪静之时也频频发生事故，令人措手不及。更奇怪的是，这里发生沉船事故后，生不见人，死不见尸，与百慕大三角海域颇有几分相似。令人惊讶的是，老爷庙正处在北纬 30° 线上。北纬 30° 是许多不可思议的奇迹、奇闻和奇谜汇集的焦点地区，也是飞机、轮船常常失事的地方，除此以外，还有什么更好的解释呢？鄱阳湖老爷庙水域的疑谜，依然是自然界的一桩悬案。

第十五章
中国百慕大——鄱阳湖

中国四大名山之一的庐山脚下有一片浩浩荡荡、一望无际的水域，这就是中国第一大淡水湖，世界上最大的白鹤珍禽栖息之地——鄱阳湖。鄱阳湖风景秀丽，景色怡人。然而在这平静的湖里却隐藏着杀机，那就是令人谈“湖”色变的恐怖水域——老爷庙。

神秘的鄱阳湖老爷庙水域接二连三地发生沉船事件，即使风平浪静、秋高气爽之时也频频发生事故，令人措手不及。更奇怪的是，这里发生沉船事故后，生不见人，死不见尸，与百慕大三角海域颇有几分相似，而且这里也处于北纬 30° 。

从 20 世纪 80 年代末开始，世界各国科学家纷至沓来，对鄱阳湖“魔鬼三角”进行考察。一个个未知的疑团，让人们难以看清鄱阳湖“魔鬼三角”的真实面目。

沉船事件不断发生，可却找不到船骸，这是为什么？

老爷庙水域究竟有无天外来客？

老爷庙为什么呈三面立体形？

两亿年前就形成的庐山真的就是造成大风的祸首吗？

为什么丽日晴空会突然风吼雨啸？

为什么阴雨连天日却没有沉船事件发生？

“魔鬼三角”老爷庙

鄱阳湖是中国大地上的一颗明珠，同时也是名副其实的鱼米之乡。朗日清风、天高云淡之时，鄱阳湖碧水连天，风帆浮隐，直接长空，排筏连绵，宛若游龙，它是赣域四通八达的天然水运枢纽。鄱阳湖水域宽广，浩浩荡荡，一望无际，有大海般的壮阔与雄美。鄱阳湖风光旖旎，名胜古迹众多，是著名的游览胜地。庐山、石钟山、南山等脍炙人口的名胜，都融汇于鄱阳湖这幅巨大的画卷之中。

但是美丽的背后，却也隐藏着众多神秘的、毫无缘由的船翻人亡的悲剧，其中真正让人恐怖的是在老爷庙水域发生的离奇事件。

鄱阳湖北部，在星子、永修、都昌三县之间，有一片略呈三角形的水域，因为这片水面东岸有一座老爷庙，人们就称它为“老爷庙水域”。

船老大都知道，看起来平静美丽的老爷庙水域时时刻刻都暗藏着杀机。转眼之间，狂风会突然而至，假若不能及时靠岸，便在劫难逃。巨浪拍打着船身，水从四面八方灌入船里，即使再有经验，也无计可施。只要十几分钟，船只就会葬身水底，消失得无影无踪，然后这片水域又会立即恢复平静。当地的渔民都叫它“魔鬼三角区”，也有人把它叫作“中国百慕大”。

多少年来，人们无法统计在这块水域里有多少舟沉帆没，仅从 20 世纪 60 年代到 80 年代这 20 年间，该水域就有 100 多条船只神秘地葬身湖底，1600 多人失踪，生还者中被吓疯之人不下 30 个。令人不解的是，为什么沉船事件不断发生？为什么湖底找不到一点儿船骸？究竟是什么力量让这里变成人人谈之色变的“鬼门关”。

早在北宋期间这里就出现了沉船事故。北宋黄庭坚在游鄱阳湖时就差点丢了性命，在搏斗后和两个船工生还，其余 7 人沉入水底。

1945 年春季，侵华日军已经预感到自己的末日即将来临，一方面在战场上进行垂死挣扎，一方面大肆抢掠，准备把从我国掠夺的财富运回日本。这年 4 月 16 日，日本侵略军一艘名叫“神户丸”号的 2000 吨级运输船，装满了在我国掠夺的金银财宝和古玩等顺长江入海回日本。正如俗话所说：“恶有恶报!”这艘船行驶到老爷庙水域时，悄无声息地沉没了。船上 200 多名日本侵略军的官兵全部沉入水底，没有一个幸免。其后，驻九江的日本海军派出一支优秀的潜水队伍来到老爷庙，这里水深最多才 30 多米，谁知潜水员下水后，有去无归，只一人得返。他脱下潜水服后，面色苍白，说不出一句话来，接着就精神失常了。

20 世纪 60 年代初，从松门山出发的一条渔船北去老爷庙，船行不远便消失在岸上送行的老百姓的目光中，倏然沉入湖底。

1985 年 3 月 15 日，一艘载重 25 吨、编号为“饶机 41838”的船舶，凌晨 6：30 在晨晖中沉没于老爷庙以南 3 公里处的浊浪中。

1985 年 8 月 3 日，是鄱阳湖“黑暗的日子”，江西进贤县航运公司的两艘各为 10 吨的船只，在老爷庙水域神奇般地葬身湖底。同一天中，同在此处遭此厄运的还有另外 12 条船!

同年 9 月，一艘来自安徽省的运载竹木的机动船在老爷庙以北附近突然笛熄船沉，岸上行人目睹船手们抱着竹木狂呼救命，一个个逃到岸上后吓得魂不附体，不敢回望浊浪翻滚的湖面。

1986 年 3 月 15 日，江西省丰城县小港乡编号为“丰机 29356”、载重量为 20 吨的机动船在老爷庙水域航行，突然狂风骤起，恶浪狂舞，顷刻间大船沉入湖底。

1987 年，经有关部门统计，老爷庙一带沉没的各类船只有 20 多艘；1988 年，都昌县航监站负责人称，又有数十艘船只在此沉没。

曾夺去许多无辜生命、毁灭过许多宝贵财富的鄱阳湖“魔鬼三角”，屡屡显露杀机、制造惨案的秘密究竟何在呢？

经过一系列的考察、测试和对当地渔民的走访，考察人员得出了几点结论：

1. 老爷庙水域内发生的沉船事故，没有任何先兆，船和船上的人几乎在毫无防备的情况下，突遇狂涛巨浪。

2. 狂风恶浪持续时间短，从浓黑的雾气弥漫、滚滚浊流吞噬船只到湖面上风平浪静，也就几分钟。

3. 狂浪扑来时，伴有风雨、怪啸和船体的碎裂声，而且四周黑气沉沉，难辨五指。

考察队曾在“魔鬼三角”水域底下搜寻了方圆十几公里，没发现任何异常。老爷庙水域水深一般在 30 多米，最深处为 40 米左右。湖底除了各种大大小小的鱼蚌外，未发现任何沉船，甚至连一块船骸都未曾发现。那么千百年来在这里沉没的千余艘大小船只都去了哪里？这似乎很容易让人想起百慕大三角海区，这里的沉船事件与百慕大三角海区的船舶神秘失踪事件如此惊人的相似，难道两者之间真的存在不为人知的秘密？

扑朔迷离的鄱阳湖

长期以来，表面上看起来恬静、优美的鄱阳湖却成为“死亡之湖”，鄱阳湖北部的老爷庙水域是当地渔民、船工闻风丧胆的“魔鬼三角地带”。这块神秘莫测的水域下面到底隐藏着什么？这已成为亟待解开的谜团。

其实，老爷庙奇妙的设计本身就是个谜。它坐落于都昌县落星山东南 5 公里的湖岸山坡上，呈三棱形，宛如航标灯塔。它背靠青山，面对湖泊，过往船只在方圆 10 公里内，无论在哪个角度，始终正对着老爷庙。近年来的精确测量表明，老爷庙正建在落星山东西线上下正中，三棱形庙宇的三个棱角和平面锥度相等，不差分毫，这就形成了很强的立体视觉，因而船只哪个角度看都和它面对面，600 年前的古建筑竟有如此高超的设计。

老爷庙水域沉船是事出有因，还是偶然？这里发生的一些稀奇古怪的事引起了人们的种种猜测。

1970 年初夏，传闻在这一带水域里看到神奇的怪物，目击者说法不一，有的说“湖怪”像几十丈长的“大扫帚”，有的说似一条“白龙”，也有的说像个张开的大降落伞，浑身长满眼睛，还闪着“金光”。

不仅如此，一旦“湖怪”出现，鄱阳湖上空必定风雨雷电同来、啸声震耳欲聋，而鄱阳湖内也如翻江倒海一般。黑夜里，湖面上会闪烁出巨大的荧光圈，附近老百姓的井里也会发出奇怪的声响……

20 世纪 70 年代中期，有人在黄昏时目睹鄱阳湖西部地区天空中有一块呈圆盘状的发光体在游动，长达八九分钟。当地曾将此情况报告上级有关部门，而有关部门亦未作出清楚的解释。

20 世纪 80 年代初，老爷庙旁的都昌县型砂厂在庙背后的山上建水池，一日忽地从湖上飞来数百只乌鸦“呱呱”地吵闹个不停，把老爷庙上空遮得就像乌云滚滚。

20 世纪 90 年代初的一个夏日，晴空白日，湖面上忽然狂风怒嚎，乌云翻滚，庙旁厂区昏黑一片，风沙滔天，在车间工作的工人不得不关掉电闸停工并瑟缩成一团。

种种怪现象令人不可捉摸，“魔鬼三角”之谜究竟是什么？湖水底下到底有何种鬼蜮出没？这已成为亟待解开的谜团。有人猜测，是“飞碟”降临了老爷庙水域，像幽灵般在湖底运动，导致沉船不断。

有关科技部门的一些科技人员对这一地区的水文、气象、地理、地质先后做了较长时间的观察、探测和研究，谜团逐步解开。

谜团之一：水生动物兴风作浪。

老爷庙的神灵即巨兽化身，这一带的人因此把甲鱼、乌龟等水族当作神灵供奉，老爷庙水域方圆 100 多平方公里在无形之中就成了湖中动物的天然保护区，帆船行至老爷庙水域，艄公燃放爆竹，其声音即为信号，把鸡鸭等供品抛入水中，湖中的动物前来争抢食物。当地渔民有时也可看到鱼群争相吞食死人尸体的情景，任何一条大鱼或江豚（俗称江猪）都有可能掀翻帆船。县型砂厂有名职工一次乘坐“井岗 2 号”客轮去九江，在老爷庙北的 5 公里处水域看见一条约 150 斤重的大鱼追赶客轮，被螺旋桨击碎头部，客轮也剧烈摇摆不停。

谜团之二：水流紊乱形成漩涡。

老爷庙水域的水文情况相当复杂。吉山松门山两岛横立于鄱阳湖中，把老爷庙水域与南湖大湖体隔开，赣江北支修河从吉山西面流入老爷庙水域，而赣江中支、南支的抚河、晓河、信江汇入鄱阳湖南湖后，从松门山东面注入老爷庙水域，最后几股强大的水流在老爷庙水域交汇。鄱阳湖南湖，湖面开阔，落差不大，流水缓慢，除主槽外，流速均为 0.3 米 / 秒以下。到了老爷庙水域后骤然狭窄，造成水流的狭管作用，使流速增大到 1.54—2 米 / 秒，且在主槽带还产生涡流，这就更增加了该水域的危险性。

谜团之三：地下电磁场诱发雷电。

江西省地下水开发高级工程师韩礼贤勘察了都昌镇、吉山、老爷庙到湖口一带的地下，发现这里均为石灰岩，其岩性钙质多、易溶，有形成地下大型溶洞群及地下暗河的自然条件，而每个溶洞、每条暗河的正上方都有自己形成的奇变电磁场。1998 年洪水期间，韩礼贤工程师用电磁技术测试老爷庙南边 5 公里处，结果发现奇变的电磁场杂乱无章，这种状况能影响人们的大脑思维，而且会诱发阴电阳电接触而产生雷电。这使得沿湖一带多次发生遭雷击而船沉人亡事件。

谜团之四：狭管形成大风和龙卷风。

江西省气象科技人员 1985 年初组成专门的科研小组，在老爷庙附近设立了 3 座气象观察站，对该水域的气象进行了为期 1 年的观察研究。从搜集到的 20 多万个原始气象数据看，老爷庙水域是鄱阳湖乃至江西省一个少有的大风区，最大风力达 16 级，风速可达每小时 200 公里，全年平均两天中就有一天属大风日，也就是说每两天就有一天风力达到 6 级。

那么，老爷庙水域的大风何以如此之大，且持续时间长呢？科研考察证明，风景秀丽的庐山充当了大风的“罪魁祸首”。

老爷庙水域最宽处为 15 公里，最窄处仅有 3 公里，而这 3 公里的水面就位于老爷庙附近。在这条全长 24 公里水域的西北面，傲然耸立着“奇秀甲天下”的庐山。

庐山海拔 1400 多米，其走向与老爷庙北部的湖口水道平行，离鄱阳湖平均距离仅 5 公里。庐山东南峰峦为风速加快提供了天然条件。当气流自北面南下，即刮北风时，庐山的东南面峰峦使气流受到压缩。根据流体力学原理，气流的加速由此开始，当流至仅宽约 3 公里的老爷庙处时，风速达到最大值，狂风怒吼着扑来。

无风不起浪。风大浪大，波浪的冲击力是强大的。波浪高 2 米，而此时每平方米的船体将遭到 6 吨冲压力的冲击，一艘载重量 20 吨的船舶，波浪的冲击力则达到 120 吨，超出船重量的 5 倍。据调查显示，船舶沉没大多数是风起浪激作用的结果。

老爷庙水域的“魔鬼三角”之谜可以说已经基本上解开了，似乎又未完全解开，因为这里面所涉及水域底部的地形状态等依然无人去观测。这一切，有待今后继续探究。

鄱阳湖寻宝

鄱阳湖这个中国最大的淡水湖的北部，有一处令当地渔民和过往船只闻风丧胆的神秘三角地带，这便是被称为“魔鬼三角区”的老爷庙水域。自古以来这里翻沉了无数的船只，出现了一系列令人们弄不明白的怪谜。

传说，元末年间朱元璋与陈友谅在鄱阳湖展开决战。一次，朱元璋遭受困顿逃亡，陈友谅在后穷追不舍，这时湖水挡住去路，湖边破舟，无舵难行。正在紧急关头，一位老神仙派遣一只乌龟将朱元璋救至老爷庙。朱元璋从此时来运转，后来终于打败陈友谅，当上了明朝开国皇帝。为了感谢救他一命的乌龟，他便在湖岸边高地建起一座庙宇，命名“老爷庙”。

当地人敬畏神仙的威力，船行此地，便站在船头，遥望着老爷庙，用鸡血祭祀乌龟。而不宰杀公鸡或不烧香拜佛者，将遭到船没人亡之灾。然而任凭渔民、船工们怎样祭祀，他们总也逃不掉被湖水吞噬的阴影。建国后，虽然航运条件有了很大的改善，但沉船事故仍时有发生。近代以来，有资料记载的翻船事件就有千余起，其中最引人注目的是 1945 年沉没的“神户丸”号运输船。

当时，一家报纸报道说：民国三十四年四月十六日，“神户丸”号大型千吨位火轮，满载辎重，途径鄱阳湖北上，船行至都昌县老爷庙以西魔鬼水域时，突遇狂涛骇浪袭击。顷刻间，乌云四起，巨浪滔滔，“神户丸”号笼罩在一团浓密的黑雾中，不一会儿，乌云渐散，浪涛尽退，湖面又是一片风平浪静，可“神户丸”号却神秘失踪了，船上200多人不翼而飞。后来美国一家谍报机关披露了船上所载的货物，是日本从中国南方各地抢掠来的金银珠宝、古董玉器等，价值10亿美元。

抗日战争结束后，国民党政府自然不会放弃“神户丸”号上的财宝，于是专门请来以美国著名潜水打捞专家爱德华·波尔为首的潜水队。打捞行动从1946年夏季开始，耗资数万、费时数月，可不仅没有找到“神户丸”号，潜水队中也有几名成员不幸失踪。更为奇怪的是，所有生还者对打捞过程均三缄其口，真相不得而知。

本来国民政府打算再次打捞，由于内战形势迅速发展，打捞工作被搁置下来，船上的财宝也就一直睡在鄱阳湖的下面。

20世纪80年代，美国著名的潜水打捞专家爱德华·波尔在《联合国环境报》上发表回忆文章，披露了他在鄱阳湖底失魂落魄的经历。文章写道：“几天内，我和三个伙伴在几公里的水域内搜寻“神户丸”号，没有发现一点踪迹。这一庞然大物究竟在哪里？正当我们沿着湖底继续向西北方向寻去时，忽然不远处闪出一道耀眼的白光，飞快向我们射来。顿时平静的湖底出现了剧烈的震动，耳边呼啸如雷的巨响隆隆滚来，一股强大的吸引力将我们紧紧吸住，我感到头昏眼花、神志麻木，身体无奈地随着吸力昏昏向前。这时，有一样东西重重地捶击了我的腰部，剧烈的疼痛使我的神志变得清醒起来，我忙用手抓住了撞我的东西，仔细一看，是个大木箱，我用手紧紧抱住木箱，拼命与吸引力抗衡。我看到那道长长的白光在湖底翻卷滚动，我的三个潜水伙伴随着白光的吸引逐流而去，我挣扎出了水面……”

死里逃生的经历，使爱德华·波尔终生难忘。他眼中的鄱阳湖是“魔鬼三角”，湖面恬静、优美，湖底神奇、恐怖，是他一生中遇到过的最危险、最可怕、最令人心惊的死亡之湖。

然而，如此可怕的老爷庙水域并没有阻挡住人们到这里寻宝的脚步。一件偶然的事情，又唤起了人们对“神户丸”号的记忆。

1983 年春，一个人在老爷庙打鱼时，无意中从海底捞起一个青花大瓷盘，其形状为椭圆形，30 多厘米宽，70 多厘米长，上面印有二龙戏珠的图案，形态逼真，呼之欲出。由于瓷盘太大，他带回家后一时派不上用场，便放在院子里喂鸡用。后来一位知识渊博、对古董有研究的老教师看到了，就建议渔民把瓷盘拿到博物馆鉴定一下。经有关部门鉴定，这个瓷盘是景德镇的产品，为明万历年间皇宫御用品，名叫九龙青花瓷，并进一步认定是皇帝用膳的餐具。据有关资料记载，这套青花瓷共制作了 36 件，后经战乱散失民间，被江州一个巨富收买珍藏。日军攻占江州后，将城内所有的文物洗劫一空，这个大瓷盘就是其中一个。县文物部付给渔民 500 元以示奖励，500 元在当时可是一个不小的数字。

于是，这 500 元就像一块石头投进了平静的湖面，激起了层层波浪，使人们想起了当年的“神户丸”号。发财的美梦驱使着人们，使人们忘记了老爷庙的可怕，他们纷纷来到该水域寻宝。发疯似的人们在老爷庙不停地打捞，不时捞出一些小金佛、瓷瓶、古钱币、银元什么的。这样，老爷庙水下有财宝的消息就像长了翅膀一样，越传越远，越传越神，妄想成为百万富翁的人们纷纷来到这块魔鬼水域寻宝。

让人感到奇怪的是，在这样大规模的寻宝活动中并没有发现“神户丸”号，它好像从未沉过一样，在湖底根本就没有它的踪迹，它到底到哪去了？难道这魔鬼水域有意隐藏了这批宝藏？这谜团等待着人们去破解。

鄱阳湖水域的怪异之谜

鄱阳湖的优美风景与老爷庙水域的神秘恐怖形成了鲜明的对比，人们不禁会问，鄱阳湖是怎么形成的？是何方神圣在老爷庙水域附近“大闹龙宫”呢？老爷庙水域附近的离奇事故又是如何发生的呢？围绕这些话题，江西省曾几次组队进行考察，结果始终不尽如人意。

1980 年，江西省组织了一支专家考察队到老爷庙水域进行考察。考察队除了实地测量、观察之外，还对当地居民和有关人员进行了广泛的调查。考察队对测量数据、访问情况及收集到的资料进行综合分析，提出了他们的看法。其实，这看法既不是怪现象的谜底，更不是科学结论，只不过是老爷庙水域奇异情况的汇总。他们指出：老爷庙水域发生沉船事故，是在毫无防范的情况下，由于狂风巨浪的突然出现造成的；风浪持续的时间十分短暂，从黑雾弥漫、风浪骤起、舟船翻沉，到风平浪静、恢复正常，前后只有几分钟时间；湖面掀起狂涛巨浪时，伴有急风暴雨，以及怪啸声和船体的碎裂声，天昏地暗，伸手不见五指。

这情景确实让人毛骨悚然。

这次考察中还发生了一件怪事。海军派了几名优秀的潜水员去支援考察队，以协助考察队搞清湖底的情况。潜水员们搜遍了几十平方公里的湖底，什么也没有看到，千百年来在这片水域翻沉的船只怕有几千艘，怎么可能一点东西也留不下来呢？

其中有两位潜水员不相信找不到一点沉船上的东西，于是趁大家不注意的时候，悄悄来到老爷庙以西 3000 米处，一位潜水员在岸边守候，另一位潜水员下了水。3个小时过去了，那位潜水员还没有上来，守候在岸上的潜水员急了，鸣枪报警，全体潜水员下水搜寻，结果如大海捞针，踪影皆无。

次日下午，考察队员接到一位乡里工作人员的报告，说在昌芭山湖岸边发现了一具潜水员的尸体，他们赶到离老爷庙15公里处的昌芭山湖，在湖边的绿草丛中见到了那位潜水员的遗体，他面色安详地平躺在草地上，就像熟睡了似的。

奇怪的是，昌芭山湖不仅高出鄱阳湖12米，而且与鄱阳湖互不相通，出事的潜水员是从鄱阳湖下的水，怎么会跑到昌芭山湖里去了？又是什么力量把他的尸体从湖中托送到了岸上？人们百思不得其解。

据说从1970年夏季开始，人们便发现湖内有一个神奇的怪物在此兴风作浪，目击者说法不一：有的说是"湖怪"，像几十丈长的"大扫帚"；有的说似一条"白龙"；也有的说像个张开的大降落伞，浑身长满眼睛，还闪着"金光"……

不仅如此，一旦"湖怪"出现时，鄱阳湖上空必定是风雨雷电同来、啸声震耳欲聋，而鄱阳湖内也如翻江倒海一般。黑夜里，湖面上会闪烁出巨大的荧光圈，附近老百姓的井里也会发出奇怪的声响……

对于这像神话似的怪事，谁也无法解释，却为本来神秘怪异的老爷庙水域又增添了新的疑谜。

1984年9月，江西省第二次组成探险队深入该水域——老爷庙水域考察。这支考察探险队由自然、气象、地质专家和有关科研人员组成。他们以严肃的科学态度对鄱阳湖"魔鬼三角"水域进行了全面的考察和探测。

经过多次测算、反复查阅沉船事故记录，考察队又发现了如下现象：

1. 老爷庙沉船事故多发生于每年春天的3、4月。在这个时候，无论白天或夜晚，过往船只常常面临被巨浪吞没的危险。另外，出事当天往往天气很好，晴空丽日，蓝天白云，或皓月当空，繁星点点；而在阴雨天却从未发生沉船事件，这似乎成了谜中之谜。

2. 从当地史料记载和流传在民间的传说故事中得知：落星山和隔岸遥遥相望的星山同是 2000 多年前一颗硕大的流星坠毁于此而形成的。另外，曾有人在鄱阳湖西部地区目睹了一块呈圆盘状的发光体在天空游动，达八九分钟之久，因此有人猜测是“飞碟”降临了老爷庙水域，像幽灵一样在湖底运动，从而导致沉船不断。显然这一猜测缺乏科学依据。

3. 在对老爷庙进行精确测量后，考察队惊奇地发现，老爷庙的建筑正处在落星山东西线的上下正中，三角形庙体的三个棱角和平面锥度相等，毫厘不差——这使得人们无论站在哪个方向，都始终与老爷庙面对面。老爷庙的建立距今已有 1000 多年了，这就让人猜测这精妙的建筑是不是外星人所为？但这也仅是猜测，更缺乏科学依据。

1985 年，江西省政府又组织了以气象工作者为主的科学考察队，对老爷庙水域进行又一次深入的考察研究。科学工作者发现，这片水面处于山岭夹峙中，北部地势开阔，到这里突然变窄，形成了一个狭管状的风口。北风从这里吹过时，风力会陡然增大。调查资料显示，周围地区年平均大风日数约为 30 天，而老爷庙水域的年平均大风日却高达 163 天。实测结果更说明问题：老爷庙水域大风的风力，比周围陆地要大 3—4 级。据此，考察队建议，每当周围地区天气预报有 5 级风的时候，各类船只就不要再通过老爷庙水域了。

采纳了考察队的建议之后，老爷庙水域船舶翻沉的事故确实很少发生了。

有人还认为，鄱阳湖老爷庙地区存在着强大的磁场。强大的磁力不仅使人头昏脑胀、神志不清，还会导致飞越其上空的飞机的仪表失灵，驶过江面的轮船的指南针失灵或者直接被磁吸入湖底。由于在湖底找不到残骸，这些有道理的解释因无事实根据而无法立足，基本上都还是一种猜测，缺乏有根据及严密逻辑的实测数据。

至今，老爷庙水域的怪异之谜并没有完全解开。几十年来，不计其数的船只在老爷庙翻沉，为什么没有留下一点儿遗物？潜水员为什么会莫名其妙地失踪？侥幸生还的潜水员为什么会失魂落魄、精神失常？这一个又一个的问题，还没有人能够回答。

第十六章

魔鬼三角区——百慕大

在全球，人们一提到闻名于世的百慕大三角区时，就会感到毛骨悚然。自从 16 世纪以来，在这里不明不白失事的飞机多达数十架，轮船 100 多艘，无情地夺去了无数人的生命。不仅如此，百慕大还出现过许多穿越时间隧道失踪而又突然出现，且“使人年轻”的传闻。更为奇怪的是，在北纬 30° 的其他区域，还存在着 4 块同样神秘的魔鬼区域。这难道仅仅是巧合吗？无数的谜让人们疑惑重重。

为什么有些船只完全失踪而另一些船只却能够再现？为什么偏偏找不到尸体呢？难道百慕大有什么超自然的神奇魔力？抑或百慕大真有什么时空隧道？能否将这些恐怖地带变为安全地带呢？

百慕大，悲剧的摇篮

在大西洋百慕大群岛附近，由百慕大群岛、佛罗里达半岛和波多黎各岛为 3 个顶点组成的三角形海域，早在 400 年前就传出骇人听闻的消息。近半个世纪，在这个神秘的区域，无数的飞机和船只来到这里便突然消失得无影无踪，人们称它为恐怖的“魔鬼三角”。

据统计，从 1840 年到现在，在百慕大三角海区发生的飞机和舰船意外事故不下千起。近年来，在美国注册的、在这个海区发生神秘失踪事件的舰船就有 100 多艘，其中还包括 13 艘核潜艇。仅以离美国佛罗里达海岸 25 英里以内的海域统计，每年就有 1200 余人丧生，而且连尸体也未找着。

海难、空难不断发生在百慕大三角海区，使这个海区更增添了恐怖和离奇的色彩。

据说，1502 年著名的航海家哥伦布曾经在百慕大三角海区遭遇恐怖的袭击。一天，哥伦布同船上的同事们走出船舱，站在甲板上，欣赏海上风光。正当哥伦布与他的同行者们陶醉在神奇的海上风景之中时，突然奇怪的事情发生了：一瞬间，风云突变，日月无光，天昏地暗，狂风四起，海水卷起了几十米高的大浪，宛如一堵堵水墙朝甲板猛扑过来。此刻，航船犹如航行在峡谷之间，几乎不见天日，在海上剧烈地颠簸着。

哥伦布急令他的船队稳住舵把，调转航向，向佛罗里达海岸靠过去。奇怪的是，船上所有的导航仪器全部失灵，舵手和水手们一头雾水，晕头转向，简直无法辨清方向。还好，船队歪歪扭扭地终于从波峰浪谷间摆脱了危险。事后一检查，发现船上的磁罗盘的指针方向已从正北方往西北偏离了 6 度。哥伦布在百慕大遇险的经历引发了人们对百慕大的惊恐，在以后的数个世纪中，关于这样的海上怪事更是不绝于耳，百慕大也因此越来越神秘。

1840 年 8 月，法国一艘开往古巴的商船曾经消失在这片神秘的海域，它的名字叫“罗萨丽”。当时，船上载满水果和绸缎，可后来这艘船在百慕大失踪了。不久以后，人们找到这艘船时，发现船体没有一丝一毫的损坏，但船上却一个人影也没有，只有一只饿得半死的金丝鸟。“罗萨丽”号帆船到底碰上了什么意外？船上的人到底到什么地方去了？没有人知道。

1872 年，在亚速尔群岛以西 100 海里处，一艘双桅帆船“玛丽亚·采列斯特”号突然发生意外，向外界发出了求救信号。11 天后，这艘船才被人发现，令人百思不得其解的是，这艘船似乎没有遭遇强大的风浪，因为船上空无一人，餐厅桌上仍摆着面包、黄油等食品，还有剩下的咖啡和水。此外，壁上的挂钟仍滴答滴答地走着，缝纫机上还放着盛有机油的瓶子。

1881 年 8 月，美国一艘名叫“艾伦·奥斯汀”的四桅船正在百慕大三角海面航行，人们突然发现不远处海面上也停着一艘四桅船，总指挥多次发出信号询问，但得不到对方的任何回答。最后，船长命令船靠过去，又派了几个经验丰富的水手去看个究竟。

几个水手上船后发现船上一个人都没有，但各种设备完好，船上的生活用具一应俱全。船长感到十分纳闷，果断地决定让几个人把船开回去。几个水手正要开动那艘奇怪的四桅船时，海面上突然狂风大作，恶浪滔天，船长急令水手把稳舵柄，经过一番搏斗，虽然狂风停止了呼号，可眼前那艘四桅船却神秘地消失了。

奇怪的是，“艾伦·奥斯汀”号两天后又碰到了那艘四桅船，船身照样完好无损，仍不见一个人，曾经派过去的几个水手也不见了。这时，船长又急又怕，但他还是又派出几个水手，务必要把船开回去弄个清楚。

几个水手胆战心惊地刚登上那艘船，海面突然又魔法般地狂风大作，恶浪排空，四桅船眨眼间又消失得无影无踪了，就像遇到了魔鬼一样，并且这次连人带船都好像溶化在了大海里，不见一丝踪影。令人茫然不解的是，为何失事时，船身及船上的多种设备以及物资都完好无缺，只是船上的人下落不明呢？

船舶航行在百慕大三角遇到意外情况时，往往会在发出求救信号不久，有的甚至还未来得及呼救就失踪了，连一点残骸碎片也不留下。

1963 年 2 月 2 日，美国“玛林·凯恩”号油船例行出航。这艘船上装配着现代化的导航仪器及先进的通讯设备。在出航的第二天，船上的报务员还向海港报告说：“油船正常地航行到北纬 26° 40′ 、西经 73° 的海面上。”然而谁也想不到，这却是“玛林·凯恩”号油船发出的最后一份报告，此后这只船竟无声无息地失踪了，好像掉进了深洞里。事后派船去搜寻，海面上却连一滴油也未见到。

1973 年 3 月，一艘排水量为 1.3 万吨的运煤船，航行至新泽西州麦因岛东南 150 海里处失踪了。

在百慕大三角海区，如果仅仅是船舶经常遭到莫名其妙的灾难，也许还不会引起世人太大的震撼，不会使人们谈“海”色变。令人恐怖的是，就像有一股神奇的力量控制着这里的海空一样，在这个空域经过的飞机也常常遭遇不明原因的灭顶之灾。百慕大，不得不让人闻之丧胆。

1945 年 12 月 5 日，美国海军第 19 飞行中队的 5 架鱼雷轰炸机在途经三角区时，突然与基地失去了联系。带领这个飞行中队的是两位有经验的飞行员，其中之一是查尔斯·卡罗尔·泰勒中校，其他 12 名驾驶员、无线电员、炮手都是经过训练的学员。飞行航线是他们已经飞行过多次的熟悉的航线，即先往东飞行 108 公里后，再向正北方飞行 120 公里，然后转向西南，返回基地。

飞机飞到预定的高度后，电波传来了泰勒中尉清晰的声音：“一切正常，发动机的声音很好，风速不大。”

当起飞 1 个多小时后，基地指挥部收到了泰勒中尉的报告说：“发生了异常现象，我们不知为何偏离了正确的航线。”

“报告你们现在的位置。”地面指挥塔命令道。

“搞不清位置了，不知在什么地方。”泰勒答道。

地面指挥塔命令泰勒把飞机转向西方，但得到的回答却是：“方位仪出了故障，指针不动，已经辨不清方向，看到的只是大海……”

基地指挥部此时尚未意识到问题的严重性，他们认为飞机上带的油量是充足的，可以再飞上 4 个小时，飞行员的技术也是完全可以使人放心的。因此，指挥部命令方位仪还能正常工作的另一架飞机代替泰勒担任编队指挥，同时命令 5 架飞机对准正西方向，也就是对准 270° 航向返回基地。

10 多分钟以后，基地指挥部又收到空中的无线电通讯："我是中队长……警报！我们现在迷失了航向，看不见陆地，哪儿也见不到陆地……不知哪儿是西边，一切都乱套了，连大海也好像跟往常不一样了。"

这时，泰勒也报告说："我们现在好像在墨西哥湾上空，我们对准了 30° 航向飞行，45 分钟后，再转向正北……"

基地指挥部开始感到困惑不解了：5 架飞机怎么会离开了航线几百公里，跑到墨西哥湾的上空了呢？是什么原因使飞机完全失去了控制？指挥员们紧张起来。

到了下午 6 时，再也看不到飞机的影子了，基地指挥部根据各方面的因素推算，飞机又飞到了基地东北方 32 公里地方的上空，那里离最近的海岸也有 92 公里。

临近黄昏时，5 架飞机就像没头苍蝇一样，忽而向西，忽而向西北方向乱飞着，无线电通讯情况也逐渐恶化，5 架飞机已经收不到地面的任何指令。不过，基地的指挥部还能听到 5 架飞机上彼此联系的对话。这时，所有报务员的声调都显得不顶用了，读数各不相同。不知为什么飞行员也看不到太阳，如果能见到太阳，则还可以根据太阳来测定方位。又过了一会儿，地面基地收听到飞机上最后的声音，报务员惊喊着："开始往水里沉了……我们完了。"到下午 7 点 04 分，就再也听不到空中的任何声音了。

这 5 架飞机神秘消失后，美国的一架巨型救护机奉命前去救援，1 个小时后也不见了踪影。半小时后，一艘油轮上的船员看到一股大火冲天而起，又发现了油渍和飞机的碎片，才知道那架前去救护的飞机在那里坠毁了。

事件发生后，美国搜寻 19 飞行中队的工作进行了 5 天，找遍了 25 平方公里的海域，也没有发现任何踪迹。这一事件令美国军方至今百思不得其解。

自从美国海军航空基地 5 架强击机在百慕大三角海区的上空失事以后，灾难还在继续……

1948 年的一天早晨，从美国旧金山起飞一架班机，上面载有 36 名乘客，在飞经百慕大三角上空时，连机带人地突然与地面失去了联系。美国航空局立即组织大规模的海上和空中搜索，希望能发现蛛丝马迹。可是，他们连一片飞机的碎片都没有找到，更不要说一具尸体了。美国民众对此惊恐不安，舆论一片哗然。

1953 年，在三角区稍南的牙买加上空，一架名为"约尔克"号的运输机向地面站发出了求救信号。可是，地面救援的飞机还没有来得及出发，这架飞机已经下落不明了。

1977 年 2 月的一个傍晚，一位探险家和他的朋友乘一架水上飞机来到百慕大三角海区。他们正要吃晚饭时，突然发现刀叉全弯了，而且飞机上的钥匙全变形了，罗盘偏转了几十度，录音机里录到了许多奇怪的噪声。由于事先有所防备，他们迅速离开了这里，躲过了一场灾难。

神秘的百慕大三角海域，它美丽的外表下面，隐藏的是一个巨大的陷阱，一场恐怖的噩梦。它是一个让人谈"海"色变的恐怖地带，一个酿出无限悲剧的摇篮，是一个让人闻之丧胆的死亡三角。从这里航行的舰船和飞机几乎没有生还的可能，事后连一丁点儿舰船和飞机的残骸碎片也找不到，更不要说查找线索、查明原因了。

北纬 30° 上的"百慕大"

百慕大三角区处于地球北纬 30° 线上，更令人迷惑不解的是，地球南北纬 30° 线上都是飞机、轮船常常失事的地方，人们把这些地方叫作"死亡漩涡区"。不明原因的海难空难现象不仅仅出现在百慕大，北纬 30° 线上的其他海域和陆地也有类似的现象。

据统计，西地中海海域，从 1945 年第二次世界大战结束到 1969 年的 20 多年和平时期内，地图的这个小点上竟发生过 11 起空难，有 229 人丧生。飞行员们说，每当飞机经过这里时，机上的仪表和无线电都会受到奇怪的干扰，甚至定位系统也常出毛病，以致搞不清自已所处的方位。

如果说飞机失事是定位系统失灵导致迷航造成的，那么对轮船来说，这就令人费解了。西地中海面积并不大，与大西洋相比，气候条件也算是优越的。然而，在这片海域失事的船只一点也不比飞机的数量少。

1969 年 7 月的一天，西班牙一架“信天翁”飞机在西地中海的阿尔沃兰海域失踪。由于那架飞机上的乘员都是西班牙海军的中级军官，所以军事当局相当重视，动用了 10 余架飞机和 4 艘水面舰船进行搜索。人们搜索了很大一片海域后，却只找到失踪飞机上的两把座椅，其他一无所获。

1972 年 7 月 26 日上午，“普拉亚·罗克塔”号货轮从巴塞罗纳朝米诺卡岛方向行驶。到了下午，不知怎么回事，这艘货轮掉转船头驶到原航线的右边去了。原来船上的导航仪奇怪地受到了干扰，船长和所有的船员也没有一个人能够辨明方向的。出发时船长曾估计，他们在第二天上午 10 点左右即可抵达目的地。但次日凌晨 5 时，“普拉亚·罗克塔”号遇上的几名渔民却说，这里离他们要去的米诺卡岛足有几百海里。

日本本州的“魔鬼海”西部也出现了“百慕大”现象。1969 年 1 月 5 日，日本 5.4 万吨的矿砂船“博利瓦丸”号在该海域被折成两截，31 名船员中只有 2 人获救；1970 年 2 月 9 日，一艘 6 万吨级的矿砂船“加利福尼亚丸”号在“魔鬼海”沉没；1980 年底，一艘由美国洛杉矶驶往中国的南斯拉夫货轮“多瑙河”号在“魔鬼海”遇到险情后突然失踪了。迄今这类原因不明的海船失踪事件已屡见不鲜，据日本海上保安厅航行安全科调查，仅 1963 年至 1972 年的 9 年间，就有 161 艘大小船只突然失踪！

除了西地中海海域、日本本州的“魔鬼海”外，还有夏威夷到美国大陆之间的三角海域、阿富汗四个异常区等。海上分布着这么多制造空难海难的大坟场，而陆地上也不例外。

德国不来梅和海文之间的新公路，在一年的时间内先后有 100 多辆汽车因为撞向该公路第 239 公里处的路标而神秘出事。仅 1930 年 9 月 7 日这一天，就有 9 辆汽车撞向这块倒霉的路标，车毁人亡。

在美国爱达荷州公路上，离因支姆·麦克蒙 14.5 公里的地方，有一个翻车的恐怖地带。这段公路看起来与其他地方的公路一样平坦宽阔，可正常行驶的车辆到了这里，常常会突然失控，被一股神秘的力量掀翻或抛向空中，造成车毁人亡的惨重事故。

在波兰首都华沙附近，更是有一个令人奇怪的地方，牛、羊、猪、狗等大动物从不肯在此地逗留，牛甚至连这里的草都不敢吃，而这里却是鸟、蛇、鼠等动物的天堂；苹果树等植物在这里不能生长，而柳树、桃树等却枝繁叶茂；司机驾车到此，常常会不由自主地昏昏欲睡，从而导致车祸频繁发生。

我国四川省峨边彝族自治县的黑竹谷也是一个恐怖地带，有“中国百慕大”的称号。1949 年，一架美国飞机在黑竹谷地区飞行时，因机上仪表失灵而坠毁。1950 年，100 多名溃逃的国民党士兵进入黑竹谷，此后再也没有音讯。1962 年，5 位地质学家在 1 名向导和 1 名猎手的陪同下入谷考察，7 个人中只有一个走了回来。几十年后还曾发生过多次人畜入谷神秘失踪的事件。

被人们称为“百慕大第二”的俄罗斯贝加尔湖畔的贝加尔镇也频频发生“令人不可思议的怪事”。

可见，世界上像百慕大三角海域这样骇人听闻的死亡区域不止一个，它们在地球北纬 30° 上排列整齐、分布均匀，给人类带来了不少灾难，也为人类增添了探寻其奥秘的兴趣。

探索“百慕大三角”之谜

百慕大是许多船只、飞机的坟墓，是个“魔鬼三角”。为什么经过这里的船只会莫名失踪？为什么经过海空的飞机会遭遇不测？为什么又偏偏找不到尸体呢？围绕着这些问题，各国科学家怀着浓厚的兴趣来探索“百慕大三角海域”之谜，纷纷提出自己的看法，仁者见仁，智者见智，五花八门，众说纷纭。

有的科学家认为，百慕大三角海域常常发生海龙卷，这是一种灾害性天气，是由于冷、暖气流突然相遇，在强烈的阳光作用下形成的旋转气流，强烈的旋风称为“龙卷风”，发生在海上的则叫海龙卷。船舶和飞机一旦遇上龙卷风，自然就会被卷得无影无踪。

有的科学家认为，在三角区的海底有一层冰状“水合物”，一旦海底火山爆发、地震断层或受到海洋暖流冲击时，冰状“水合物”就会生成大量沼气。这些沼气向上冒，造成空气中缺氧状态，使飞机或轮船突然失控坠海。

有的科学家提出这样的假说：百慕大三角区离赤道很近，距离赤道越近的地区，天气的变化就越剧烈。从北方吹来的冷空气同赤道的暖气流在百慕大三角地区相遇，因气压相差很大，所以容易形成飓风，在这样的条件下，即使晴朗无云的极好天气，也会突然变坏而刮起飓风来，而这种风云突变的天气是很难预测到的。这种天气的变化往往范围不大，如果在海面上发生，到达不了海岸就会消失，人们也就不容易发现，因此航行到这里的船只或飞机都会遭遇不测。

还有人认为，在百慕大三角海区有反旋风和下沉的涡流，而这也是导致船舶、飞机失事的因素。反旋风的顶部在海面的上空，是看不见的，而它在水下部分会形成一个强有力的漩涡，船舶若是闯进漩涡中心，是很容易被卷进海底的；飞机在空中遇到反旋风，飞行员就会偏离航线、迷失方向，可能在他还没有弄清发生了什么事时，就机毁人亡了。有一位水文学家说，波多黎各海岸在冬季北风强烈时期，由于内波的影响，从大海表面到海底能够产生一股强大的向下的海流，好似一条海下瀑布，这股海流的流速有时极快，就会形成巨大的漩涡，像一个巨大的漏斗，把经过这里的船只一下子吸进去。

除此以外，科学家们还提出了以下几种假说：

一、大自然激光说

这种学说认为，百慕大三角海区发生的奇怪事件，可能是一种自然激光的现象。

激光虽然是一种光，但它与普通光截然不同，是发光物质原子里处在能量较高的轨道上的电子，在一定的外界入射光的刺激作用下，被迫跃迁到能量较低的轨道上，从而发出光来。它有很多特性，例如有高亮度和高定向性，可以把光能在时间和空间上高度集中，从而产生高达几千万度的温度，能使任何一种物质在一瞬间化作一缕“青烟”。

在百慕大三角海区，船舶飞机失事经常发生在天气晴朗的时刻，这是因为海面和大气上层好似两面巨大的反射镜，高速的强烈气流起着操纵的作用。这些条件构成了一个巨大的激光发射器，它可以射出巨大的激光束，产生强大的威力，激烈辐射可引起局部地区天气的骤变，导致海面升起浓雾、海水翻腾、出现磁暴、无线电通讯受到严重干扰等现象。航行的舰船或飞机若是进到激光束中，就会化作一缕“青烟”。

二、海底大洞说

有些地质学家说得更过分。他们认为，百慕大三角海区下面有个大洞，海水从这里流进去，穿越美洲大陆，然后在太平洋东南部的圣大杜岛海面重新冒出来。1980 年 1 月，瑞典学者阿隆森用一部电脑和 5 万升鲜红的水，给各国的地质学家做表演，引起了轰动。联合国的一位官员甚至认为，这个地球上最神秘的自然之谜已经揭开。事实果真如此吗？我们不得而知。

三、地壳裂缝说

有些地球物理学家认为，百慕大三角区奇异事件发生的原因与海底地壳有关，他们设想该地区海底的地壳上可能有宽大的裂缝，由于地壳内部地心部分是溶热的液态岩浆，沉重的地壳便在液态岩浆上“漂浮”运动着。在太阳和月亮的引力作用下，岩浆往往会朝地壳薄弱的方向移动，以强大的压力将熔融的岩浆压向地壳有裂缝或开口的地方，于是岩浆就从这些地方喷发出来。当岩浆退去后，地壳往往下陷，有时会产生“吸入作用”，大量海水就会以很高的速度被吸进海底裂缝，然后产生飓风和磁暴，这也许就是使船只和飞机失事的一个因素。

另外一些科学家认为，从海底裂缝中不断冒出大量的气体溶解于海水中，而海洋底层含有大量气体的水又被上层水沉沉压住。一旦海洋上层压力减小，就像汽水瓶被打开一样，下层水中的大量气体就拼命往上冲，因而升起浓浓的泡沫，假如船只刚好经过泡沫地区，就一定会在泡沫中下沉。泡沫冲出海面，气体、水泡升入空中后，会形成茫茫白雾，飞机飞进这样的白雾里，自然会迷失方向而坠入大海。

但是，地壳裂缝说并不能解释船只和飞机上导航仪器失灵的现象，以及漂泊在海面上的空船的现象。

四、黑洞说

黑洞是指天体中那些晚期恒星所具有的高磁场超密度的聚吸现象。它虽看不见，却能吞噬一切物质。不少学者指出，出现在百慕大三角区飞机船只不留痕迹的失踪事件，颇似宇宙黑洞的现象，除此便难以解释它何以刹那间消失得无影无踪。

五、月球引力说

有些天体物理学家认为，那些飞机和船只失事的日子，正好是新月或满月(望、朔)，这时月亮、地球和太阳处在一条直线上，引潮力最大，于是会引起地球磁场扰动，从而使飞机船只的导航设备失灵，造成失事。

六、磁异常说

在百慕大三角区遇难的船只和飞机，出现了导航仪器失灵或罗盘指针大幅度摆动的情况，于是就有科学家提出海难、空难是该地区磁异常造成的。

地球的磁场有两个极，地磁南极和地磁北极。地磁南北极的位置并非固定不变，而是不断变化的，并且和地球的南北极有个偏差角度。也就是说，地球子午线和地磁子午线并不是重合的，它们之间的夹角叫磁偏角。磁偏角对海员或飞行员正确判断方位影响极大。当船只或飞机航行时，用磁罗盘测到的是地磁方位角，所以必须知道当地磁偏角的数值才能确定正确的方位。

地理的 80° 经线正好穿过百慕大三角区，而 80° 经线上的磁偏角是 0° 。这就是说，航行到这里的船只和飞机上的磁罗盘指的是正北方向，如果领航员不注意这一点，必然会偏离航线若干度，同实际位置相差很大，也许会远离航线几百海里。因此，有科学家指出，船只和飞机失事与这一地区的磁场特性有关。

七、飞碟说

近年来，一些人对百慕大三角区之谜又提出更有幻想色彩的假说，即船只与飞机失踪事件和“飞碟”有关。该学说初听起来令人感到离奇，但也只有这种假说最能自圆其说地解释百慕大等魔鬼海域的奇异性。

这种假说认为，在地球上空有外星人的巨大母碟在飞行（可能与地球同步飞行或偶尔异步飞行，当然有时也可能离去），在大西洋海底由于具有磁奇异特性，飞碟母碟便利用地球这里强大的奇异磁来补充能量。当这巨大的母碟来此充磁之际，路过的飞机或轮船必遭劫难，而且飞机、船舶都会被海底或母碟之内，地球人寻找它们就如同寻找天门，真正是活不见人、死不见尸，而且没有半点机舰碎片。这就完全解释了魔鬼海域的偶发事件。

但是，从历史文献上查阅，关于目击飞碟的记载可追溯到 13 世纪，然而有关百慕大三角区船只、飞机失事的记载却要早得多。因而，有些人否认飞碟与百慕大三角区之间有任何联系。可是，分析很多国家和地区目击飞碟的报道，可以发现发生在美国的比较多，有几千件，其中以佛罗里达州至巴哈马地区目击到的记录最多（这里正是百慕大三角海区附近）。美国有位著名的天文学家 M·K·杰塞普曾提出："在百慕大三角区失踪的东西与人都是飞碟干的。"

这种假说唯一令人感到不足的就是至今尚未能在百慕大三角发现巨型飞碟出现且与失事飞机、轮船的位置、时间相吻合的目击报告。如果以后真有如此的目击报告，那么这种假说就确信无疑了。

八、陨石说

一个科学团体认为，百慕大三角海域可能有一个巨大的陨石。据研究，约在 1500 年前，有一个巨大的陨石从太空飞来，掉入大西洋。这块大陨石犹如一个大黑洞，具有极大的吸引力，连光线也能吸进去，何况飞机、轮船。墨西哥半岛上的伯利兹也曾经飞落过一颗陨石，摧毁了地球上的万物生灵，其尘埃在地球上空弥漫十年之久。百慕大离伯利兹不远，是否会受双重影响也不得而知。

如果陨石造成百慕大魔鬼三角区的论点成立的话，那么北纬 30° 一线附近的种种怪异现象是否也可用陨石论的观点来解释呢？

总之，百慕大三角海域之谜，对于科学家来说，是一个现实的、重大的、具有魅力的课题。尽管人们提出了各种各样的假设，也许有一种设想是正确的，也许多种设想并存，也许还有新的设想，但是由于船只或飞机都沉到了深不可测的海底，许多谜底一时还无法解开。

第十七章
幽深的蓝色墓穴——日本龙三角区

千百年来，在人们的内心深处，都潜藏着对浩瀚海洋的畏惧。尽管人类进入文明社会后有无数的船只航行在大洋之上，但至今仍有两个海域令航海者们谈之色变，一个是人人皆知的“魔鬼百慕大”，另一个是日本的龙三角。后者的名气虽没有前者大，但它的“杀伤力”却绝不逊于前者，有着“幽深的蓝色墓穴”之称。在这里，船只神秘失踪、潜艇一去不回、飞机凭空消失……

究竟是什么力量将船只打入海底，无一生还？那些飞机为什么会不留痕迹，凭空消失？让我们一步步接近这片幽深的蓝色墓穴，去解开日本龙三角的死亡之谜。

神秘恐怖龙三角

在中国台湾省东北部的太平洋上，有一个与百慕大“魔鬼三角”齐名的三角海区，就是日本龙三角。龙三角面积约 10 万平方公里，大体位于日本东京湾、关岛和台湾东部的雅浦岛之间，与百慕大三角遥遥相对。

20 世纪 40 年代以来，无数巨轮在这片海面上神秘失踪，它们中的大多数在失踪前都没有发出求救讯号，同时也没有任何线索可以解答它们失踪后的相关命运。事实上，在最近几个世纪里，这片水域不断地对航海者发出死亡威胁，被人们称为“魔鬼海”和“幽深的蓝色墓穴”。

在第二次世界大战中，潜水艇在“龙三角”受到了严重的摧毁。据美军统计，凡在此执行任务或路经此处的美军潜艇中，有 1/5 因非战斗因素失踪，总共有 52 艘美国潜水艇在这片魔鬼海遭受了未知的厄运，消失了踪迹。

第二次世界大战后期，为了夺取海上优势，美国海军第 38 航母特遣队对日本的神风突击队发起了三天三夜的狂轰滥炸。正当舰队重新补充燃料，准备再战的时候，在龙三角海域与恶劣的自然环境展开了一场生存之战。当时在强大的飓风和 18 米高恶浪的袭击下，16 艘舰船遭到严重破坏、200 多架飞机从航母上被掀到了海里、765 名美军水兵遇难。这是美国海军在 20 世纪所遭遇的最严重的自然灾难。

1952 年 9 月 23 日，多名科学家搭乘一艘日本海防研究舰前往龙三角区域研究那里的暗礁，目的是监控海底的异常活动。船在离港后一直保持着很高的航行速度，按理说用这种速度只需一天时间就能到达研究海域。然而在接下来的 3 天中，该船信号全无，不明原因地失踪了，搜救船只赶到这片海域，只找到了一些残骸和碎片。

1955 年，日本政府派出一艘渔业监视船前往龙三角海区进行海上调查。岂料，此船在进行了 10 天毫无结果的海上搜寻后，突然同陆上导航站失去联系，从此不知去向了。

1957 年 3 月 22 日凌晨 4 点 48 分，一架美国货机从威克岛升空，准备前往东京国际机场，机组成员是 67 名军人。飞行时间预定为 9 个半小时，飞机上准备的燃料足够 13 个半小时的航程。在前 8 个小时，飞机飞行状况一切正常。下午 2 点，驾驶员发出信号，预计到达时间为下午 5 点，飞机所有的设备都处于正常状态。此时飞机所处区域天气晴朗，对于飞行而言，条件几近完美。1小时15分钟以后，驾驶员在距东京300公里的地方发出讯号，空中交通控制中心回复说希望他能够在2小时以内到达。然而，这架美国飞机却永远没能降落到东京机场。搜救队在方圆数千公里的海面上来回搜索，最终无功而返。这架为战争而造、飞行条件几近完美的飞机究竟发生了什么事情，至今依无人知晓。

1979年5月，一艘菲律宾货轮“海松”号正由中国南海驶向马尼拉。马尼拉南港“海岸自卫队”突然收到一个紧急呼救信号:“海松”号在台湾以南、吕宋岛以北海域遇难。信号来得那样紧迫，甚至来不及报告遇难原因。搜寻小组火速赶往出事海域，经多方搜寻，非但25名船员踪迹全无，就连上千吨货轮也没有留下半点残迹。

1980年9月8日，相当于“泰坦尼克”号两倍大小的巨轮“德拜夏尔”号装载着15万吨铁矿石，来到了距离日本冲绳海岸200海里的地方。这艘巨轮的设计堪称完美，已在海上航行了4年，正是机械状况最为理想的时期。因此，船上的所有人都感到非常安全。

这时，船遇上了飓风。但船长对此并不担心，在他眼里像“德拜夏尔”号这样巨大并且设计精良的货轮，对付这种天气应该毫无问题。他通过广播告诉人们：他们将晚些时候到达港口，最多不过几天而已。

可是，岸上的人们在接到船长发出“我们正在与每小时100公里的狂风和9米高的巨浪搏斗”这一条消息后，“德拜夏尔”号及全体船员便失踪了，从此杳无消息。

巨轮“德拜夏尔”号在龙三角失踪后，仅过了几年，她的两艘姐妹船只同样在此遇难。

2002年1月，一艘中国货船“林杰”号及船上19名船员，在日本长崎港外的海面上突然消失了。没有求救呼叫，没有找着残骸，货船就仿佛人间蒸发一般，人们无法知道他们遭遇了什么。

在龙三角上空还失踪了一架日本 HK-8 侦察机。当该机在硫磺岛附近失踪前，飞行员传回的电讯内容十分惊人："天空发生了怪事……天空打开了……"说到这里，电讯突然中断了。此后，这架飞机就失去联络，机上全部人员也随之消失得无影无踪。

……

海难、空难事件频发，似乎已经司空见惯，更令人不安的是带有核武器的潜艇及飞机的失踪。美国著名学者查·伯尔兹提出，截至目前为止，可能至少有 126 枚核弹头在龙三角神秘失踪。

由于日本龙三角海域频发众多神奇海难事故，它赢得了一个"太平洋中的百慕大三角"的恶名。在这里搜寻一艘失踪的船要比从干草堆中找出一根针还要困难得多。那么，是什么原因造成日本龙三角海难、空难连连的？是不是龙三角的海底有一股神秘力量把这些船只、飞机收集了起来？倘若确实存在这股神秘力量的话，它来自何方呢？

龙三角秘境追踪

连续不断的神秘失踪事件引发了人们的好奇，科学工作者们开始以不同的方式试图去揭开魔鬼海之谜。由于实地考察有一定的条件局限性和较大的风险性，因此种种猜测应运而生，主要有以下几种：

1. 海洋怪兽兴风作浪说。这是流传最久的一种猜测，但在当代科技面前，这一假设已渐渐褪色。

2. 飓风说。据海洋专家观测，强大的飓风经常在日本龙三角的海域中酝酿，这片不幸的海域就是飓风的制造工厂，其温暖的水流每年可以制造 30 起致命的风暴。这一点可在那些失事船只最后发出的只言片语中得到印证。于是有些专家认为，飓风使得那些过往船只的导航仪器在一瞬间全部失灵，最终导致船舶失事。但是，当今大型的现代化船舶是按照能抵御最坏情况的标准制造的，仅一场飓风并不能击沉它们。

3. 磁偏角说。磁偏角是地球上的南北磁极与地理上的南北极不重合而造成的自然现象，这种偏差在地球上的任何一个位置都存在，并不是日本龙三角所特有的。早在 500 年前哥伦布提出磁偏角现象后，它已成为航海者的必备知识，故它不可能简单地成为拥有现代化设备的船只迷航和沉没的原因。所以，磁偏角使航行中的船只迷航甚至失踪的假设也难以成立。

4. 外星人所为。1980 年 8 月 18 日，苏联的“乌拉基米尔”号船在完成任务后从日本沿海返航途中，一位随船教授突然发现一个不明物体从海底冲了上来，这件物体呈圆筒状，能够发出耀眼的蓝光，当它滑过船只时将船的一片区域烤得焦黑。这个来历不明的物体环绕轮船数分钟后，又骤然消失在海洋中。这位教授认为，如此怪异的东西绝非地球所有。当时电影《魔茧》很受欢迎，影片中的人们在一片突如其来的海雾中被外星人神秘地带走，瞬间消失在海上警卫队面前，所有的人都以为他们遇到了海难，但几年之后他们又神奇地回到了地球。所以，人们开始猜想，在日本龙三角发生的奇怪事件可能是外星人所为。

这些毕竟只是一种猜测，只有找到能使猜测成立的实证，其才能变为事实。对此，人们或千方百计地寻找证据，或独辟蹊径以求殊途同归。于是，日本龙三角的神秘面孔在探索中渐渐清晰。

一些科学家试图寻找到失事巨轮“德拜夏尔”号，通过对失事原因的研究来揭示这片海域的秘密。

大卫·莫恩是一名失事船只搜寻专家，1994 年 7 月他率领的海洋科技探险队向魔鬼海进发，他们坚信可以揭开事实的真相。当时他们全部的希望只悬于一条渺茫的线索——“德拜夏尔”号失踪的时候，搜救飞机曾经报告说，在它最后出现的不远处发现了油渍。但谁也不能确定整个区域有多大，油渍是在沉船的正上方，还是漂移了 10 公里、50 公里或 100 公里。考察队利用平面扫描声纳、潜水机器人等先进设备，经过长时间的搜寻，最终在水下约 4000 米的海床上找到了一堆变形的金属。接着，考察队又从附近找到了发光的铁矿石。由于知道当年“德拜夏尔”号运载的就是铁矿石，通过这条线索，人们推断出变形的金属就是目标物——“德拜夏尔”号的残骸。

通过对探测器传输回来的图片资料的研究，人们终于找到了沉船的答案：当年“德拜夏尔”号行驶到这片海域时遇到了飓风，但像“德拜夏尔”号这样的巨轮应该可以抵御最大的飓风，所以船长也自信地认为他们最多就是晚几天到达目的地。但这时又突然发生了海啸，海啸形成的两个涌浪将钢铁之躯“德拜夏尔”号架了起来，于是悬空的“德拜夏尔”号被自己的重力压成了三段。巨浪进舱，致使整艘巨轮快速下沉，下沉的速度之快使得船员们没有任何逃生的机会。此外，巨轮在下沉过程中随着海水压力的增大，被挤压变形，最后沉到海床上时已变为一堆扭曲的钢铁。

另外一些科学家试图从研究海底世界这一层面来解释海难事故。

日本海洋科技中心向这片魔鬼海的黑暗之处投放了一些深海探测器，这些探测器可以到达世界大洋最深的底部。海洋科学家们在黑暗的深海花费了大量时间，向人们展现了一个看不见的世界。科学家们发现，在日本龙三角西部的深海区，岩浆具有随时冲破薄弱地壳的威胁。这种事情的发生毫无先兆，其威力之巨足够穿透海面，而且转瞬之间又可平息下来，却不会留下任何证据。当大洋板块发生地震的时候，超声波到达海面表层，形成海啸。海啸引发的巨浪时速可以达到每小时 800 公里以上，这是任何坚固的船只都经受不起的。此外，毁灭性的巨大海啸在生成海浪时，在广阔的洋面上只有 1 米或者比这还低的高度，这种在大洋中所发生的缓慢浪潮起伏是不易被过往船只察觉的，也很难引起人们的注意。但大约在 20 分钟至 1 个小时后，灾难就开始降临。如果在海啸发生时又正好赶上飓风，那么遇难船只甭说自救，就连呼救的时间可能都没有了。

这一结论是建立在科学论证基础上的，它不仅为日本龙三角揭开了神秘的面纱，同时也给了那些长久沉浸于痛苦之中的亡者亲人们一个圆满的答案。

纵观历史，2000 年来无数艘船只在日本龙三角深蓝色的水下，平均每 14 海里便有一艘沉船，它说明海洋当之无愧是地球上最神秘莫测的生存地狱。迄今为止，人们依然无法知道浩瀚的大洋之下到底还隐藏着多少秘密等待着我们去探索、发现。

第十八章
人类禁区——加州“死亡谷”

在北纬 30° 有一条特大的“死亡谷”，举世闻名，它位于美国加利福尼亚与内华达州相毗邻的群山中，长达 225 公里，宽度 6—26 公里，面积达 1400 平方公里，峡谷两侧是悬崖峭壁。美国的地图上不仅有“死亡谷”这一令人生畏的名称，还标注着它位于海平面以下 85 米，是整个西半球陆地上最低的地方。令人不解的是，在这个地狱般的“死亡谷”里，人很难活着出来，动物却生活得悠然自得。

罕见的“死亡谷”

“死亡谷”的面积总共有 3000 平方公里，其中 550 平方公里低于海平面，位于加州和内华达州的边境，距拉斯维加斯约 224 公里。此地干旱和熊熊烈火般的气候，让不少以“死亡谷”为捷径、前往加州淘金的人们，因不敌此地恶劣的气候而在无垠的黄沙中凭添数堆白骨。成功穿越山谷的少数人在离开此地时伤心地说了句“Goodbye Death Valley”，Death Valley（死亡谷）由此得名。从此以后，“死亡谷”之恶名就被宣扬开来。

“死亡谷”是北美洲最炽热、最干燥的地区，极限温度可达 56.7℃，年均 46 毫米的降雨量也仅比撒哈拉沙漠稍多了一点。这稀少的水量主要是来自南方的墨西哥湾。此地过去曾经是一个内陆湖，自从内华达山脉的冰河时期消失后，再也没有春日融化的雪水注入湖中，加上炙热的气候，一年之中就足足蒸发了 3810 毫米的湖水。“死亡谷”的气候之所以如此干燥，另一个主要原因是内华达山（Sierra Nevada）、帕那敏山（Panamimt）以及阿加斯山（Agus）三座山形成了雨水屏障，由太平洋吹来的海风所挟带的湿气几乎没有办法进到谷内，让此地的降雨概率更是微乎其微。“死亡谷”在“恶水”(Badwater)地带，地势低于海平面 85 米，为西半球最低点。而它同时也是全球最热的地区之一，1913 年曾有高达华氏 134 度的气温。

恶劣地形和气候却造就特殊地理奇观。

魔鬼高尔夫球场（Devil's Golf Course）是风吹日晒而形成的高低起伏、尖顶状结晶的盐地，之所以如此称呼它，乃是由于它恶劣的地势，除了魔鬼之外，没有人可以在这片土地上打高尔夫球，若真的到此处打球，那么就得接受一场魔鬼般的训练。

艺术家之路（Artist's Drive）是一条全长约 9 公里蜿蜒的单向泥土道路，路途中，有一转口可到达艺术家调色板（Artist's Palette）。此地东侧的山岳含有云母、褐铁矿、赤铁矿等丰富矿物质，形成五颜六色的图案，就像画家恣意挥洒的画作，如同天赐的艺术作品。

烟囱井（Stovepipe Wells）附近的沙丘是“死亡谷”国家公园内驾车最容易抵达的沙丘。从沙丘上的足迹可观察到动物行走的特征，而豆科灌木则形成砂土区域的特殊生态植物，来此一游的观光客都会尝试着体验在沙丘里翻滚的滋味，或是领略由沙丘顶往下滑动的美妙感受。

史考特城堡（Scotty's Castle）位于 267 号公路东行 3 公里处，是“死亡谷”中最著名的建筑物。但丁观景点（Dante's View）则是“死亡谷”最佳的观景位置，站在此处远眺，望远镜山（Telescope Peak）矗立在眼前，远方则是一片苍茫的恶水盐地，从但丁观景点可以将“死亡谷”的最低点和最高点尽收眼底。在拓荒时期，烟囱井的水源曾经拯救了白人淘金者，成为相当重要的旅游景点。

关于“史考特城堡”有一个真实故事。1900 年，有个叫史考特的人，他平生就喜欢探险。一天，他无意中走进这块寸草不生的沙漠谷地，发现这里的景致竟是如此神奇，宛若身处另一个星球。他不想独享这一新发现，于是将这里的情况转告好友强森。强森是个有钱人，两人经过商议，计划在此兴建一座城堡，共同享受这一人间罕见的绝佳风光。在强森夫人的支持和帮助下，这座美轮美奂的西班牙式豪宅很快完成。为了感念史考特的情谊，强森将这豪宅命名为“史考特城堡”。然而，世事如棋，祸福难料，1929 年美国股市崩盘，强森拥有的股票财富一夕之间化为泡影。迫不得已，他在第二年将城堡出售，搬出了“死亡谷”。随着岁月流逝，城堡的形象渐渐从人们的意识中淡出，但强森和史考特两人的友谊却永恒不朽，至今仍为世人所传颂。

夏季，因为高温的影响，此地大量上升的暖气流便在谷地的上空形成云团，等到聚集了足够的云量，便降下雨水，造成短暂的骤雨。就这样，谷地里的野花和植物得雨水的滋润，倏地开遍整个“死亡谷”。

据美国媒体 2005 年 3 月 15 日的报道，位于加州的死亡谷近日出现罕见奇观，原本荒凉的山谷出现了一个花的海洋。紫色、粉红色、白色的野花从点缀在山腰，而在谷底布满了一种金黄色的野花。

这种金黄色的野花通常生长在沙漠中，它长出的种子外面覆盖着一层厚厚的壳，可以让种子休眠长达数十年。只有持续不断的降水才能诱使这些种子成长，而当有适量的湿度、阳光和温度后，这种花就会盛开。2004 年冬天的气候恰好满足了这些条件，暴风雪带给这片沙漠的降水是平常的 3 倍。这些降水促使这种野花的种子开始发芽生长。

专家称，“死亡谷”这种野花遍地的现象非常罕见，有的人一生只能看到一次。植物协会执行理事称，“死亡谷”已经有大约 50 年没有出现这种野花遍山谷的景象。

居住在这个地方的动物，除了响尾蛇、蝎子之外，还有沙漠壁虎、小狐狸、大角山羊、老鹰和黄莺等，它们出没的时间大多集中在日出前或是傍晚时分，选择这个时间是因为较为凉爽，便于活动。

“死亡谷”虽然被视为地球上最不适宜居住的地区之一，但却生长着一些适应力奇强的生物。其中棉球沼泽(Cottonball Marsh)的沙漠小鱼可以住在比海水多出 6 倍盐分的水中。尤其是春天时，更有一种长约 2.5 厘米的沙漠小鱼会到盐溪（Salt Creek）产卵。

虽然“死亡谷”拥有一个相当令人惊悚的名字，然而此地却是美国著名的爱德华空军基地和太空实验的场所。拜沙漠地带终年不断的强风所赐，高科技的风力发电产业在此蓬蓬勃勃地发展，而令人赞叹的是沙砾地质奇观也成为此地最大的特色。而因为气候炎热的关系，各地的游客纷纷前来亲身体验它的炙热，此地还曾经于 1913 年 7 月 10 日，创下 57℃的西半球高温纪录。尽管如此，“死亡谷”依旧迷人，因为这里让人几乎失去空间感和时间感，无法感受沧海桑田、物换星移的变迁，更能让人感受到生与死交融的魔力！

“死亡谷”的怪石现象

“死亡谷”几乎常年不下雨，更有过连续 6 个多星期气温超过 40℃的纪录。每逢倾盆大雨，炽热的地方便会冲起滚滚泥流。这里还有“死火山口”、“干骨谷”和“葬礼山”等不祥的别称。见者不寒而栗，闻者谈之色变。

“死亡谷”地形险恶、荒凉，两侧悬崖峭壁，险象环生，人进去很难活着走出来。1949 年，美国有一支 49 人的淘金者来到这里，因迷失方向而误入这条山谷，几乎全军覆没。有几个人侥幸脱险爬出，之后不久就不明不白地死去。此后，曾有多批探险人员前去揭密，也屡屡葬身谷中，至今仍然未能找到他们死亡的原因。除大多数葬身此谷外，幸存者也未能揭开这个谜。

最令人不可思议的是，这个地狱般的“死亡谷”竟是飞禽走兽的“极乐世界”。据统计，这里繁衍着大量的动物，有 200 多种鸟类、10 多种蛇、17 种蜥蜴、1500 多只野驴等，还有各种各样的小昆虫。它们悠然自得，或飞、或爬、或跑、或卧，逍遥自在。

这些飞禽走兽居然能在这个“人间地狱”生活得悠然自得。时至今日，谁也弄不清这条峡谷为何对人类如此的凶残，而对动物却如此的仁慈。

“死亡谷”是地球上的怪地貌之一，谷内一个称为赛车场盐湖的干湖床上，除了一些散布在表面的巨大怪石之外，更是一个很接近完美的水平地貌。可这种大型干盐湖为什么会很平，而且具有很非凡的纹路？据考察，因为它们是大雨后，湖床经过泥流、干涸和龟裂等过程而产生的景观。可是为什么在这么平的地方，会有 300 公斤重的巨石出现在湖床的中心？

更令人感到奇怪的是，1969 年美国科学家夏普曾在这条“死亡谷”的西北角，把 25 块石头从小到大排列，又用木桩标出这些石头的准确位置。一段时间后发现，这些石头居然会“游走”，有一块“走”了 64 米，有的还在沙漠上留下了弯弯曲曲的“足迹”。

科学家们历经艰难考察谷内石头的问题，然而死亡谷的怪石现象至今仍让人大惑不解。

据考证，“死亡谷”形成约在 300 万年前，乃地球重力将地表岩石压碎成巨大的岩块而致，当时部分岩块突起成山，部分倾斜成谷。直至冰河时代，排山倒海的湖水灌入较低地势，淹没整个盆底，又经过几百万年火焰般日头的酷晒，这个太古世纪遗留下来的大盐湖终于干涸而尽。如今展露在大自然下的死谷，只是一层层覆盖泥浆与岩盐层的堆积。

第三篇

北纬 30° 神奇景观未解之谜全记录

在北纬 30° 附近，有许多奇妙而巧合的自然景观，如地球山脉的最高峰——珠穆朗玛峰，世界上最大的沙漠——撒哈拉沙漠，以及世界上著名的河流，包括埃及的尼罗河、伊拉克的幼发拉底河、中国的长江、美国的密西西比河等，均在这一纬度入海。

另外，在这一纬度上，山川怪异、奇观绝景比比皆是，仅中国就有举世闻名的钱塘江大潮、安徽的黄山、江西的庐山、四川的峨眉山等，皆是奇、异、幽的神秘境界。

第十九章
世界之巅——珠穆朗玛峰

地球上山岳无数，最高者为珠穆朗玛峰，它具有“世界之巅’的美称，我国藏族人把它视为圣洁的女神。珠穆朗玛峰坐落在世界最高山脉——喜马拉雅山脉的中段，地处中国和尼泊尔边境交界处，北坡在中国西藏自治区定日县境内，南坡在尼泊尔境内，峰顶位于东经 86° 55′ 39″，北纬 27° 59′ 15″。1975 年测得珠峰的海拔高度为 8848.13 米。2005 年测得珠峰新高度为 8844.43 米，比 1975 年测量的高度矮了 3.7 米。

珠穆朗玛峰有着最复杂的自然环境、奇幻的旗云、美妙绝伦的冰塔林。其实，北纬 30° 上并不是最初就拥有世界最高峰的，那么是什么魔力使珠峰在此成为世界之巅的呢？珠峰的个子还会增长吗？珠峰给人类带来的是温暖还是寒冷？怪异的问题、神秘的谜团将在这里揭开。

消失的觇标

珠穆朗玛峰的藏语意为“圣母”，海拔 8844.43 米，为世界第一高峰。峰顶终年积雪，远望冰川悬垂，银峰高耸，一派圣洁的景象。珠峰脚下发育了许多规模巨大的现代冰川，冰斗、角峰、刀脊等冰川地貌现象广泛分布，雪线以下冰塔林立，相对高度可达 40—50 米，其间夹杂着幽深的冰洞、曲折的冰面溪流，景色无比奇特壮观。

世界第一高峰当然也是世界登山运动瞩目和向往的去处，但珠穆朗玛峰地区的环境异常复杂。在 5000 米以上，坚冰和积雪终年不化，有数不清的冰雪陡坡和岩石壁，经常发生冰崩、雪崩和滚石现象。这里气候条件极为恶劣，即便是在良好的登山季节，也几乎天天刮着七八级的高空风，顶峰的风力常达 10 级以上。珠穆朗玛峰山区是地球上氧气最为稀薄的地带，峰顶上大气中氧气的含量只相当于平原地区的 1/3 到 1/4。山上经常下雪，气温很低，一般在零下 30℃—40℃。这些原因造成珠穆朗玛峰极难攀登。长期以来，人们把它与地球上的南北两极相提并论，称之为“第三极”。又因为它十分高大，称之为“飞鸟也不能越过的山峰”。

从珠穆朗玛峰北坡登山，主要有东山脊、北壁和西山脊 3 条路线。沿东北山脊攀登顶峰，必须经过“北坳”和“第二台阶”两处最艰难的地区。1960 年中国登山队攀登珠穆朗玛峰，就是沿东山山脊路线登上顶峰的。1975 年，中国登山队员再次向珠峰峰顶攀登。

1980 年 8 月 20 日，意大利登山家 Mermen 单身一人登上珠峰。他在日记中写道：“走着，走着，我抬头一看，突然金属三角架已经展现在我的眼前。我惊喜若狂，这是世界最高峰的标志，是 1975 年中国人进行测量时设在这里的标记，是各国登山家们登上地球之巅的见证人。它是我最忠实的朋友。”

据报道，1982 年秋天登上峰顶的登山家们看到觇标依然兀立，但只有 70 多厘米高了，与原来刚竖起时的高度相差 230 厘米。1988 年，中日尼三国从珠峰南北坡双跨攀登珠峰时，觇标已不见了。

觇标到哪里去了？被大风吹走了？被人为去掉，还是被峰顶冰雪埋掉了？

觇标不可能被大风吹走。因为从 1975 年至 1982 年，前后在峰顶竖立了 7 年的觇标，早已饱经峰顶大风的考验。据观测，珠峰峰顶的风速在冬季常常高达 40 米 / 秒以上，已经受住 7 个隆冬大风考验的觇标，不可能被大风把露在冰雪外的部分折断吹走，更不可能被大风连根拔掉。

被人为去掉的可能性也不大。1975 年以后登上珠峰峰顶的登山家们都把我国的觇标视为最忠实的朋友，是他（她）们登上峰顶的见证人，所以喜爱它的心情占据主要地位，应该不会突起坏心拔掉它。再说在如此高的海拔地区，登山家们经过极度的疲劳征程才到达顶点，早已耗尽体力，即使有此心也无此力量了。

最大的可能性是埋在峰顶的冰雪中了，从 1975 年 5 月至 1982 年秋天，觇标已被埋入峰顶冰雪中 200 多厘米，这已是事实。那么，是珠峰峰顶冰雪堆积增加而埋没觇标，还是峰顶冰雪融化而使三角架下沉插入?

据观测推知，珠峰峰顶高度附近的太阳直接辐射可达 1.80 卡 / 平方厘米 / 分，它被铝合金三角架吸收后，完全可以使三角架的温度达到零摄氏度以上，从而融化三角架四周的雪，使之缓缓插入雪中。

1988 年 3 月，中日尼三国一支 356 人组成的联合登山队，兵分两路分别在珠峰南北侧安营扎寨，大本营还建立了世界上最高的卫星地面站，经过长期的准备，可搬运氧气瓶、煤气罐、食品和登山器械等。到 5 月 1 日，南北侧双方第一突击队开始向高山营地挺进。当天北侧队员到达海拔 7190 米的五号营地，南侧队员到达海拔 6700 米的二号营地。至 5 月 4 日下午，两侧突击队员均登上海拔 8500 米以上的突击营地。

5 月 5 日中午 12 时 42 分，北侧队员成功攀上顶峰，当时山上刮着 8 级风，气温零下 30℃。为了争取与南侧队员会师，他们几人耐心等待，可 90 分钟过去了，南侧队员依旧未上，他们不能再等了，便开始实施伟大的跨越——从南侧下山。下午 15 时 53 分，南侧队员终于登顶，此时北侧最后一批队员正向顶峰进发。16 时 05 分，南北侧队员终于会师，双方热烈拥抱。

17 时整，从南侧上来的 3 名队员开始向北侧跨越，最终实现了人类从南北两方双跨珠穆朗玛峰的伟大梦想，完成了世界登山史上一次划时代的大跨越。当晚，中日尼三方 12 名登山队员都安全返回了突击营地。6 项新的高山探险纪录在同一天诞生了：人类第一次跨越了珠峰；人类第一次在世界最高峰顶峰会师；人类第一次电视转播登山现场实况；人类第一次在珠峰上空用飞机拍摄登山场景；人类第一次一天内 12 人登上珠峰峰顶；人类第一次在珠峰峰顶停留达 90 分钟。

珠峰的魔力

喜马拉雅山是世界最年轻的山脉之一，由许多平行的山脉组成，东西全长为 2450 公里。由北向南分为柴斯克山、拉达克山、大喜马拉雅山、小喜马拉雅山和西瓦利克山等 4 带，主脉以大喜马拉雅山最为高峻。最高的就是海拔为 8844.43 米的珠穆朗玛峰。它是世界的最高峰，是世界之巅。

北纬 30° 上并不是最初就拥有世界最高峰的，那么是什么魔力使珠峰在此成为世界之巅的呢？

关于喜马拉雅山的形成，藏族民间还流传着一个传说：据说在很久以前，这里是一望无际的大海，岸边长着茂密的森林，一些动物在这里自由自在地生活着。突然有一天，从海里来了一条长着 5 个头的毒龙，毒龙将整个森林都糟蹋了，森林里的动物们忽然间失去了自己的家园，个个都处于绝望之中。这时，5 个仙女从天而降，她们施展法力，降服了五头毒龙。动物们感恩不尽，哀求5个仙女留下来共享太平之日，她们欣然同意，只听她们向大海大喝一声，大海不见了。于是，东边成了茂密的森林，西边成了万顷良田，南边成了花草茂盛的花园，北边成了无边无际的牧场，5个仙女则变成了喜马拉雅山的5个主峰，屹立在西南部边缘之上，守卫着这幸福的乐园。住在最高峰上的是名叫珠穆朗桑玛的三姐，因而这座山峰就叫“珠穆朗玛峰”或“第三女神”，当地人也叫它“神女峰”。

地质学家的研究证明，大约在两亿年以前，珠穆朗玛山区以至整个喜马拉雅山一带是一片汪洋，是被称为“特提斯”的大海。珠穆朗玛峰是在随后发生的一系列造山运动中升起来的。不过，它的南面与北面长期仍在海水以下，直到离现在7000万—100万年的第三纪末，它才逐渐脱离海洋的范围。珠穆朗玛峰从那时起就如青春期的少女，一直在长个子，变得越来越苗条，从第四纪冰期以来已经上升了约1400米。如今，它已是地球上最年轻、最高的山峰。

珠峰被抬升是板块挤压造成的。根据板块构造理论，地球像个排球，表层是由一些板块合并而成的。这些板块就像浮在海面的冰山，在熔融的地幔岩浆上漂浮运动。地球表层主要有6个基本板块。

六大板块中，印度半岛属澳大利亚—印度板块，青藏高原则属于亚欧板块，两大板块相邻的地带便是地壳运动激烈地带。由于澳大利亚—印度板块包含了印度洋海底，而海底是扩张的，它推动大陆漂移，所以印度半岛便向北运动，挤压亚欧板块，隆起了喜马拉雅山脉。

由于海底不断扩张，所以喜马拉雅山脉不断增高，逐渐成了地球之巅、高峰林立之地。

关于喜马拉雅山的隆起，还有不同的说法。

1950年，瑞士地质学家海根认为喜马拉雅山脉庞大的结晶岩石主脉不断升高，是由于印度板块的不断挤压，迫使此核心区的岩石向上升。

还有的地质学家认为，结晶岩石山峰惊人上升，是地球不停走向“地壳均衡”的反应：如果地壳某处下降，另一处就会上升。究竟哪种说法更合理，至今仍处于学术上的研讨、争论之中。

神女峰的恩惠

珠峰气候恶劣是人们经常听说的，可你是否想过，珠峰上巨大的冰川为人类带来了什么？当你在冰塔林中为千姿百态的冰幻世界所陶醉时，可曾想到过“第三女神”对人类的恩惠，可曾了解到这座座冰塔和条条冰川正是“第三女神”为人类造就的固体乳汁？

据冰川水文学家测量表明，珠峰南北坡共有冰川 600 余条，面积约 1600 平方公里，冰储量约达 1500 亿立方米，淡水储量近 1400 亿立方米。绒布河年流量达到 1.54 亿立方米，其中冰川径流占 67% 左右，是极为宝贵的淡水资源。

珠穆朗玛峰不仅塑造了奇幻的冰雪世界，而且为人类造就了宝贵的固体水库——冰川，从而调节着绒布河水的流量，灌溉着成千上万亩的土地，供养着河流流域的人类和生物。当珠峰地区于春季降水时，海拔 5000 米以上为低温降雪，瑞雪堆积在高海拔山谷中，逐渐靠重力压挤成冰；而在海拔 5000 米以下有时则为降雨，直接注入绒布河床中向北流去。当春夏高温干旱时，农田和牧场急需用水，冰川上的冰雪在高温下融化成水，涓涓流入绒布河，给农牧业送来了“及时水”。

珠峰地域凭借特有的高度和地表状况，经常把从太阳辐射吸收的热量再传播四方，温暖着人们赖以生存的空气。人们多年在珠峰东西两侧同纬度的 600 公里处观测空气温度变化，发现了一个有趣的现象。

春季，当珠峰附近地区盛行着强烈的西风时，位于其东侧600公里处的空气温度在海拔6000—10000米的高度平均要比珠峰西侧600公里处同高度的空气温度高出2℃—3℃。

夏季，当珠峰附近地区转而盛行东风时，情况完全变了：位于其西侧600公里处海拔6000—10000米内空气温度反比其东侧600公里处的空气温度高。也就是说，处于珠峰下风方向的空气温度都要比其上风方向的气温高。

珠峰地区对大气加热状况的变化可以说明上述现象的原因。

根据珠峰地区的观测资料，按照气象学上地面与空气交换热量的公式计算可得出，珠峰地区大约5000平方公里的范围内，从春季到夏季各月分别向大气输送的热量可达1.5亿至2亿千瓦，几乎接近我国长江三峡水库各月的总发电量。如此巨大的热量随风传向下风方向，可使下风方向600公里内面积约1.2万平方公里上空的整层大气平均每天升温2℃—3℃。

上面简单的计算分析说明，至少在春季和夏季，慈祥的“第三女神”时刻在用自己的身躯从太阳辐射中吸收热量，再去温暖四周的空气，让地球的子孙得到充足的温暖。多么可敬可爱的“第三女神”啊！

珠峰雄踞于喜马拉雅山之上，气势雄伟，直耸云天，远在100公里之外，人们用肉眼就可看见它那宝塔形的峰体。珠穆朗玛峰是位慈祥的“第三女神”，多少年来胸怀宽广的她毫不吝啬地给了人类无数的恩惠。

珠峰为什么会“变矮”

众所周知，被誉为“地球第三极”的珠穆朗玛峰是世界最高峰，海拔8844.43米，由于处于印度板块与欧亚板块的碰撞地带，每年依然以1厘米的速度“长高”。然而，最近我国科学家却发现，令人敬畏的世界之巅居然在过去的 33 年中持续下降，这让所有的人大吃一惊！

伴随着测量技术的发展，过去 30 余年来，中国科学院院士陈俊勇等科学家利用天文、重力、激光测距、GPS 等先进的技术手段，对珠峰的高程值先后进行了 5 次越来越精确的测量。1992 年，科学家所测得的珠峰雪面高程的最终计算值是 8849.04 米，而 1999 年第五次观测的结果则下降为 8848.45 米。1999 年的观测值和 1966 年相比少了 1.3 米，这表明了珠峰“变矮”了。那么，珠峰变矮的原因是什么呢?

有人认为，印度板块和欧亚板块的运动发生了变化，使珠峰长高的势头受阻。然而陈俊勇院士在研究中却发现，印度板块仍在向北推进，仍然是形成青藏高原及其周围地区强烈变形的主要动力来源。而且珠峰地区在印欧板块推动下的整体抬升过程中呈波浪式的起伏，上升的速率并不均匀恒定。陈院士得出珠峰地区上升的速率不固定的结论，这恰恰说明了珠峰抬升的趋势没变。

既然珠峰依然在缓慢长高，为什么还会失去 1.3 米的高度？陈院士认为这应该是珠峰冰雪面变化造成的。他指出，珠峰雪面下降的幅度并不平衡，并且随着季节的变化而消长。夏天雪面向下降，冬天大量降雪又使雪面增高，但雪面高度的总体趋势是下降的。

有的学者认为，冰雪密实是导致珠峰变矮的罪魁祸首。他们指出，“密实化”是指一个积雪转变为冰层的过程，它有两种物理机制：一种是在气温高的情况下，雪在白天化成水，晚间气温降低，再变成冰；另一种就是雪层不断变厚，底层雪在不断增加的压力之下变成冰。如果气温升高，雪变成冰的速度就会相当快。但是珠峰峰顶常年温度都在 0℃以下，所以绝对不可能是降雪先融化成水再冻成冰。珠峰顶部积雪的密实过程无疑是第二种密实过程。虽然珠峰顶的积雪不会融化成水，但气温升高仍可加速密实化过程，而雪变成冰，厚度是减小的。

其实，“密实化”并不能彻底揭开珠峰“变矮”之谜，因为积雪密实过程中其实还是有很多细节说不清楚的。

至于珠峰上的冰雪层的厚度，专家众说纷纭，这也让“密实化”发生作用的具体情况更加扑朔迷离。1975 年我国科学家测量珠峰峰顶的雪深是 0.92 米，可是意大利登山队用测杆观测到的雪深数据是 2.5 米。姚檀栋研究员认为使用这种办法是不能测得雪的真正厚度的，更不要说冰的厚度了。他提出珠峰顶部冰雪厚度要远大于 2.5 米，可能在 10 米到几十米之间。珠峰顶部冰雪到底有多厚，仍然无法确定。

有学者指出，珠峰高度变化和全球变暖、温度升高有关。他们认为，全球变暖引发的密实化加快是珠峰降低的重要因素。康世昌研究员表示，用全球气候变暖来解释珠峰冰雪层高度降低代表了正确的研究方向，但是珠峰顶上的雪和冰的厚度到底是多少，峰顶的物质如何损失掉，这些仍有待于进一步的探索。

第二十章
世界最大的沙漠——撒哈拉

世界上的沙漠有很多种，有的是连绵起伏的沙海，有的是广阔多石的平原，有的是四处布满碎石的山区。有的沙漠非常炎热，有的沙漠却极其寒冷。闻名于世的撒哈拉沙漠是世界上最大的沙漠，是一片沙的海洋，其位置竟然也处在北纬 30° 线上。

一提起沙漠，人们眼前立即浮现出沙丘起伏、茫茫无垠、狂风大作、飞沙走石、荒凉无比的景象。然而，非洲的撒哈拉沙漠却在 1998 年被评为全球 13 处全球最引人注日的旅游胜地之一，这确实令人不可思议。

据说，这个大沙漠的前身是一片绿洲。那么，绿洲为什么会变成沙漠？最初的黄沙又来自何方呢？

撒哈拉奇观

撒哈拉沙漠是世界上最大的沙漠。阿拉伯语“撒哈拉”就是“大荒漠”的意思。其位于阿特拉斯山脉和地中海以南，约北纬 14° 线(250 毫米等雨量线)以北，西起大西洋海岸，东到红海之滨；横贯非洲大陆北部，东西长达 5600 公里，南北宽约 1600 公里，面积约 960 万平方公里，约占非洲总面积的 32%。

撒哈拉沙漠雨水稀少，使得沙漠中的动植物与其他地方的动植物大不相同。此外，尤其值得一提的是撒哈拉沙漠独有的奇特自然景观。

撒哈拉沙漠作为世界上最干旱的地区之一，年平均降水量仅有 100 毫米。在这里，水显得格外重要，不是“滴水贵如油”，简直是“滴水贵如金”。在撒哈拉沙漠南部的贝莱山区，曾经发生过这样一件事情：一位法国将军在一次飞行中因飞机出现故障，被迫跳伞落地，由于找不到饮用水，他最后渴死在山脚前的沙漠里，后来人们用将军的名字将这个地方命名为“贝莱山”。撒哈拉沙漠给过往的行人和商贾不知增添了多少困难。行人商贾在穿越沙漠之前，总是要进行一番精心的策划，严格按照沿途有水源的位置和距离决定自己的行动路线，许多地区是几百公里范围内都没有水源，不知有多少人因沿途找不到水而渴死在茫茫沙海里。有的人即使已经到了水源边上，也会因干渴力竭喝不到水而惨死在水源旁边。

撒哈拉沙漠的另一大特点是炎热。它是世界上少有的酷热地区，最热时期月平均温度高达 32℃至 37℃，白天中午的温度时常保持在 50℃以上，有时甚至高达 58℃，许多地方的地面温度实际达到 70℃。此时将鸡蛋放在沙地上，不到一个小时就能烤熟。

“白昼烈日如火，夜晚寒风似刀”的奇特自然现象是撒哈拉特有的，其一天之内的温差可达到 50℃以上。那里经常是清晨太阳初升之时，温度约 16℃到 17℃，凉爽宜人；中午太阳火辣辣的，温度达到 50℃以上，酷热难耐；傍晚太阳下山之后，温度又降回 16℃到 17℃；深夜之时，温度骤然降到 0℃以下，在起伏的山区一带，那些石头被冻得发出啪啪的炸裂声音，就像放鞭炮一样。

风多、沙多是撒哈拉沙漠最大的特点。撒哈拉沙漠地区经常刮北风或东北风，风速达每小时四五十公里，狂风乍起，黄沙劲舞，天昏地暗，热浪滚滚。

有时遇上强劲的沙暴，一连刮几天几夜不停息，沙漠中的道路早被埋得无影无踪。长期生活在沙漠里的人们，一旦发现有沙暴来临的信号，立即停止一切活动，急忙躲到避风之处，赶紧用长袍的袖子将耳目和口鼻遮盖得严严实实，一旦被细沙塞满耳目或口鼻，极易出现窒息而死的情景。

撒哈拉的茫茫沙海，一望无垠，红、黄、白、灰等颜色的沙粒交相辉映，绮丽壮观。尤其是那些红色的沙粒，颗粒大，分量重，不易被风刮走，日久天长便形成沙丘。那些细小的沙粒则淤积在红色沙丘之间的低凹地方，沙面红白相间，起伏有致。这些沙丘高矮不一，多数高度在 20 米至 30 米，远远望去就像弯弯的新月，而且顺着一个方向排列，当地人称之为“新月沙丘”。在这些沙丘地带，偶尔可以看见一丛丛矮小、枝叶干细的灌木，形同月球上的“玉兔”。

世界上的任何事物都如同硬币一样具有两面性，撒哈拉沙漠也不例外。撒哈拉虽然天气炎热，单调而荒凉，使沙漠地区的居民祖祖辈辈过着贫困艰辛的生活，但他们却极少受到某些疾病的困扰，这与他们长期以来坚持热沙健身防病的做法大有关系。

据有关的医学专家鉴定，撒哈拉沙漠里的细沙含有丰富的钙、镁、铁、钾、钠、硒、锌、锶等微量元素以及大量磁铁矿物质，这些微量元素对于治疗风湿性疾病有着非常显著的疗效。许多疾病，如慢性腰腿痛症、各类关节炎、坐骨神经痛、肩周炎、骨质增生等，在当地绝少发生，这是因为当地流行的热沙民间疗法发挥了明显的作用。另外，当地人如果患有某些皮肤病、脉管炎症等，均采用热沙疗法，疗效非常显著。

此外，撒哈拉沙漠的矿藏资源尤其丰富。20 世纪 50 年代以来，沙漠中陆续发现丰富的天然气、铁、锰、磷酸盐等，而最引人注目的便是石油资源。据勘探表明，这一地区的石油储量达 44 亿吨，是世界上的大型石油产区之一。除石油之外，撒哈拉沙漠地区还蕴藏着大量放射性物质——铀，尼日利亚已经在沙漠地区开发出世界闻名的艾尔铀矿，并且找到了储量异常丰富的铀矿大矿脉。

矿产资源的大规模开采，改变了该地区一些国家的经济面貌，如利比亚、阿尔及利亚已成为世界主要石油生产国，尼日尔成为著名产铀国。

另外，撒哈拉沙漠的太阳能更是一项取之不尽、用之不竭的资源。昔日被人们称为不毛之地的撒哈拉沙漠，如今已经被视为“能源和矿产的宝库”，无论是在非洲国家的政治上，还是在经济上都占有极其重要的地位。

撒哈拉沙漠中也出现了公路网、航空线和新的居民点，许多祖祖辈辈靠游牧为业的人们开始过上了定居的生活，绿洲上的许多农牧民进了工厂，当上了技术工人，使得传统的游牧业和绿洲农业生活方式发生了巨大的变化。

被“沙海”吞噬的远古文明

据考证，在公元前 6000 年至前 3000 年的远古时期，撒哈拉大沙漠是一片绿色的平原，非洲居民在这片绿洲上创造了最古老和最值得骄傲的灿烂文化。那么，是什么原因使当年的绿洲变成了“穷荒绝漠鸟不飞，万渍千山梦犹懒”的千里沙海呢?

1850 年，德国青年探险家巴尔斯首次发现了撒哈拉沙漠上的神奇壁画，画上有水牛、犀牛、河马等动物，唯独没有他苦苦追寻的“沙漠之舟”——骆驼的岩画。沙漠中出现这些水牛的岩画，说明远古时期这一带存在着适合水牛生存的自然环境，一定有游牧民族在这一带生活和居住过。而骆驼作为沙漠的象征，具有比较特殊的生理结构，能够适应艰苦的沙漠生活，尤其是它那种耐饥耐渴的能力，更是人类所望尘莫及的。另外，骆驼全身都是宝，它的肉可食用，皮可以制成帐篷，毛是制作地毯或毛毯的上等原料……尤其重要的是，骆驼是沙漠地带不可或缺的运输工具，被人们形象地称为“沙漠之舟”，也有人称之为沙漠中的“卡车”。

巴尔斯回国后，发表了一篇考察文章说，水牛、犀牛、河马这些水中动物是与草原绿洲相联系的，而与沙漠结缘的骆驼的岩画却在同一时期没有出现，这说明撒哈拉沙漠在远古时期是一片草原绿洲地区，并不是一片干旱荒凉的茫茫沙漠。巴尔斯进一步指出，撒哈拉沙漠地区分为水牛时期与骆驼时期两个历史自然阶段，撒哈拉沙漠存在着草原时期和沙漠时期的明显界限。

接着，考古学家连续在撒哈拉沙漠地区获得新的发现。他们在沙漠地区发现了许多河流的遗址，并且获得大量鱼骨骼和生物的化石。这些考古成果说明，在远古时期撒哈拉沙漠地区是一片草原，河网密布，湖泊众多。

有考古学家断言，撒哈拉沙漠底层埋葬着大量的动植物遗体，使这一地区蕴藏着丰富的石油资源。到了 1936 年，人们终于在撒哈拉北部地区勘探出大储量的油气田。这有力地证明，如果这一地区自古以来就是沙漠地区，绝不可能蕴藏着如此丰富的石油。考古学家们还在恩阿杰尔地区发现了大量栎树和雪松的化石，这说明这些树木在 6000 多年以前曾经生长在这一带。

1981 年 11 月，飞越撒哈拉的美国航天飞机利用遥感技术，发现了茫茫黄沙下埋藏着的古代山谷与河床。随后，地质工作者通过实地考察证实了沙漠下面的土壤良好，并且发现了古人的劳动工具和生活用品。这些古人的生活年代早在 20 万年前，迟也在 1 万年前。

于是，人们认为，大约在 6000 多年前撒哈拉曾处于高温和多雨期，以塔西利台地为起点，南到基多湖畔，北到突尼斯洼地，构成了庞大的西北陆网。台地在多雨期出现了许多积水池，沿着这些积水池，各种各样的动植物繁殖起来，撒哈拉文化也因此得到高度发展，并曾昌盛一时。

可见，撒哈拉地区以前确实是绿洲，那么撒哈拉地区何时由桑田变成了沙海，原因是什么呢？也就是说，撒哈拉史前文明又是怎样开始衰落的呢？

科学家们发现，大约在公元前 3000 年以后的撒哈拉壁画里边，那些水牛、河马和犀牛的形象逐渐消失了。这就说明，那时候的撒哈拉地区的自然条件正在发生变化。到了公元前 100 年，撒哈拉地区所有的壁画几乎快要停止增加了，说明撒哈拉地区的史前文明开始彻底衰落了。科学家们经过分析和研究后认为，估计是那时候水源开始干涸了，气候开始变得特别干旱了，要不就是发生了饥荒和疾病。

经过科学家们测定，山洞里边的骆驼形象大约是在公元前 200 年出现的。也就是说，至少在公元前 200 年时，撒哈拉就变成了一片茫茫的沙漠。

但是，撒哈拉地区作为非洲远古文明的"河流乐园"，又是如何变成沙海的，非洲远古居民又怎能眼睁睁看着自己亲手创下的远古文明被沙漠侵吞呢？还是发生了无法阻挡的自然灾害？

对于绿洲变为千里沙漠这个问题，地质学界提出了人为成因和自然成因两种对立的观点。

前者认为，这片土地自古以来自然条件就很恶劣，一直经受着太阳的暴晒和季风的侵扰。之所以会有绿洲变沙漠的结果，是人类自身的活动所致。据分析，这里的人们犯了一个难以挽回的错误：远古时代撒哈拉诸部落为了扩大自己的政治与经济实力，无节制地烧木伐林，放养超过草原承载能力的牲畜，人口也越来越多。若干世纪下来，随着人口的增多，田地变广了，牲畜也变多了，绿色原野渐渐地就无法负荷了，于是森林锐减，草原枯萎，土地沙化，最后就演变成了大沙漠。

后者也有两种看法。有的认为，这是自然条件变化的结果。因为这一带气候极其干燥，日照时间特别长，最热的几个月中平均温度为 30℃，地表温度更是高达 70℃。此外，这里还受到一股被称作"哈马丹"的东北风的影响。这种风终年不停，吹起来使整个地区天昏地暗、飞沙走石，再好的植被也会被扫荡一空，无法留存。有人认为，这是地质历史大周期的转折，改变了撒哈拉的古气候环境，使之年均降水量由 300 毫米左右突然降至仅 50 毫米，于是河水枯竭，由岩石碎屑构成的沙砾层完全裸露在烈日之下，在年复一年的风化剥蚀下，大量的碎屑变成可以被风刮走的沙粒，旧的沙粒被风吹送到远方，积聚、连接成一片，新的沙粒继续产生——直到有一天，厚厚的沙粒铺盖在地面上，于是沙漠形成了。

也有人认为，撒哈拉沙漠的植被特点促使了撒哈拉地区的沙漠化。撒哈拉沙漠里的植物有一个突出的特点，就是根系非常发达，也许露出沙层的部分仅有一两米，但根部可能长达 20 多米，弯弯曲曲地伸入到沙层的深处，千方百计地吸收沙层深处的水分。

以上几种说法，也只是人们的种种猜测，关于撒哈拉绿洲是如何变成沙漠的，这个问题至今还没有找到正确的答案。

追寻撒哈拉的文明

提到撒哈拉这个名字，就令人想象到人兽困在沙里，饱受日炙，干渴而死的惨状。但是，撒哈拉这个世界最大的沙漠曾是一片雨水充足、溪流潺潺、草木繁茂的肥沃土地，大象、羚羊和其他动物在那里自由自在地生长，人类也在那里定居，饲养牲畜，种植五谷，并且创造了生动的艺术作品。

近 10 年来，那些苦于喧闹、烦躁城市生活的人们，尤其是那些深受污染之苦的西方国家城市居民们，纷纷来到撒哈拉沙漠，宿在沙漠绿洲上的民宅里，品尝着新鲜的枣椰果，目睹奇特的沙漠景色，观看别开生面的骆驼赛跑。

除此之外，这儿还有奇特的民俗风情在吸引着众多游客。

但人类自有文字记载的历史以来，一直认为撒哈拉是一片不宜人居的神秘地方，提起来就令人生畏。大约公元前 430 年，希罗多德最先提到撒哈拉，他把撒哈拉描绘成一片大漠，有许多高沙丘和广阔的无水地区，有散在各处的盐堆，还有行为古怪、风俗奇特的民族生活其中。

今天，撒哈拉的情形并没有多大的改观，不但无路可通，并且气候奇特，散居在沙漠各地的 200 万居民生活非常艰难。持续的干旱，加上水井越挖越深，地下水位急速下降，同时沙漠居民无节制的放牧，使撒哈拉境内几片肥沃之地受到风沙侵蚀，渐渐变为不毛之地。现代的科学技术也难以扭转这一趋势。

然而，撒哈拉并不像一般人想象那样，是一片无垠的沙海。大漠的表面只有 1/4 为连绵不断的沙质沙砾，其中有高达 225 米的沙丘。其余部分有铺满砾石的地区、满地圆石的平原，此外还有几片绿洲、一些相当高的山。

据有关资料记载，早在新石器时期，撒哈拉沙漠地区就已经居住着黑色人种，现在的沙漠绿洲居民，如费赞人、伊拉拉丁人等，就是他们的后裔。就在西方殖民主义者进行黑人奴隶贸易期间，逃到沙漠绿洲上的黑人骤然增多。后来也有一些柏柏尔人和阿拉伯人陆续迁到沙漠绿洲居住。柏柏尔人受阿拉伯人的影响较大，大多数使用阿拉伯语，信奉伊斯兰教，但也有一些保持着自己民族的传统语言和生活习惯。从生活结构来看，黑色人种大多数是定居人口，分布在水源充足的绿洲上，经济活动以绿洲农业为主，种植着枣椰树、粮食作物和蔬菜。柏柏尔人和阿拉伯人多数是游牧民，他们追逐水草，放牧为生。也有一些人过着半农半牧的生活，以游牧业为主，也在绿洲上或干涸的河床中移植枣椰，一年中有部分时间用来收获这些枣椰果。

如今撒哈拉沙漠以其博大的胸怀，接纳了来自世界各地的探索者，同时以其绮美秀丽的风光，吸引了世人的目光。撒哈拉沙漠周边国家纷纷利用沙漠粗犷的风格、独特的景观，大力投资，兴修旅馆，建立旅游点，发展旅游事业，取得了可喜的成果。

撒哈拉沙漠作为世界第一大沙漠，正处于北纬 30° ，难道这仅仅是个巧合，或者说是上天的安排？神奇的沙漠壁画能为我们解开这个谜，也就是说，在这极端干旱缺水、土地龟裂、植被稀少的土地上，有着曾经一度繁荣昌盛的远古文明。沙漠上许多旖旎多姿的大量壁画，就是这远古文明的结晶。

沙漠壁画之谜

撒哈拉沙漠是世界上最大的沙漠，气候恶劣，温差极大，是一个人迹罕至的地方。正因为如此，它极大地刺激了探险家的欲望，也成了探险家的乐园。然而，令现代人迷惑不解的是，在这极端干旱缺水、土地龟裂、植物稀少的旷地，竟然曾经有过高度繁荣的远古文明——许多绮丽多姿的远古大型壁画。

1933 年，法国殖民军的两个军官科尔提埃大尉和布雷南中尉在阿尔及利亚南部地区巡查的时候，偶然在撒哈拉沙漠中部的塔西里高原上发现了精美奇异的、刻在岩石上的壁画，有猎人、车夫、大象、牛群以及宗教仪式和家庭生活场面。于是，布雷南中尉用速写的方法描下了一些壁画上的场景。回国后，他把这些图画公布于世，立即引起了极大的反响。

人们惊叹，这是盛极一时的远古文明，撒哈拉沙漠由此吸引了探险家的眼球，成了众多探险家关注的热点。法国人亨利·诺特就是其中一个追梦者。

亨利·诺特是一个孤儿，是在艰苦的环境下长大的。后来，他当了飞行员，又因一次偶然的事故，失去了听力，不得已才结束飞行生涯。但是，他对撒哈拉沙漠的向往却始终没有改变。特别是布雷南中尉带来的速写壁画，更是深深地吸引了他。他一直渴望组织一支考察队到塔西里去，把沙漠中的壁画按原来的大小和色彩临摹下来。

1956 年，亨利·诺特带领着一支法国考察队来到撒哈拉大沙漠，在阿尔及利亚的阿哈加山脉和恩阿哲尔高原地区进行考察。他们经过几个月的艰难跋涉，最后饮水喝完了，大部分队员生了病，实在是没有办法再往前走了。亨利·诺特决定呼叫飞机前来救援，放弃这次考察计划。没想到，就在这时，他们忽然发现了一些古代的山洞。亨利·诺特和队员们立刻忘记了劳累和病痛，动手挖掘了起来。结果，他们除了找到一些古代山洞，还找到了一条隧道。在那些山洞和隧道里，他们找到了大约 1 万件壁画作品。亨利·诺特和队员们一看，这些壁画作品的色彩太丰富了，而且有着各种各样的图案，实在是太珍贵了。他们忍受着严寒和酷暑、缺水和孤寂，用了两年多时间，终于临摹了 1500 平方米的壁画。壁画是由许多组画组成的，最早的大约创作于 1 万年前，最晚的大约在公元前后，前后延续近万年时间。这些壁画群生动地反映了当时撒哈拉地区的生活情景和社会风貌，再一次轰动了考古界。

回到巴黎后，他把临摹抄本在卢浮宫展出，立即引起了轰动。人们看到了远古时代人类祭神的场面、狩猎的情景、举办宴会的盛况，还看到了栩栩如生的田园风光。

在这近万件壁画作品中，群体人物形象占有相当大的分量。有很多人是雄壮的武士，表现出一种凛然不可侵犯的威武神态。他们有的手持长矛、圆盾，乘坐着战车，似乎在迅猛飞驰。画面中的人物有的头戴巾帽，身缠彩带，扭动身躯，尽情舞蹈；有的排成整齐的队伍，演奏着各式乐器，场面宏大；有的似作献物状，像是欢迎“天神”降临；有的翩翩起舞……从画面上看，舞蹈、狩猎、祭祀和宗教信仰是当时人们生活和风俗习惯的重要内容。很可能当时的人们喜欢在战斗、狩猎、舞蹈和祭礼前后作画于岩壁上，借以表达他们对生活的热爱。

画面中引人注目的是，有的人物正面凝视，气宇不凡，带有高贵而尊严的气质；其四周站立着众多弓背弯腰的人物，俨然一副受训或受罚的姿势，反映出当时的社会已经出现贫富分化和等级对立。

然而，画中的有些内容，特别是一幅巨人画像，让人百思不得其解。它有 5 米多高，长着长长的四肢，没有鼻子，眼睛倾斜，头上还戴着球形的大头盔，穿着厚重笨拙的衣服。人们认为巨人穿着衣服和戴着头盔的形象很像外星人的模样，就给他起名叫“火星神”。

壁画群中动物形象颇多，千姿百态，各具特色。动物受惊后四蹄腾空、势若飞行、到处狂奔的紧张场面，栩栩如生，创作技艺高超，可以与同时代任何国家杰出的壁画艺术作品相媲美。

那么，古人为什么要在岩石上创造出这些硕大无比、气势磅礴的壁画群呢？是在什么年代绘制的？是什么力量指使古人在那么长的时间内连续作画的？刻制巨画又为了什么？作画人是谁？难道真是天外来客留下的遗迹？

人们不仅对壁画的绘制年代难以稽考，而且对于画中那些奇怪的形象也茫然无知，撒哈拉沙漠壁画因此成为人类文明史上的一个谜。

壁画不但内容丰富多彩，而且表现形式或手法相当复杂。从笔画来看，其较粗犷朴实，所用颜料是不同的岩石和泥土，如红色的氧化铁，白色的高岭土，赭色、绿色或蓝色的页岩等。他们是把台地上的红岩磨成粉末，加水作颜料绘制而成的，由于颜料水分充分渗入岩壁内，与岩壁的长久接触而引起了化学性变化，最后融为一体，因而画面的鲜明度能保持很长时间，几千年来经过风吹日晒仍鲜艳夺目。这是一种颇为奇特的现象。

那么，在今天极端干燥的撒哈拉沙漠中，为什么会出现如此丰富多彩的古代艺术品呢？有些学者认为，要解开这个谜，就必须立足于考察非洲远古气候的变化。据考证，距今约 3000—4000 年前，撒哈拉不是沙漠而是湖泊和草原。

约 6000 多年前，撒哈拉处于高温和多雨期，各种动植物在这里繁殖起来。只是到公元前 200 至公元 300 年左右，气候变异，昔日的大草原终于变成沙漠。

那么，是谁创造了这神奇无比的壁画呢？尤其令人不解的是，在恩阿哲尔高原丁塔塞里夫特曾发现了一幅壁画，画中人都戴着奇特的头盔，其外形很像现代宇航员的头盔。为什么头上要罩个圆圆的头盔？这些画中人为什么穿着那么厚重笨拙的服饰？

说来也巧，美国宇航局对日本陶古进行研究，竟然意外地披露了一点撒哈拉壁画的天机。

日本陶古是在日本发现的一种陶制小人雕像。陶古是蒙古服的意思。这些陶古曾被许多历史学家认定为古代日本妇女的雕像。可是美国宇航局科研人员经过鉴定，认为这些陶古是一些穿着宇航服的宇航员。这些宇航服不但有呼吸过滤器，而且有由于充气而膨胀起来的裤子。科学工作者的这个鉴定结果，除来自对陶古的认真研究外，还把一段神话传说当作了参佐的依据。日本古代有个奇妙的关于“天子降临”的传说，有趣的是，恰恰在这个传说出现 100 年后，日本有了陶古。人们有理由认为，传说中的“天子”也许正是外太空来的客人，而陶古恰恰是古代日本人民为这从天而降的“天子”——宇航员所塑的肖像雕塑。

假若日本陶古真的是宇航员，那么撒哈拉壁画中那些十分相似的服饰，为什么不可能是天外来客的另一遗迹呢！

我们把超于人力的一切称之为神，那是因为我们认为外太空的生命有可能曾经在我们的地球上驻留过，正像我们在月亮和火星上曾留下地球人的标志一样。如果真有太空人的话，我们愿意把太空生命留下的痕迹称为神迹，那是因为这些痕迹给我们提供了许多值得研究的课题，给人类留下很多难解之谜。

第二十一章
世界第二长河——中国的长江

世界几大河流都在北纬 30° 入海，世界第二长河——中国的长江就是其中之一。长江承载的文明从古至今从未间断，其现在仍是最有历史文化价值的河流之一。那么，这条纬度带上的河流有什么神奇的力量，导致其文明产生的原因又是什么呢？

追溯长江之源

长江是我国主要的河流之一。俗话说，河有头，江有源，长江的源头究竟在哪里呢？从古至今，人们探寻长江源头的脚步从未停止过。

早在战国时期，《尚书·禹贡》已经提到“岷山导江”了。这本来是说大禹治理长江，施工曾达岷山，但也包含着认为长江发源于岷江的意思，即岷江是长江的源头。《山海经·中山经》也有“岷江，江水出焉，东北流，注于海”的记述。由于《尚书·禹贡》是儒家的必修经书，因而“岷山导江”之说影响久远。

西汉武帝时通西南夷，在今四川南部和云南、贵州立了一批郡县，人们对西南地区的地理知识比以前增多了，于是发现了若水(今雅砻江)和绳水(今金沙江)。当时已经知道绳水远远长于岷江，但《尚书·禹贡》是“圣人之典”，虽然发现了比岷江更长的绳水，一般人仍沿袭前人之说，认为岷江为江源。

唐初，文成公主入藏，加强了汉、藏民族间的往来。由于入藏通道要经过今天的通天河流域，因此当时人们的认识范围已经扩展到金沙江上游了。宋元时期，人们对江源的认识没有多大的进展。

明朝末年，著名的地理学家徐霞客克服艰难险阻，在对云南山川进行实地考察的基础上，著成了《江湖考》(又名《溯江纪源》)一文，鲜明地主张把金沙江作为长江的正源。他论证道：“岷江经成都至叙(今宜宾)不及千里，金沙江经丽江、云南乌蒙至叙，共二千余里”，认为岷江汇入长江就像渭河流入黄河一样——岷江只是长江的一条支流而已，从而明确提出“推江源者，必当以金沙江为首”的著名论断。当时，著名文人钱谦益说：徐霞客论江源“能被桑经、郦注及汉宋诸儒疏解《禹贡》所未及”，评价是相当公允的。不过，根据现有的记载推测，徐霞客最远只到了云南丽江的石鼓，再也未能溯江而上，离江源还非常遥远，江源还有待于后人的发现。

清朝康熙后期，为了编制精确的全国地图，曾多次派人探测青藏地区，包括江源在内。因此，朝廷内府地图《皇舆胜览》上明确地标示金沙江上源为“木鲁乌苏河”。不过，使臣在 1720 年到达江源地区时面对密如鱼网的众多河流，不知所以，只好在奏章里写道：“江源如帚，分散甚阔”，就是说那里的河流多得就像扫帚一样，千头万绪，不知长江的源头究竟在哪里。可见，这个时候对江源地区河流的认识还是模糊的。

在中国近代史上，帝国主义分子也觊觎长江这块宝地，不同国籍的所谓探险家们曾经多次踏上青藏高原。沙皇俄国军官普尔热瓦尔斯基在 1867—1885 年的 18 年间，曾 5 次率领武装“探险队”窜入我国新疆、青藏地区活动，其中有两次到达通天河上游。1889 年和 1908 年，沙俄又派科兹洛夫率人两次经过柴达木盆地，翻越巴颜喀拉山，来到通天河北岸。1892 年，美国人洛克希尔更深入到现在青藏公路西侧的尕尔曲。1896 年，英国人韦尔伯曾到达楚玛尔河上游的多尔改昏。瑞典著名探险家斯文赫定也曾到达柴达木盆地的南缘昆仑山附近。他们虽然都已到达了江源地区，但都未能到达长江源头。

晚清及民国年间，涉及江源水系的著作很多，1946 年出版的《中国地理概论》是一本有代表性的著作。书中写道："长江亦名扬子江，源出青海巴颜喀拉山南麓……全长一千八百公里，为我国第一巨川。上游于青海境内有南、北两源，南源日木鲁乌苏，北源日楚玛尔。"既然黄河发源于巴颜喀拉山北麓，而长江又源出该山之南，于是便有了"江河同源于一山"、"长江和黄河是姐妹河"之说，当时的中小学地理教科书都是这么写的，并且介绍 5800 公里长的长江是世界第四大河，因而谬传甚广，影响极深，以至于直到解放以后这种观念仍然盛行于世。

1976 年夏和 1978 年夏，长江流域规划办公室曾两次组织江源调查队深入江源地区，进行了详尽的考察。结果证实：长江上源伸入青藏高原的唐古拉山和昆仑山之间，这里有大大小小十几条河流，其中较大的有三条，即楚玛尔河、沱沱河和当曲河。这三条河中，楚玛河水量不大，冬季常常干涸，不能成为长江正源；当曲河的流域面积和水量最大；但根据"河源唯远"的原则，确定了水量比当曲小五六倍而长度比当曲还要长 18 公里的沱沱河为长江正源。

沱沱河的最上源有东、西两支，东支发源于唐古拉山主峰各拉丹冬雪山(海拔 6621 米)的南侧，西支源于尕恰迪如岗雪山(海拔 6513 米)的西侧，东支较西支略长，故长江的最初源头应是东支。东支的上段是一条很大的冰川(姜根迪如冰川)，冰川融水形成的涓涓细流便是万里长江的开始。

新华社于 1978 年 1 月 13 日公布了这一江源考察的新成果："长江究竟有

多长？源头在哪里？经长江流域规划办公室组织查勘的结果表明：长江的源头不在巴颜喀拉山南麓，而是在唐古拉山主峰各拉丹冬雪山西南侧的沱沱河；长江全长不止五千八百公里，而是六千三百公里，比美国的密西西比河还要长，仅次于南美洲的亚马逊河和非洲的尼罗河。”第二天，美联社从日本东京发出一则电讯：“长江取代了密西西比河，成了世界第三长的河流。”

直到这个时候，才揭开了“万里长江的真正源头在哪里”这个千古之谜，纠正了历史上长期以来对江源情况的错误记述。

两次极其神秘的断流

黄河断流是近年来常有的事，但令人不可思议的是，水量丰沛、全长 6300 公里、目前实为 6211.3 公里的长江也曾出现过断流现象。据史料记载，长江下游江苏泰兴段先后出现两次断流。

一次断流是在元代的至正二年(1342 年)八月。当时正值长江大汛期，泰兴沿江居民惊奇地发现，千万年从未断流的长江水一夜之间忽然枯竭见底，次日人们纷纷下江拾取遗物，江潮骤然而至，许多人因躲跑不及被滚滚而下的江水冲没。

另一次断流是在近 60 年前。1954 年 1 月 13 日下午 4 时许，泰兴长江沿岸风沙骤起，天色苍黄，突然之间，大江顿失滔滔，数十只船只搁浅，江底尽现人们眼前。两个多小时之后，江水又突然奔涌而下，水声如雷。正在江中的人们闻声迅跑登岸，幸无人被水冲走。

令人惊奇的是，长江两次断流虽时隔 600 多年，但均出现在同一江段。这是因为在我国东部隐伏着一条神秘的古裂谷，迄今却鲜为人知，它历时久远，纵贯江苏、山东两省。长江两次断流正好重叠在这条古裂谷南部的同一段上。

滚滚长江东流去，可是泰兴市境内的江水竟陡然向南而去，长度达 40 多公里。沿着这江段北上，高邮湖、白马湖、洪泽湖、成子湖、骆马湖等，如同一个个璀璨的明珠闪烁在苏北大地。洪泽湖是我国第四大淡水湖，面积 1577 平方公里，形成于距今数百万年前。然而湖底却潜伏着一个与之面积相当的古盐湖，其形成于距今约 6700 万年前，湖底有厚达 135 米的石盐层。矿层埋藏深度超过 2300 米，大部分为今湖水所覆盖，古盐湖湖床奇迹般地镶嵌在这个古裂谷的谷底。

更奇怪的是一些动物的异常反应。山东省济南市大明湖和枣庄市徐庄乡的一个村子有这样的怪现象：该村一个池塘里的蛤蟆是光鼓肚皮却叫不出声的，可是只要它们一换环境，跑到别的池塘里去，便又可一展歌技，鸣叫不停。生长在别处的蛤蟆一不留神，到了这个池塘里，也都变成了“哑巴”，因此人们就给这个村起名叫哑巴汪村。

位于大明湖与徐庄乡哑巴汪村之间的孔府孔林是全国重点文物保护单位、著名的旅游胜地。这里古木参天，万树成阴，可是却不见一只乌鸦到这里栖息。地面杂草丛生，却见不到一条蛇。而在孔林周围的树林里却能见到乌鸦在到处飞，周围地方的草丛里常有各种蛇出没。

科学家们通过研究发现，大明湖位置稍偏东，孔府孔林和枣庄市徐庄乡的哑巴汪村正好处在长江断流段、苏北的串珠状湖泊向北延伸的地带上。这是巧合吗?

专家声称，它们之间有着内在的联系，那就是贯通两省深埋的巨大古裂谷，正是这个神秘的古裂谷控制了江水枯竭的江段，古盐湖也因它而形成，它还左右了一串湖泊展布的方向。

人们不仅会问，长江还会出现断流吗？可能很多人不会相信长江会断流。

就像 1250 年前问李白“你相信黄河会断流吗”一样，他肯定是不信的，因为他那时候的黄河之水是“天上来，奔流到海不复回”。可是，1972 年黄河千百年来首次出现断流，1985 之后是年年断流，1997 年断流达 226 天。长江的未来会是什么命运呢？会不会步黄河的后尘？

据资料显示，长江下游开始出现航船搁浅。2004 年 2 月中旬，长江水位已经下降到自 2013 年 11 月进入枯水期以来的最低值，南京下关水位最小值只有 2.27 米，跌到近 10 年的最低点，近 30 年来南京下关水位仅有三次低于 2.4 米。

长江曾出现的两次断流令人费解，显然不是人为的原因。那么，长江会不会出现第三次断流呢？

云梯街奇观

“中国历史文化名镇”西沱古镇云梯街有“万里长江第一街”之称，以其独特的古韵，安然无恙地幸存于长江三峡库区 175 米水位以上，吸引着众多游客前往观光。

云梯街坐落于长江南岸的重庆市石柱土家族自治县西沱镇境内。据传，云梯街始建于东汉末年，经唐、宋、元、明、清几代重修和保护，至今古貌完整，且尚存丰富的文物古迹，有“长江明珠”古建筑群紫云宫，有规模宏大的汉墓群，有祭祀孔子、关公的二圣宫，有明代富丽堂皇的禹王宫、大寺、八角庙、桂花园、武庙、三楚堂、万天宫、文昌宫及独具匠心的龙眼桥，有清代建筑精美的“下盐店”和张爷庙，有西沱巡检司遗址，有记录长江水文变化的陈家河水文石刻，有中共地下党活动的永成、和成商号遗址，现存江西会馆、湖广会馆、四川会馆等客家会馆七八家。唐元和十五年（公元 820 年），大诗人白居易赴任忠州刺史，途经西沱，曾浏览云梯街，并赋诗一首："蕃草席铺枫叶岸，竹枝歌送菊花杯。明年尚作南宾守，或可重阳更一来"，盛赞云梯街景色。相传苏轼、黄庭坚等历史名人也在此留下诗迹游踪。清两广总督陶澍游西沱云梯街后，写下了《晚泊西界沱寄题秦良玉旧楼》的诗句。《蜀水经》、《中国古今地名大辞典》等古籍中，都有对西界沱的历史记载。

据介绍，凡逢公历二、五、八日西沱镇赶集，土家人称赶集为"赶场"，有其丰富的内涵。五六米宽的云梯街老街上，人流如潮，热闹非凡，三教九流做着自已的买卖，南来北往的商贾把老街吆喝得人气兴旺。沿着老街往上走去，就像走进一条历史的古胡同，只见茶馆、酒肆、中药铺、铁匠铺、百货商店等林立的货栈，沿弯弯曲曲的云梯街两旁一直延伸到古巷深处，呈现出"窗含西岭千秋雪，门泊东吴万里船"的繁荣景象，一幅现代"清明上河图"立即展现在人们眼前。

当地人说："如果游西界沱云梯街，不观看云梯街夜景奇观，不观看'火龙入江'，那真是枉来西沱。"云梯街右侧的月台山和忠县石宝寨，是观云梯街夜景奇观最佳之处。黄昏时，残阳如血，落日的余辉把古老的云梯街民居屋顶屋面抹成了一片金黄，似宫廷内的宫灯灯火辉煌，美妙之极。天边的霞云翻腾变幻着各种色彩和图案：时而像奔马、骆驼、绵羊，时而像大海、高山，时而像天女撒花，时而像牧童晚归。突然那牧童一跃上了天马，驱赶着欢乐的羊群，进入了天宫琼楼。顷刻间，霞云放出两道长长的金带，一条铺在江面，一条横向天宫。江水随风荡漾，像无数黄金在跳荡，水天一色，异彩缤纷。夜幕徐徐降临，楼阁、民居、山峦、岩石、树林慢慢幻成剪影。云梯街开始出现三三两两的灯火，渐渐连成一串，一圈圈绚丽的彩环横空而起，像无数长长的彩绸缠绕着云梯街，古老的民居街铺在灯火闪烁的映衬下，笼罩在烟云暮霁之中，若隐若现，虚无飘渺，如诗如幻。蜿蜒的街铺灯火与倒映在江水中的灯火相连，像一条神秘莫测、弯弯曲曲的火龙伸入烟波渺茫的长江中，是想逗水嬉戏，是想大江遨游……让观看的人如痴如醉，似乎进了天方夜谭中的神幻境地，一时竟不知天上人间。

长江一带留下的古代石刻水文记录是别具特色的文化遗产，其价值、数量堪称世界第一，也是长江的又一奇观。

涪陵白鹤梁、江津莲花石、巴县迎春石、丰都龙床石和云阳龙脊石等都是镌刻在水中的宝藏，其中白鹤梁更是被誉为“世界水文史上的奇迹”。

据悉，长江流域历代古人都在江边石床上铭刻水标，以记录洪水期江水上涨的最高位置，并以诗文记载枯水期的出水情况，这一方法与迄今不足百年的现代水文站测量水位升降数据原理完全吻合。因此，长江石题刻不仅是研究长江中上游地区水文、水利、农业、气象、航运等方面的重要科学史料，其丰富翔实的内容在历史、科学、艺术各方面同样具有极高的价值。石题刻很多出自历代文人墨客之手，它们或诗或文，记事、抒情、怀古，内容极为丰富。遗憾的是，这些“水中碑林”随着三峡工程蓄水后，有的将不会再露出水面，但这些水下宝藏将永远记载在史册上。

第二十二章

天下第一奇山——安徽黄山

黄山是中国十大风景名胜之一，以奇特的自然景观著称于世，被誉为“天下第一奇山”，并已被联合国列为世界遗产保护区。黄山是地球上最秀丽神奇的山，大自然毫不犹豫地在北纬 30° 上垒起了这座无与伦比的奇山，五大云海如人间天堂，两处温泉尽涌金泉玉液，千百奇松神态各异，数不尽怪石唯妙唯肖。走进黄山，走进天堂，走进仙境。

“五岳归来不看山，黄山归来不看岳”，明代大旅行家徐霞客游览黄山后感慨大发，这足以说明黄山在中国名山中的分量。

黄山的传说

鬼斧神工的黄山，风景如诗如画，其奇松、云海、怪石、温泉更是令人拍案叫绝。黄山的三十六大峰、三十六小峰、十六泉、二十四溪、五“海”、二湖以及岩、洞、潭、瀑等胜景，兼具泰山之雄伟、华山之峻峭、衡山之烟云、匡庐之飞瀑、峨眉之清凉、雁荡之巧石，因此素有“天下名景集黄山”之说。历代文人骚客来此游览，更是赞不绝口，或赋诗，或作文，或绘画，应有尽有，五花八门。

除此之外，黄山景点还有着美丽动人的传说。

一、猴子观海的传说

猴子观海也叫猴子望太平，猴子为何要望太平呢？这里面有个故事：原太平县城叫仙源村，村中有一户叫赵德隆的书香人家。女儿名叫掌珠，生得聪明美丽。离仙源村不远的黄山北海深处一个洞里，里面有个灵猴，在山中修炼了三千六百年，会三十六变。一天，灵猴见到掌珠生得俊俏，顿生爱慕之心。灵猴就变成一个白面书生，自称是黄山寨主孙广文的公子孙俊武，于傍晚来到赵家门前，以天色已晚为由，要求借宿一夜。赵家老夫妇见他长得俊秀，衣着华贵，斯文有礼，便信以为真，高兴地留他住宿，并设宴招待。酒饮三杯后，孙公子便向老夫妇陈述对掌珠的爱慕之情，央求纳为婿，发誓侍奉二老颐养天年。老夫妇一听这甜言蜜语，心中非常喜悦。经与女儿商量，掌珠对才貌双全的孙公子也早有八分喜欢。次日一早，老夫妇回了孙公子的话。孙公子听了欣喜若狂，差点露了原形。灵猴回洞，思念掌珠心切，急忙把大小猴子都变成人，组成一支浩浩荡荡的队伍，去仙源赵家迎亲。掌珠被抬到洞府，只见陈设富丽，宾客满座。夜深宴席散，孙公子被宾客拥入了洞房。一觉醒来，掌珠发现孙公子长了一身绒毛，大吃一惊。原来，孙公子酒醉，现出了猴子原形。掌珠非常恼恨，乘灵猴烂醉熟睡之机，向外逃走，直奔家中。灵猴酒醒后，知道自己露出了原形，惊逃了掌珠，便喝令众猴出洞寻找，追到山下芙蓉岭，也不见新娘的影子。灵猴自从失去了掌珠，朝思暮想，但又没有妙法可想，只得每天攀上洞后的悬岩，坐在石上，朝着东北方向的太平县仙源村呆呆地张望。年深月久，灵猴便变成了黄山如今这一石景。

二、飞来石的传说

相传，宋代有个叫单福的石匠，一生给人家造了不少桥，也想在自己家乡门口的江山建造一座，但叹息没有帮手。他膝下只有一女叫小姣，长得聪明美丽。小娇知道父亲的心思，便要求帮助父亲造桥。但那深山采石、百里运石的苦和累，小女子怎么受得了，所以单福就是不答应。小姣跪在地上苦苦哀求，单福没奈何，才含泪点头。他还把三个徒弟找来帮忙，不久就干起来了。由于开山运石的苦和累实在难以忍受，大徒弟和二徒弟先后悄悄地溜了。单福和女儿、三徒弟为修桥铁了心，继续风里雨里地苦干着。但好几年过去了，运到江边的石头也只有一小堆，这样累死苦死，桥也建不起来啊。小姣一咬牙，请人写了"捐身修桥"四个大字，插了个草标，坐到江边石堆旁。一连三天，来看的人无数，但他们望望滔滔的江水，就都走了。这天，忽然来了个瘸子，身背一把扇子，摘了草标，问小姣愿不愿意跟他走，小姣回答说："什么时候把大山里开采的石头全运到江边，就什么时候跟你走。"这瘸子原来是八仙中的铁拐李。他挤出人群，腾云驾雾，很快来到百里外的大山，从背上拿下扇子，对着单福和三徒弟开出的石头就扇。石头竟都飞了起来，又纷纷都落在江边。单福和三徒弟也从山上被扇到了造桥工地。铁拐李还怕不够，又对身下立着的一块巨石扇了三下，他则站在那巨石上飞到江边，只见底下尽人，未敢让巨石落下。又听单福大声说："石头够了，"他便驾起云头，飘游起来，游到黄山，见黄山风景秀丽，便将石头落下。从此，这飞来石就给黄山增添了绝妙的一景。另外还有两处飞来石，一在翠微峰侧，一在古颖林庵前的小峰上。

三、梦笔生花的传说

北海散花坞左侧有一孤立石峰，形同笔尖朝上的毛笔，峰顶巧生奇松如花，故名"梦笔生花"。传说，有年春天，诗人李白来到黄山，见到北海山峰竞秀，景色奇美，禁不住诗兴大发，便昂首向天，高声吟道："黄山四千仞，三十二莲峰；丹崖夹石柱，菡萏金芙蓉……"这声音惊动了狮子林禅院的长老。他走出山门，细细一看，只见一位白衣秀士，风度潇洒，便上前施礼，请问尊姓大名，得知这位不凡之客原来是“长安市上酒家眠，天子呼来不上船”的诗仙李翰林。长老急忙吩咐小和尚抬来用清泉酿制的米酒，还拿来一些文房四宝。长老又急忙盛满一杯酒，双手捧上，敬给李白。李白慌忙还礼，双手接过，一饮而尽。二人席地而坐，纵谈诗文，开怀畅饮。李白深感长老待人诚恳，意欲草书诗作相赠，以作答谢之礼。长老大喜，小和尚们忙着研墨的研墨，铺纸的铺纸。李白趁着酒兴，奋笔疾书。长老及小和尚们分别站立两旁，目睹那遒劲的大字，赞叹不已。李白写毕，还有三分酒意，便将毛笔顺手一掷，那手笔翻翻摇摇，从空中落下插入土中。他这才告辞长老而去。长老送走李白，回过头来，不禁大吃一惊，刚才李白掷下的毛笔已化成一座笔峰，笔尖化成了一棵松树，矗立在散花坞中。这就是人们如今见到的“梦笔生花”。

四、仙人翻桌的传说

从白鹅岭向右远眺，有峰如柱，峰顶有石如桌，四腿向上，似有意翻倒，故名“仙人翻桌”。相传古时，黄山是一片汪洋大海，有黄、黑、白、青、赤五条龙，分别住在黄山的前海、后海、东海、西海和天海，号称“五海龙王”。一天，黄山东海龙王做寿，前海、后海、西海和天海的龙王、龙妃带着龙子、龙女、龙孙一起到东海龙宫为东海龙王祝寿。一时间，东海龙宫里云腾雾涌，仙乐盈空，香烟缭绕，热闹非凡。隆重的祝寿仪式完毕后，御宴开始，御酒佳酿、珍肴美味，应有尽有。酒宴从午时三刻一直延续到天黑，龙王们仍不肯散席，还在狂饮。后海和西海的两位龙王——黑龙和青龙喝得酩酊大醉。醉后失态，青龙忽地跳到桌子上，激得碗碟横飞。黑龙也不示弱，干脆把一张八仙桌踢到了高空，比天都峰还高出四十八丈。八仙桌在空中翻了几个筋斗，打了几个转，仍旧落在原来的地方，只是翻了个身，四只桌脚朝天。这一来，宾客们吓得魂不附体，纷纷走散。有诗咏其事曰：“四海游龙聚一堂，为王庆寿喜飞觞。沉欢喝得酩酊醉，心血来潮闹一场。”这东海龙王做寿，龙王们酒醉闹事，不知已经过了几万载，可是当时被黑龙踢翻的桌子至今依然四脚朝天，为黄山东海风景区增添了一处天然名胜。

五、仙人晒鞋的传说

排云亭前右侧，有二石如一双鞋，整齐地放在小峰台上，似在晾晒，故名。“仙人晒鞋”和“仙人晒靴”，都有一个美丽的传说：从前，黄山左数峰的仙都观住着老道道玄和徒弟太清，松林峰上的紫霞宫里住着道姑炼玉和徒儿妙真。两座道宫中间隔着一道鸿沟——西海峡谷，加上道规森严，他们老死不相往来。一年冬天，山中大雪，仙都观里断了火种，道玄只得叫太清到紫霞宫里去借火种。太清来到紫霞宫里，见到妙真，两人一见如故，谈起话来，非常亲热。从此，两人每天打柴、担水时便到一起谈心，渐渐地砍的柴就少了，担的水也少了。这样，事情不久就被双方师父发现，他俩都受到严厉的斥责。师父们还规定，今后打柴、担水以两峰交界的沟涧为界，越界了，就用道鞭、神杖打杀。此后两人在一起说话就很困难了。

一次，趁双方师父都下了山，他们便偷偷见面，并商定今后太清在山门前借晒靴和晒鞋幽会。一天，两人正甜蜜幽会，不料双方师父突然回来，事情败露，他俩将要受到严厉惩罚。他俩想来想去，最后横下一条心：“生不能在一起，就死在一起吧!”两人携起手，从悬岩上纵身一跃，跳进了波浪滔天的云海。太清晒的靴子和妙真晒的一双鞋子都没有来得及收，日子久了，都变成了石靴、石鞋，就是如今黄山的“仙人晒靴”和“仙人晒鞋”。

六、蓬莱三岛的传说

相传，唐代玄宗爱妃杨玉环缢死于马嵬坡后，一缕芳魂游到此处，岛上金童玉女、仙子神姑将她迎宫“玉妃太真院”。不久，奉玄宗之命，四处寻觅贵妃阴魂的道士也风尘仆仆地赶到，并受贵妃之托请玄宗早日来此聚会。玄宗得知杨贵妃的行踪后，很快一命归天，魂魄来到这“蓬莱三岛”，同贵妃相见如故。从此，两人又在此过上恩爱的夫妻生活，终于实现了“在天愿作比翼鸟，在地愿为连理枝”的美好愿望。今人有诗云：“传说神奇信有无，太真曾此作仙居。唐皇遗使蓬莱境，钿盆情深盛泪珠。”

七、仙人指路的传说

在云谷寺到皮篷路口，一怪石屹立峰巅，其状似身着道袍的仙人，他一手举起，似为游客指引进入皮篷之路，故名“仙人指路”，又名“仙人指路峰”。它之所以盛名，不仅仅在于外形酷似，而且因为有一段对世人颇有启发意义的故事。相传很久以前，一位两岁能文、四岁会武的神童，只因后来科场失意，擂台负伤，改行经商后又把老本蚀光，在走投无路的时候就奔赴黄山来寻师访仙。哪知他跑遍了千峰万壑，连一个药农、樵夫的踪影也没见到。干粮吃光了他就吞野果，衣服穿烂了就披树皮、树叶。渐渐地他变得骨瘦如柴，一天终于昏倒在路旁，奄奄一息。不知过了多久，一位身背篾篓、脚着山袜芒鞋的老人来了，把神童救醒过来，问明情况后，老人哈哈一笑说：“你怎么聪明反被聪明误呢？哪里有什么神仙，你快回家去找些力气活干干，免得把一条命丢在这荒山野岭白白喂了豺狼虎豹。”说完还送些野果给神童路上吃。神童心想老人的话是对的，就千恩万谢地辞别了老人。没走多远，他猛地一下醒悟过来：“我跑遍全山连个人影也没见过，那老汉分明就是仙人。”他回头就追，追上老人后就双膝跪地，苦苦哀求老人给指引一条成仙得道之路。老人说：“我哪里是什么神仙。实不相瞒，我前半生被名利二字害得家破人亡，这才看破红尘，隐匿在此。”神童半信半疑，但见老汉风度不凡、气宇若仙，决心拜老人为师，苦苦哀求不止。谁知等他抬头再看时，这老人却变成了一块高大魁伟的“仙人指路”石。神童又在石头前百拜千叩，忽然石头人肚里发出声音：“踏遍黄山没见仙，只怪名利藏心间，劝君改走勤奋路，包你余生赛神仙。”神童最终还是听信了仙人的话，后半生不但成家立业，而且日子过得很火红。难怪清人曹来复以诗记之："世事多乖错，投足皆模糊。请君(仙人指路石)出山去，到处指迷途。"在入胜亭北行 1 公里的石板桥仰视，仙人指路的形状又变成了喜鹊。旁有一棵青松，状古梅，松石相配成景，人称"喜鹊登梅"。

黄山为"天下第一奇山"，其景点气象万千，尤其是"飞来石"、"一线天"、"梦笔生花"等不少奇特景观，令游人流连忘返。其景点的神话传说使黄山奇上添奇，更具神秘色彩。

走进黄山

黄山是中国著名风景区之一、世界游览胜地，位于安徽省南部黄山市。其山脉东起绩溪县的大嶂山，西接黟县的羊栈岭，北起太平湖，南临徽州山区，具体位于东经 118° 1'，北纬 30° 1'，南北长约 40 公里，东西宽约 30 公里，面积约 1200 平方公里，其中精粹风景区 154 平方公里。

黄山古代秦时称黟山，相传轩辕黄帝见此人间仙境，率手下大臣容成子、浮丘公来此炼丹，最后炼成。三人服下神丹，果然长生不老。现在黄山即有炼丹峰，还有据说当年三人炼丹的丹井——轩辕峰、容成峰、浮丘峰也挺立于黄山诸峰之间。也正是得知此传说，唐天宝六年（公元 747 年）唐明皇下诏改黟山为黄山。

黄山有"天下第一奇山"之称，享有"五岳归来不看山，黄山归来不看岳"的美誉。可以说黄山"无峰不石，无石不松，无松不奇"，并以奇松、怪石、云海、温泉四绝著称于世。其二湖、三瀑、十六泉、二十四溪相映争辉，春、夏、秋、冬四季景色各异。黄山还兼有"天然动物园和天下植物园"的美称，有植物近 1500 种，动物 500 多种。

一、奇松

黄山之松多而奇，落根于奇峰、怪石之中。黄山松分布于海拔800米以上的高山，以石为母，顽强地扎根于巨岩裂隙。黄山松针叶粗短，苍翠浓密，干曲枝虬，千姿百态，或倚岸挺拔，或独立峰巅，或倒悬绝壁，或冠平如盖，或尖削似剑。有的循崖度壑，绕石而过，有的穿罅穴缝，破石而出，忽悬、忽横、忽卧、忽起。

黄山松具有很强的生命力，只要石缝间稍有立足之地，它就能就势而长，因此树形多具有丰富的艺术魅力，愈在险境，愈显神奇。人们依照它们的外形特征命名为迎客、送客、蒲团、凤凰、棋盘、探海、黑虎、麒麟、连理、接引十大名松。更奇的是，每棵松都有一段不同寻常的来历，比如黑虎松。据传，古时，一和尚去狮子林做功课，见有黑虎俯卧在松顶上，课毕返回，不见黑虎，只有古松挺立，干枝气势雄伟，一派虎气，因而得名。

最著名的黄山松有：迎客松（位于玉屏楼的石狮前面），送客松（位于玉屏楼的右边），蒲团松（位于莲花溪谷），凤凰松（位于天海），棋盘松（位于平田石桥），接引松（位于始信峰），麒麟松（位于北海宾馆和清凉台之间），黑虎松（位于北海宾馆和始信峰之间），探海松或叫舞松（位于天都峰的鲫鱼背旁边）——这就是黄山的十大名松。过去还有人编了《名松谱》，收录了许多黄山松，可以数出名字的松树成百上千，每棵都独具美丽、优雅的风格。

二、怪石

黄山“四绝”之一的怪石，以奇取胜，以多著称。黄山的奇峰怪石，形态奇巧，千姿百态，有的像人，有的如物，有的似飞禽，有的若走兽。许多奇峰怪石都有自己的名字，如天都峰、莲花峰、鲫鱼背、梦笔生花、笔架峰；还有“天女散花”、“天女绣花”、“羊子过江”、“仙人飘海”、“武松打虎”、“丞相观棋”等等。

黄山石“怪”就怪在从不同角度看有不同的形状，在不同的天气观看情趣迥异，可谓“横看成岭侧成峰，远近高低各不同”。如站在半山寺前望天都峰上的一块大石头，形如大公鸡展翅啼鸣，故名“金鸡叫天门”；但登上龙蟠坡回首再望，这只一唱天下白的雄鸡却仿佛摇身一变，变成五位长袍飘飘、扶肩携手的老人，被改冠以“五老上天都”之名。怪石分布可谓遍及峰壑巅坡，或兀立峰顶，或戏逗坡缘，或与松结伴，构成一幅幅天然的山石画卷。

据说黄山有名可数的石头就达 1200 多块，大都是三分形象、七分想象，从人的心理移情于石，使一块冥顽不灵的石头凭空有了精灵跳脱的生命。

三、云海

“黄山自古云成海”，云海为黄山四绝中的又一绝。黄山是云雾之乡，以峰为体，以云为衣，其瑰丽壮观的“云海”以美、胜、奇、幻享誉古今，一年四季皆可观，尤以冬季景最佳。观云海的理想地点有 5 处：观前海在玉屏楼，观后海在清凉台，观东海在白鹅岭，观西海在排云亭，而登莲花峰、天都峰、光明顶则可尽收诸海于眼底，领略“海到尽头天是岸，山登绝顶我为峰”之境地。

我国的庐山、泰山、峨眉山等虽也有云海，但黄山的云海更有特色，奇峰怪石和古松隐现云海之中，就更增加了美感。黄山一年之中有云雾的天气达 200 多天，水气升腾或雨后雾气未消，就会形成云海，波澜壮阔，一望无边，黄山大小山峰、千沟万壑都淹没在云涛雪浪里，天都峰、光明顶也成了浩瀚云海中的孤岛。阳光照耀，云更白，松更翠，石更奇。流云散落在诸峰之间，云来雾去，变化莫测。风平浪静时，云海一碧万顷，波平如镜，映出山影如画，远处天高海阔，峰头似扁舟轻摇，近处仿佛触手可及，让人不禁想掬起一捧云来感受它的温柔质感。忽而，风起云涌，波涛滚滚，奔涌如潮，浩浩荡荡，更有飞流直泻，白浪排空，惊涛拍岸，似千军万马席卷群峰。待到微风轻拂，四方云慢，涓涓细流，从群峰之间穿隙而过；云海渐散，清淡处，一线阳光洒金绘彩，浓重处，升腾跌宕，稍纵即逝。云海日出，日落云海，万道霞光，绚丽缤纷。

四、温泉

黄山“四绝”之一的温泉也很奇特。黄山的温泉有两处，而位于紫云峰下的“朱砂泉”最为著名，素有“天下名泉”之称。传说此泉与紫云峰和朱砂峰相通，朱砂峰下的朱砂矿乃是它的源泉。泉水每隔数年要变一次颜色，因呈赤红色，故名“朱砂泉”。

温泉每天的出水量约 400 吨左右，常年不息，水温常年在 42 度左右，属高山温泉。黄山温泉对消化、神经、心血管、新陈代谢、运动等系统的某些病症，尤其是皮肤病，均有一定的功效。相传轩辕黄帝就是在此沐浴七七四十九日之后，白发变黑，返老还童，曾将此誉为“灵泉”，郭沫若称其“足比华清池”。

黄山的冬雪可称得上黄山“第五绝”。黄山冬雪不同于北国的冬雪，不是那种厚重严实且持久不化的雪，黄山的冬雪。妙就妙在与黄山的松、石、云、泉巧妙而完美地结合在一起。

雄伟壮丽的黄山，挺拔秀丽，冰雪又给其增添了无限的风采。劈地摩天的天都峰，宛如银妆素裹的神女；隔壑相望的莲花峰，如同一朵盛开的雪莲；九龙峰也变成一条蜿蜒腾飞的玉龙，飞舞在黄山的云海之上；西海群峰奇异的石林，像一尊尊身着素服的神仙，聚集在峰头之上。冰雪覆盖的狮子林，银峦相拥的玉屏峰，构成了一幅静中有动、动中有静的绝妙画图。

此外，黄山著名的还有“人字瀑”、“百丈泉”和“九龙瀑”，并称黄山三大名瀑。人字瀑古名飞雨泉，其水流从横亘在紫云峰与朱砂峰之间的一块巨壁顶端穿云破雾，分左右奔泻而下，呈“人”字形飞瀑，声闻数里，十分壮观。九龙瀑源于天都、玉屏、炼丹、仙掌诸峰，自罗汉峰与香炉峰之间分九叠倾泻而下，每叠有一潭，称九龙潭，古人赞曰“飞泉不让匡庐瀑，峭壁撑天挂九龙”，是黄山最为壮丽的瀑布。百丈瀑在黄山青潭、紫云峰之间，顺千尺悬崖而降，形成百丈瀑布。近有百丈台，台前建有观瀑亭。

黄山的松是神奇的，黄山的云是美妙的，黄山的石是怪异的，黄山的泉是奇特的。黄山不仅以其雄奇的自然景观著称于世，更以其大量的古徽州人文景观，吸引着来自世界各地的游人。如，被称为“活动的清明上河图”的黄山市屯溪老街；被誉为“中国明清民居博物馆”的黟县西递村、宏村；还有被称为“人造的历史化石”的歙县棠樾牌坊群，不一而足。总之一句话，一切尽在黄山中。

千年“迎客松”之谜

到黄山旅游的人，在著名的迎客松前对该树倒二枝的枯死大表遗憾之余，大概都会发出这样的疑问：何时枯死？为何枯死？既然枯死，为何不锯掉？

黄山玉屏峰下青狮石壁前的迎客松是一棵寿逾千年的古树，树高 13 米，胸径 0.7 米，为黄山“九大名松”之一。此树雍容大度，姿态优美，在树干 3 米处向外横生一长枝，宛若伸出热情友好的臂膀向人招手致意。1959 年北京人民大会堂落成，安徽省芜湖的画家将迎客松的英姿打造成铁画，悬于安徽厅内。此后安徽厅里举行许多活动，使迎客松得以频频曝光，并名扬中外，成为中国人民热情好客的友好象征。

1974 年隆冬，黄山经历了一场罕见的暴风雪，傲立于海拔 1670 米高处的迎客松的躯干被裹上了一层厚厚的冰壳，顶平如削的树冠上重重地压着一层又一层积雪。狂风不断地肆虐怒吼，迎客松倒二枝距基部 60 厘米处严重扭裂，裂痕长达 190 厘米。

黄山人心如刀割，同时也诚惶诚恐。1972 年 12 月 8 日，黄山天都峰曾发生过一次大山火。事故上报到中央，周恩来总理得知后第一句话就问：“迎客松烧掉了吗?”可见此树当年担负的政治分量之重。

有关方面马上组织专家对迎客松实施“驳骨”手术——上“夹板”、拄“拐杖”，期望迎客松能“断肢再植”，最终得以痊愈康复。无奈松树年纪太大，伤势过重，11 年后倒二枝开始枯萎。1985 年 5 月，抱着最后一线希望，黄山人再次组织专家教授现场“会诊”，采取一系列抢救措施。可惜回天乏力，到 1986 年春天，迎客松的倒二枝彻底枯死。

对枯枝的处理，再一次难倒了黄山园林局：锯掉固然省事，可迎客松优美的形象早已定格在国人的脑海中，这棵千年古树即使“拄”上一根“拐杖”，黄山人都不知要承受多少忧心？不锯吧，若病虫害乘虚入侵，令全树枯死，那还了得?

1987 年 4 月 7 日，来自安徽农学院、黄山林科所的园林、植保、病虫害防治等方面的多位专家，就迎客松是否“截肢”的问题，激烈争论了 5 天，最后总算统一了意见：若是“截肢”，迎客松不仅失去整体美，而且将留下直径达 30 厘米的大疤，更容易感染细菌；此树是孤立木，立地条件好，该处海拔高、气温低，病虫害传染的机会少，因此排除“高位截肢”的方案。从此，这根枯枝一直挂在树上。为了避免迎客松再发生类似的遭遇，后来用钢索从上面拉住、用铁架在下面托住它。

植物虽长寿，但同样抗拒不了生老病死的自然规律。其实，无论黄山千年迎客松还能屹立多久，它的美好形象和寓意终究长留人们心中。

第二十三章
绝天下之奇观——钱塘江大潮

新安江在与衢江汇合后称富春江，富春江在杭州附近时，江面豁然开朗，始称钱塘江。钱塘江蜿蜒近 100 公里后，江面再度大开，水天一色，江口宽达几十公里，可与长江口相媲美，这儿也被称为杭州湾。杭州就像一个大喇叭口，越往东，水面越开阔，直与东海连成一片。钱塘江杭州湾地理坐标为北纬 30° —31° ，东经 120.2° —121.8° 。

最初的钱塘江并没有喇叭口，也看不到汹涌的大潮，它是历经沧桑逐渐演化而来的，而且这一举世无双的自然奇观恰巧形成于北纬 30° 上，更为这个地带增添了几分神奇之处。钱塘江大潮神奇的传说、壮观的景象、巨大的破坏力给钱塘江带来了神奇的色彩，也给人们带来了许许多多的惊叹。

钱塘潮的由来

钱塘江大潮以其神奇的景观吸引着无数人前来观光。钱塘江大潮在涨潮高潮时，耳闻有轰轰雷鸣，面感有呼呼风吹，眼观怒涛潮头如巨蛇奔袭而来，心却快要提到嗓子眼上来了，手在颤抖，鼻在屏气，只感到目眩头晕，全身轻飘。怒涛呼啸着冲向岸边，一石激起千层浪，浪花飞溅，浪涛怒吼，窜起几层楼高，卷向岸上，冲倒房屋，卷走几千斤重的巨石，把船只抛到几千米外，真是“滔天浊浪排空来，翻江倒海山为摧”。汹涌壮观的钱塘潮历来被誉为“天下奇观”，其险、其奇、其壮、其妙，绝天下之奇观，甲天下之魔法。

举世闻名的“钱江潮”源于一个有趣的传说。

据说，原先钱塘江潮来时，跟其他各地的江潮一样，既没有潮头，也没有声音。有一年，钱塘江边来了一个巨人，这个巨人十分高大，一迈步就从江这边跨到江那边了。他住在萧山县境内的蜀山上，引火烧盐。人们不晓得他叫什么名字，因为他住在钱塘江边，就叫他钱大王。钱大王力气很大，扛着自己的那条铁扁担，常常挑些大石块来放在江边，过了不多久就堆起一座一座山。

一天，他去挑自己在蜀山上烧了三年零三个月的盐。可是，这些盐只够他装一头，因此他在扁担的另一头系上块大石，放上肩去试试正好，就挑起来，跨到江北岸来了。

这时天气热，钱大王因为才吃过午饭，有些累了，便放下担子歇歇，没想到竟打起瞌睡来。正巧，东海龙王这时出来巡江，潮水涨起来了。涨呀涨的，潮水竟涨到岸上来，把钱大王这些盐慢慢地溶化了。东海龙王闻闻，水里哪来一股咸味呀，而且愈来愈咸。他受不了，返身就逃，没想逃到海洋里，把海洋的水都弄咸了。这位钱大王，睡了一觉，两眼一睁，看见扁担一头的石头还放在硖石（就是现在有名的硖石山），而另一头的盐却没有了！

钱大王找来找去，找不着盐，一低头，闻到江里有咸味，心想：哦，怪不得盐没有了，原来被东海龙王偷去了。于是，他举起扁担就打海水。一扁担打得大小鱼儿都震死了；两扁担打得江底翻了身；三扁担打得东海龙王冒出水面求饶命。

东海龙王战战兢兢地问钱大王，究竟为什么发这样大的脾气。钱大王说：“你把我的盐偷到什么地方去了？”东海龙王这才明白海水变咸的原因，连忙赔了罪，又把自己怎样巡江，怎样把钱大王的盐无意中溶化了，使得海洋的水也咸起来的事情，一一说了。

钱大王很生气，举起铁扁担，想好好教训一下东海龙王。东海龙王慌得连连叩头求饶，并答应用海水晒出盐来赔偿钱大王；以后涨潮的时候就叫他起来，免得钱大王再睡着了听不见。钱大王听听这两个条件还不错，便饶了东海龙王，把自己的扁担向杭州湾口一放，说："以后潮水来就从这里叫起！"东海龙王连连答应，钱大王这才高高兴兴地走了。

从那个时候起，潮水一进杭州湾，就伸起脖子，"哗哗哗"地喊叫着，涨到钱大王坐过的地方，脖子伸得顶高，叫得很响。这个地方就是如今的海宁。

这就是钱塘江大潮的由来。如今，钱塘江大潮闻名世界，可以看到一线潮、交叉潮和回头潮三种景象。

一、交叉潮

距杭州湾55公里有一个叫大缺口的地方，是观看十字交叉潮的绝佳地点。由于长期的泥沙淤积，江中形成了一沙洲，将从杭州湾传来的潮波分成两股，即东潮和南潮。两股潮头绕过沙洲后，就像两兄弟一样交叉相抱，形成变化多端、壮观异常的交叉潮，呈现出"海面雷霆聚，江心瀑布横"的壮观景象。两股潮在相碰的瞬间，激起一股水柱，高达数丈，浪花飞溅，惊心动魄。待到水柱落回江面，两股潮头已经呈"十"字形展现在江面上，并迅速向西奔驰。同时交叉点像雪崩似的迅速朝北转移，撞在顺直的海塘上，激起一团巨大的水花，跌落在塘顶上，吓得观潮人纷纷尖叫着避开。

二、一线潮

看过大缺口的交叉潮之后，建议您赶快驱车到盐官，等待着观看一线潮。你将未见潮影，先闻潮声，耳边传来轰隆隆的巨响，江面却仍是风平浪静的。响声越来越大，犹如擂起万面战鼓，震耳欲聋。远处，雾蒙蒙的江面出现一条白线，迅速西移，犹如"素练横江，漫漫平沙起白虹"。再近，白线变成一堵水墙，逐渐升高，“欲识潮头高几许，越山横在浪花中”。随着一堵白墙迅速向前推移，涌潮来到眼前，有万马奔腾之势，雷霆万钧之力，锐不可当。

一线潮并非只有盐官才有。凡江道顺直，没有沙州的地方，潮头均呈一线，但都不如盐官的好看。原因是盐官位于河槽宽度向上游急剧收缩之后的不远处，东、南两股潮交会后刚好呈一直线，潮能集中，潮头特别高，通常为 1-2 米，有时可达 3 米以上，气势磅礴，潮景壮观。

三、回头潮

从盐官逆流而上的潮水，将到达下一个观潮景点老盐仓。老盐仓的地理环境不同于盐官，盐官河道顺直，涌潮毫无阻挡地向西挺进，而老盐仓的河道上，出于围垦和保护海塘的需要，建有一条长达 660 米的拦河丁坝，咆哮而来的潮水遇到障碍后将被反射折回，在那里猛烈撞击对面的堤坝，然后以泰山压顶之势翻卷回头，落到西进的急流上，形成一排“雪山”，风驰电掣地向东回奔，声如狮吼，惊天动地，这就是回头潮。

每年的农历八月十八前后是观潮的最佳时节。这期间，秋阳朗照，金风宜人，钱塘江口的海塘上，游客群集，兴致盎然，争睹奇景。

观赏钱塘秋潮有三个最佳位置。海宁县盐官镇东南的一段海塘为第一佳点。这里的潮势最盛，且以齐列一线为特色，故有“海宁宝塔一线潮”之誉。涌潮在天边出现时，如白虹横江，推卷而来，很快便长驱直入来到眼前，犹如万马奔腾、雷霆万钧……第二个观潮佳点是盐官镇东 8 公里的八堡，可以观赏到潮头相撞的奇景。海潮涨入江口之后，因为南北两岸地势的不同，潮流速度南快北慢，潮头渐渐分为两段。进展神速的南段，称为南潮；迟迟不前的北段潮头，在北岸观潮者看来，是来自东方，故称东潮。南潮扑向南岸被荡回来后，调头向北涌去，恰与姗姗来迟的东潮撞个满怀。霎时间，一声巨响，好似山崩地裂，满江耸起千座雪峰，着实令人心惊！

第三个观潮佳点是盐官镇西 12 公里的老盐仓，可以欣赏到“返头潮”。这里，有一道高 9 米、长 650 米的“丁字坝”直插江心，宛如一只力挽狂澜的巨臂。潮水至此，气势已经稍减，但冲到丁字坝头，仍如万头雄狮惊吼跃起，激浪千重。随即潮头转回，返窜向塘岸，直向塘顶观潮的人们扑来。这返头潮的突然袭击，常使观潮者措手不及，惊逃失态。

钱塘江大潮，白天有白天波澜壮阔的气势，晚上有晚上的诗情画意。白天观潮，视野广阔，一览怒潮全景，自是十分有趣。而皓月当空时观赏夜潮，却也别有其妙。看潮是一种乐趣，听潮是一种遐想。难怪有人说“钱塘郭里看潮人，直到白头看不足”。

惊人心魄的钱塘江大潮

钱塘江汹涌的海潮是天下壮观。从每年的农历八月十六至八月十八，这期间海潮最盛大。来浙江海宁一带观潮的人，成群结队，络绎不绝。这时的岸边，人山人海，万头攒动，人们焦急地等待着那激动人心的时刻的到来。海潮出现在远方海口的时候，就像一条白色的银线一般，过了一会儿慢慢逼近，白浪高耸得就像白玉砌成的城堡、白雪堆成的山岭一般，波涛好像从天上堆压下来，发出很大的声音，仿若震耳的雷声一般。波涛汹涌澎湃，犹如吞没了蓝天、冲洗了太阳，非常雄壮豪迈。

钱塘江观潮由来已久，早在汉、魏、六朝时就已蔚成风气，至唐、宋时，此风更盛。在东汉，王充的《论衡》中已提到。东晋顾恺之在《观潮赋》中也生动地描绘了钱江怒潮。其中云：“临浙江以背脊，壮沧海之宏流。水无涯而合岸，山孤映而若浮。即藏珍而纳景，日激波而扬涛……”唐李吉甫有“大则涛涌高数丈，每年农历八月十八日，数百里士女共观，舟人，渔子泝涛触浪，谓之观潮”的记载。唐代不少诗人观赏过钱塘江怒潮后，均留下许多动人的赞美诗篇：如“早潮才落晚潮来，一月周流六十回。不独光阴朝复暮，杭州老去被人催”（白居易·咏潮）。宋代，观潮之风更盛，农历八月十八日，“倾城而出，车马纷纷”。

因为相传农历八月十八日是潮神的生日，故潮峰最高。南宋朝廷曾经规定，这一天在钱塘江上校阅水师，以后相沿成习，遂成为观潮节。北宋诗人潘阆有一首诗写道：

长忆观潮，满郭人争江上望。

来疑沧海尽成空，万面鼓声中。

弄潮儿向涛头立，手把红旗旗不湿。

别来几向梦中看，梦觉尚心寒。

这首诗便是当年“弄潮”与“观潮”活动的真实写照。

钱塘江口，汹涌的海潮，自古就有天下奇观之称。景象之壮观，只有巴西亚马孙河的涌潮可与之媲美。然而，水火无情，它动人的背后时时暗藏杀机，常有农田、人畜被其凶狠地吞没。古时，每当大潮涌来之际，“家家楼屋，尽为贵戚内侍等雇赁作看位观潮”。宋时钱江沿岸到处是观潮的人群，其时有些人不惜性命泅水戏弄，称为弄潮儿。弄潮活动相当危险，常有人牺牲，酿成悲剧，即“时或沉溺，精魂永沦于泉下，妻子望哭于水滨，生也有涯，盖终于天命……”因此，南宋熙宁时曾禁止弄潮。但灾难仍不断降临于人们头上。

1993 年 10 月 3 日是农历八月十八日，又是一年中最大潮汛到来的日子。从这天中午起，数十万钱塘观潮者陆续来到钱塘江两岸，分布在 100 多公里的几十个观潮处，翘首盼望着怒涛滚滚的动人场面的到来。

“来了，潮来了！”

12 时 30 分，望眼欲穿的人们兴奋地欢呼起来，只见远处的海面上横起一道长长的白练，从江口奔涌而来。站在丁坝上的人群生怕错过观潮的最佳位置和时机，不约而同地向前挤去，恨不得自己的身体再长高一些，眼睛再睁大一些，将这奇丽壮观的景象尽收眼底，一览无余。许多照相机镜头对准了以喷珠吐玉、排山倒海的潮头为背景的家人、亲友，以期留下这珍贵的瞬间。此刻，人们兴奋地交谈着、惊叹着、欢笑着，完全忘乎所以，却没想到这堤就是防潮挡浪的，它处在力大无穷的潮头浪尖上，是极其危险的，这儿没有警察，也没有人维持秩序。突然，沿着江坝奔涌的一股暗潮狂泻而来，在堤坝上激起了六七米高的浪山。人们还没反应过来，就被潮水组成的巨“伞”劈头盖脑地捂住了。转眼间，堤坝上 200 多位观潮者被凶猛的流浪潮卷入江中。在汹涌的回潮冲击之后，落水者冲来冲去，完全失去了自主能力。

潮头过去了，丁坝上刚才挤满的兴高采烈的人群不见了，顷刻间是死一般的寂静和冷清，静得怕人，冷得齿寒。当站在高处的人们看到江中万马奔腾般的浪涛前呼后拥地呼啸而过，头破血流的人体忽沉忽浮、时隐时现、拼命挣扎时，才从惊骇中清醒过来，顿时爆发出一片高声哭嚎和呼喊……

人们立即进行了紧张而积极的抢救行动，公安干警、乡镇干部、工人渔民、警备人员……所有在场的人全力以赴，展开了救援行动。经奋力抢救，有 30 余人脱险；捞起尸体几十具，有的尸体还是从 70 公里外的钱江大桥江面捞起的。其余落水者下落不明。有两位上中学的兄弟被卷走，有一家六口无一生还，惨不忍睹。

落水的获救者是不幸中的万幸，他们都有了一段生死搏斗的惊险经历，于是声泪俱下地向人们诉说着逃生的经过。一位侥幸生者说，当时他站在丁坝后面的平台上，翘首盼望一睹钱塘潮的雄姿，突如其来的大浪足有两层楼高，劈头盖脑，把他一下子从丁坝上打倒，还翻了几个跟头，然后掀进江里，他只感到周围又是人，又是石头，硬是屏住气，在海水中翻滚、挣扎，直到冲出 10 余米，才被人救上来。

钱塘江大潮是怎样形成的

钱塘江的涌潮气势非凡，堪称举世奇观，每一个看到它的人都不禁要问：如此壮观的大潮是怎样形成的？为什么在世界众多奔腾入海的河流中，唯独钱塘江涌潮最为闻名呢？

古人对钱江潮这一大自然奇观感到迷惑不解，就把它看作是潮神的威力。传说钱塘江的奇潮是伍子胥造成的，这就更给奇潮添奇了。

相传在春秋战国时期，那时在长江中下游地区有一个叫吴的国家，它的国王名叫夫差，丞相叫伍子胥。本来，吴王夫差很重用伍子胥，尤其是当吴国和越国交战时，吴王听从伍子胥的运筹，战胜了越国。这时，越王勾践手下的大臣给越王出了主意，让他投降吴王，并愿意为吴王牵马侍候，让吴王任意支使。伍子胥看出越王勾践的险恶用心，力谏吴王千万不要上当，并劝说吴王除掉越王，不留后患。可是，吴王不听伍子胥的劝谏，反而说他有犯上之意，想要免去其丞相之职。伍子胥认为，为国尽忠，能知道对吴国不利的事就应去阻拦，所以，他还是继续劝谏阻吴王不要免除勾践的死罪，并有些不客气的表现，因而激怒了吴王。吴王不仅不听伍子胥之谏，反而赐他自尽。伍子胥接到赐死之命后，写下留言，就说他死后，望吴王能将他的头悬于吴国朝向越国方向的越门上，他要看着越国是怎样打进吴国的，然后便自刎身亡。手下人回报吴王，说伍子胥已经身亡，并交上他留下的书信。吴王不看还罢，看后更是怒气大升，吼道，伍子胥你死后还坚持你的意见，你想将你的头悬于城门，太妄想了。吴王便下令将伍子胥的尸体用皮袋子装起来，抛入江中，沉入大海。吴王夫差由于不听伍子胥的谏阻，结果正中了越王勾践之计。越王表面看起来在吴王手下顺顺从从，可是真正目的是卧薪尝胆，以待时机。当时机一到，他就将吴国灭了，杀死了吴王夫差。就这样，本来强盛的吴国，反倒被越国打败。后来吴国的百姓知道伍子胥冤枉，对吴王的做法不满，为伍子胥鸣不平，说他的尸体顺江漂入东海，又进入杭州湾化作了海神。传说，在钱塘江的入海口原本没有汹涌的海潮，江面风平浪静，海水一片蔚蓝，只是因为屈死的伍子胥阴魂不散，在阴间喊冤不止，激怒了海水，使之变成狂涛怒浪，涌进钱塘江。从此之后，江水不再平静了，海水也波动起来，每年农历八月十五汹涌地涌进钱塘江。钱塘大潮就是冤死的伍子胥驱动着海水为自已伸张正义。从此，吴国老百姓便称伍子胥为“潮神”。

涌潮并不罕见，很多河口都可以看到，如亚马孙河、英国的赛文河、长江的北支等等。对于潮汐的形成，外国的传说与中国的传说不太一样。在国外，说是北欧有一位风神，神通广大，法力无边，他的嘴巴一鼓，就能把海水吹起来，不吹时便让海水落下来风神就这样不停地吹，从此之后海水就不时涨落，由此形成潮汐。

那么，钱塘潮是如何形成的呢？为什么会如此壮观而又如此准时呢？

海洋潮汐既然是一种自然现象，就必有其规律性，正像大家所熟悉的钱塘观潮的最好时期是农历“八月十八日”一样，潮汐总是按时涨来，又守时地退去。所以，古时有这样一首诗：“嫁得瞿塘贾，朝朝误妾期。早知潮有信，嫁与弄潮儿。”这是唐朝诗人李益所写，诗写得好，主要是因为他运用了最守时的潮汐来说明“妻子对不守信、不按时归来的商人丈夫的不满”。显然，潮汐守时规律在唐代已经被平常百姓们所熟知。

其实，钱塘江大潮的形成，主要在于钱塘江口独特的地理条件。

首先，这与钱塘江入海的杭州湾的形状以及它特殊的地形有关。杭州湾呈喇叭形，口大肚小。钱塘江河道自澉浦以西，急剧变窄抬高，致使河床的容量突然缩小，大量潮水拥挤入狭浅的河道，潮头受到阻碍，后面的潮水又急速推进，迫使潮头陡立，发生破碎，发出轰鸣，出现惊险而壮观的场面。

其次，江口有巨大的拦门沙坎，潮水涌进后遇到强大阻力，潮头当然会掀揭天上。前浪遭遏，后浪又上，波推波，浪迭浪，潮水自然奔腾咆哮，排山倒海般汹涌而来。潮头高度可达 3.5 米以上，潮差可达 10 米。

最初的钱塘江并没有喇叭口，也看不到汹涌的大潮，而是历经沧桑逐渐演化而来的，且这一举世无双的自然奇观恰巧形成于北纬 30° 上，又为这个地带增添了几分神奇之处。与钱塘潮相伴相生的还有一个人文奇观，那就是在潮头劈波斩浪的弄潮儿。弄潮儿这一古老的“职业”如今已经难得一见了。

最后，大潮与月亮和太阳引力有关。大潮的形成，是月亮、太阳的引力和地球自转产生的离心力造成的。每逢农历初一和十五，尤其是春分和秋分，三个星球差不多在一条直线上，天体引潮力特别大，海水便在月球和太阳引力作用下发生周期性涨落现象，钱塘江大潮主要是由海潮倒灌引起的，所以它也与月亮和太阳的引力有关。

月亮的引力召唤着世界各地的潮汐，但为什么在北纬 30° 的海宁形成了最有影响的内陆大潮呢？

世界上许多江河，比如长江都有喇叭型的出海口，但都没有钱塘江开口的幅度大而猛烈。同时许多江口还有巨大的岛屿阻挡了潮水涌入，难成大潮。所以，今天北纬 30° 上形成这个奇观乃是诸多天文地形因素的巧合。

难道涌潮总是偏爱北纬 30° 的海宁吗？唐代白居易的诗中载着杭州观潮的盛况，汉代史书则认为纬度更高的长江口才是观潮的好地方，如果倒回到春秋战国，那么黄河口也有非常不错的涌潮。由此看来，北纬 30° 的海宁潮又是一个历史机缘的巧合。潮涌在变，那么未来它会不会永驻海宁呢？

无拘无束的涌潮会产生极大的破坏力，清代朝廷为了保卫占国家经济比重 70%的杭嘉湖平原的安危，花了三千万两白银修筑了两百余公里的长堤来限制潮涌的自由摆动，人类由此开始介入涌潮的变迁。

到了近 50 年，人们则采用围垦的方法把喇叭口逐渐变小，这一下江口的摆动和涌潮的威力都小了很多。但随之而来的一个问题是，这样下去涌潮是否会逐渐消失？北纬 30° 这一奇观能维持多久呢？虽然天地苍桑的变化难以琢磨，但毫无疑问，人们希望钱塘江大潮永驻。

第二十四章

远古时期留下的“备忘录”——奇幻神农架

蜚声中外的神农架自然保护区坐落在鄂西北的房县、兴山、巴东、保康等县之间，约位于北纬 31.5° ，东经 110.2° ，总面积达 3250 平方公里。它东望宜昌市，西接巫峡大宁河小三峡，南邻长江三峡，北依道教圣地武当山。相传这里曾是远古时神农氏（炎帝）定居耕田、遍尝百草、采药治病的地方。由于山高壁陡，珍稀草药不易采到，神通广大的神农氏只好搭上 365 层的木杆藤架而上，因此得了个“神农架”的名号。

神农架是远古洪荒遗留下的“备忘录”，古老珍稀的动植物种类十分繁多。据不完全统计，神农架有 2000 多种优良野生植物、1000 多种地球上残剩无几的稀有树种、大片的第三纪古老植物群落、500 多种珍禽异兽。神农架拥有如此众多的物种，然而世界上同纬度的其他地方却大都是荒漠和半荒漠，自然之神何以会对这个地方特别眷顾呢？

一提起神农架，人们自然而然地就会想到“野人”。可是野人是否存在？究竟是什么模样，使得目击者如此惧怕？这些野人又到底是从哪儿来的，要到哪儿去？

探秘野人传说

以神农搭架采药而闻名于世的神农架，是远古洪荒时代遗留下的“备忘录”。这里，以其蛮荒的历史、诡谲的传说和神奇的生物世界，散发出令人难以抗拒的魅力。特别是关于神农架究竟有没有“野人”，众说纷纭，成为一个久未解开的谜团。

关于野人的古老民间传说在我国广为流传。有一种浑身长满毛的野人住在深山密林中，谁要是遇到野人，免不了要遭殃。野人抓住人以后，惊喜若狂，往往会自己先“笑死”过去。人可趁机从野人手中溜走，否则野人醒来后，就会把人撕开将五脏六腑吃掉。后来，人们为了防备野人的侵害，便在胳膊上套上竹筒，一旦不幸被野人抓住，趁他“笑死”过去的时机，把手从竹筒里抽出，即可平安脱险。

在神农架山区，目击野人者达数百人之多，以红毛野人为最多，也有麻色和棕色毛的，有少数目击者甚至撞见过白毛野人。从目击者讲述的情况来看，有的看见被打死的野人，有的看见野人被活捉，有的被野人抓后又逃了回来，还有人见过野人在流泪，也有看见野人与野人之间的友好表示……

据说，1975 年 5 月的一天，一位平素为人诚实的饲养员在一个小平台灌木丛旁遭遇野人。那天，他走进灌木丛，忽听右侧有声响，回头一看，一个巨人站在眼前，浑身是毛，约两米高。他当时被吓得魂飞魄散，连呼救命。可是，深山林之中，没有一个人。慌乱中，他举起棍子进行自卫，但这只是徒劳。棍子刚举过头顶，就被眼前的野人三下五除二地抓住了。这时野人眯起眼睛笑起来。过了好一会儿，他感到被踩的左脚有些松动，于是慢慢地往回收，终于摆脱了野人的威胁。他侥幸逃命回到家中，连服半个月中药，方能开口说话。

1976 年 5 月 14 日，一辆吉普车行驶到神农架林区和房县交界处的椿树垭。

车上的人有的闭目养神，有的已酣然入睡；只有司机把住方向盘，全神贯注地盯着车灯照亮的崎岖山路，不敢有丝毫懈怠。突然，他发现前方有一个直立的动物在移动，于是加快车速开过去，想看个究竟。这个动物受到车灯光亮的照射和马达声的惊吓，急忙向公路边的山崖上爬去。崖壁陡峭难攀，它从上边滑落下来，差一点撞到开过来的汽车上。司机赶紧踩刹车，又连按了几声喇叭，车上的 5 位乘客都醒了。车与动物相距也就一两米，在车灯的照射下，大家看得十分清楚：这家伙长着一身棕红色的毛，没有尾巴，躯体很粗壮，头部长得像猿。这是一种从来没有见过的动物，谁都不敢再靠近它。大概是由于人多，那动物只朝人们看了看，便转过身顺着沟坡向下走去，一会儿工夫就消失在夜色深沉的山林中了。于是，车上人一致认为，这个直立行走的动物可能就是传说中的野人。

湖北神农架林区不断传来的发现野人的消息，激起了广大考古工作者浓厚的兴趣。

自 1976 年开始，中国科学院和湖北省人民政府有关部门组织科学考察队，郑重地派出古人类学家对神农架野人进行了多次严格的实物考证和访谈询问。

通过考察，人们发现了大量野人脚印，长度从 21 厘米到 48 厘米，并灌制了数 10 个石膏模型；收集到数千根野人的毛发；在海拔 2500 米的高处发现用箭竹编成的适合坐躺的野人窝。

综合被访问的 60 多位野人目击者的叙述，可以概括出野人大概的形象：身高约 2 米，身上长着红色或棕黑色的毛发，头发长者能到膝盖上面，脸型像一个小头朝下的葫芦瓢，耳朵圆形且长满了毛，腰臀部肥大，后腿粗壮没有小腿肚，奔跑时腰低而肩高，逃窜爬崖时，不是攀爬而是窜跳。行为特点是：常显出发笑的表情，能模仿鸟兽叫声，还会用一些简单声调作为联络信号，多单独活动。

科学工作者对野人的毛发、脚印、粪便进行了鉴定，发现野人毛发不仅区别于非灵长类动物，也与灵长类动物有区别，有接近人类头发的特点，但又不尽相同。在神农架所发现的野人脚印，和已知的灵长类动物的脚印没有丝毫相同之处，比人类的脚落后，比现代高等灵长类动物的后脚进步。野人的粪便最大的一堆重 1.6 公斤，内含果皮之类的残渣和昆虫蛹等。最令人惊叹的是野人窝，它们用 20 多根箭竹扭成，人躺在上面，就像我们现代的躺椅，视野开阔，舒服自如。

从 1977 年至 1980 年，有关部门组织了大规模的野考，搜集到野人毛发百根，发现野人脚印数百个、粪便多处，还发现野人住过的竹窝。考察结果似乎昭示着人们：神农架的确存在一种未知的奇异动物。

神农架又现野人踪迹

传说并不能作为野人确实存在的证据，最多只能为传说增添一些实际内容。神农架究竟有没有野人，是个难解的谜。很长一段时间，没有再出现有关野人的报道，野人似乎已经销声匿迹了。最近，神秘的“野人”再现神农架。

1993 年 9 月，神农架传出惊人的消息。正是初秋时节，气候宜人，考察人员结束了全天的工作，10 个人乘坐着一辆中型客车往回走。这时已经日薄西山，天色渐渐暗下来，但周围的景物依然能看得很清楚。

汽车行驶到燕子垭以东七八公里处，公路在这里有一个大的拐弯，而且是下坡，由于路上已经没有其他车辆，司机放心地挂了空档，让车子慢慢向下滑行。汽车刚拐过弯不远，就见前方 10 多米处有 3 个人并排着低头向汽车走来，好像还在交谈着什么。车上的人清楚地看到 3 个人可不是普通人，全身布满黑红色或棕红色毛。车上有人惊叫道："快看，是野人！"这时，大家发现眼前的野人们身高约一米六七，和普通人差不多；面部很像人，只是额头宽，眼睛大，嘴部前突；一个比较瘦高，另外两个稍矮，却显得粗壮，有一个手里还拿着件绿色的东西，好像是野果。

因为汽车空档滑行没什么声响，野人没有受到惊扰而逃逸，这才让人有机会近距离看到它们的形象。汽车停住，人们从车上走下来，3 个野人并不想和人发生冲突，它们从公路右侧的陡坡冲下去，钻进距公路 30 米左右的一片密林中去了。

1999 年 8 月，神秘野人再现神农架林区的白水漂。白水漂海拔 3105 米，是神农溪和阴峪河的分水岭，山上是浓密的箭竹、冷杉和高山杜鹃的混杂林。在这片荒无人烟的高山密林地带，过去也曾多次发现过野人。

一天，坐在一辆旅游车前部的人，发现前方有一个高 1.7—2 米、全身灰黑、头发蓬乱、直立行走的奇异动物正在穿越公路。它行走速度十分快，发现汽车后，很快爬上路边的陡坎，钻进了浓密的箭竹林中。

鸭出口派出所的干警和中国科学探险协会分会的工作人员在接到发现野人的报告后，迅速赶到了现场。他们发现直立动物消失处的箭竹林向两边倒状，并发现了 20 多个脚印，不过清晰完整的脚印只有 5 个。

1999 年 9 月 25 日，神农架地区再一次发现野人。这一天上午，居住在神农架、保康县、房山交界处某地的青年农民李某正在家里休息，忽然听到屋外玉米地旁的山梁上传来妇女哀嚎般的叫声。他抄起摄像机跑了出去，摄像机是一位考察人员留在他家里的。他循着那叫声传来的方向爬上一个山岗，四周静悄悄的，在不远处，他看到一个长着棕色体毛的怪物。"是野人！"他猛然意识到。那野人也发现了他，不但不跑，反而大声吼叫着朝他走过来。青年农民见情况不妙，吓得转身就往回跑，一口气跑回了住所，那野人也没有追过来。

青年农民见到野人后，由于害怕而忘了把摄像机打开，很遗憾没有把野人的形象拍摄下来。

野人再现神农架的消息传开后，中国科学探险协会奇异珍稀动物专业委员会主任袁振新教授率队去现场考察，还特别走访了目睹野人的青年农民李某。在发现野人的现场，考察人员摄录了野人活动后留下的遗物、遗迹，采集到毛发共 11 根，长短粗细不等，最长的一根 19 厘米，最短的 2.5 厘米，毛发深棕或灰褐色，与人的头发和其他动物的毛发都不一样。他们还发现野人留下的长 32 厘米、宽 14.5 厘米的脚印，这脚印旁边还有野熊的脚印，两种脚印明显不一样。从发现的情况分析，专家判断出野人的身高在 1.7 米左右。

神秘野人再现神农架，像一块石头投入平静的湖面，又一次激起众多学者和专家的兴趣，他们纷纷到神农架探寻野人的秘密。可是，所谓的野人是否真的存在，究竟是什么样的？对此问题至今尚未得出明确的、结论性的答案，尽管几百年来，有关野人的报道、记载、传说、考证等俯拾皆是。

神农架“野人”寻踪

神农架野人的各种消息曾是世界关注的焦点，人类也正在探寻野人。然而，神农架地区是不是真有野人？如果真有的话，它是一种什么动物？如果没有，又怎么会有如此多的人亲眼看到过，而且目击者中还有些专家学者？“野人之谜”已困扰人类几千年，在今天这个科学日益完善、经济迅猛增长、社会飞速发展的新时代，这一世界之谜能否揭开呢？

关于野人的报道日益增多，特别是在神农架林区。据统计，报道者所见野人的形象，据描述大都相似。目击者与遭遇者中既有当地党政领导、基层干部，也有科技人员、农民和学生；既有单独涉险，也有两人同观，还有集体目睹；既有被野人追赶“活捉”的，也有挨过野人一巴掌的，还有曾用“套子”套过野人的。

所以，中国科学院和湖北省多次组成考察团，开始了对神农架野人现象的探索。考察中，他们访问了许多目击野人者，对脚印、粪便、毛发等实物进行研究，并对野人窝巢进行调察。从所掌握的现有资料来看，考察者们初步掌握了神农架野人的相貌特征。

为了探索神农架野人传说的消息是否真实，以及神农架地区许多待解之谜，有关部门多次组队深入林区实地勘查，对神农架地区的自然环境和生物资源进行全面考察。

1995 年春，一支“中国珍奇动植物综合考察队”开进了神农架林区，队伍中有不少是造诣颇深的学者。他们跋山涉水，风餐露宿，历尽艰辛，几乎走遍了神农架的山岭沟谷，取得了丰硕的考察成果，遗憾的是唯独没有发现野人。雨季来临，道路湿滑难行，吃住也都十分困难，这批科学考察人员只好撤出了山林。

“中国珍奇动植物综合考察队”在考察过程中虽然没有发现野人，但他们声称不排除神农架存在野人的可能性。他们还声称，虽然没有找到野人，却获得某些与野人有关的线索。在继续深入考察和进行科学论证之前，对是否有野人存在是不能轻易下结论的。

有很多学者认为根本不存在野人，并且他们有相当充分的科学根据。

首先，他们认为一个物种要生存下去，需要有一定数量的成员。1999 年 8、9 月份发现野人的消息传出后，湖北省野生动物保护站的专家指出：一个高等物种必须有 50 个以上的个体存在，它才能够生存下去；否则就无法保护物种遗传的多样性，导致近亲繁殖，使其后代越来越衰退，直至消亡。神农架地区如果有野人的话，肯定不会只有几个个体，需有一个种群存在，这样才能延续至今。而实际上，从闹得沸沸扬扬的关于发现野人的报道中可以看出，野人的出现只是一些零散的个体，其总的数量远没有达到 50 个。“野人之谜”闹了这么多年，有那么多人到神农架去考察、寻觅野人，至今也没抓到一个野人，甚至没有找到一具野人的尸骨，不正说明野人是不存在的吗？

其次，既然有野人生存，它总会有个栖息之处。那么多深入林区考察的人员走遍了神农架的山山岭岭，为什么没有发现一处野人栖身的洞穴呢？

他们认为，在神农架发现的所谓野人的脚印、毛发并不能作为野人存在的有力证据。那些对所谓野人毛发、分泌物等的鉴定结果，并不能证明是野人特有的，有可能只是一种仅次于人类的高级灵长类动物的。

神农架地区山高谷深，地形复杂，森林茂密，气候多变，在这里进行野外实地考察确实相当困难。随着科学技术的进步，人类可以借助高科技去探寻神农架的野人之谜。目前已经相传在野人出没地区的上空施放了悬挂红外摄影机的高空气球，如果有什么动物出现的话，通过计算机可做热成像处理，这样就可以分辨出来。

科学是严肃的，在没有发现确凿有力的证据之前，对神农架地区是否有野人存在，绝不能轻率地下结论。

神农架旷世之景

神农架是否存在野人是个难解之谜，其实神农架的一切都是神奇的，神农架还有许许多多难解之谜。

据不完全统计，神农架有 2000 多种优良野生植物，1000 多种地球上残剩无几的稀有树种，还有大片的第三纪古老植物群落及 500 多种珍禽异兽。

通往板壁岩的公路旁，是白色动物的出没之地。这个叫阴峪河的地方很少有阳光透射，适宜白金丝猴、白熊、白雕、白猿、白狼、白松鼠、白蛇等动物栖息，此外还有白乌鸦、白猫头鹰、白龟等等。据说，白色动物只可能生活在北极，而这么多白化动物在神农架栖息，仅仅用气候的原因是解释不了的，这就成了科学上的待解之谜。据见过白蛇的人介绍，白蛇通体洁白无瑕，盘踞时犹如一尊玉雕，挺立时就像一根银棍，行动十分神速，贴地而飞，霎时便不见了踪影。神农架的白蛇可以说是为我国著名神话戏剧《白蛇传》找到了实物佐证。

不过，这些白色动物到底是因变异产生的，还是一种新的动物，目前还无法解释。人们从前只以为北冰洋有白熊，而神农架的白熊也是有一定数量的，有人还曾经捕获过两只小白熊，其母熊与父熊均是白熊，而不是黑熊或棕熊。有专家认为，神农架白熊可能是一个独立的种群。

据说，神农架还有关于棺材兽、独角兽、驴头狼的传闻。棺材兽最早在神农架东南坡被发现，是一种长方形怪兽，头大、颈短，全身麻灰色毛，疾奔起来，能把树枝脆生生地碰断。独角兽的头跟马脑袋一样，体态像大型苏门羚羊，后腿略长，前额正中生着一只黑色的弯角，似牛角，约 40 厘米长，从前额弯向脑后，呈半圆弧弓形。驴头狼全身灰毛，头部跟毛驴一样，身子又似大灰狼，好像一头大灰狼被截去狼头而换上了驴头，身躯比狼要大得多。

神农架是一座不可多得的绿色宝库，拥有很多古老的树种，如珙桐、冷杉、香果树、铁坚杉、鹅掌楸、红豆杉、水杉等。

古树珙桐只在中国幸存，为世界独一树种。珙桐树干高 15 米左右，叶似桑，边缘有尖齿，花开于春末夏初，淡雅而高贵，枝条上乳白色苞叶成双成对，内托圆珠形花团，苞叶如鸽子的双翅，风吹枝摇花动，满坪满树都作振翅欲飞状，西人爱其形，称之为中国鸽子树。

神农架南部和中部海拔 600—1400 米的山坡上，生长着中国特有的松科杉属植物、常绿高大乔木铁坚杉。小当阳后山坡上有名为“神农老树”者，树龄约为 900 岁，胸径 2.38 米，高 46 米，胸围 7.5 米，积材 80 多立方米。这棵阅尽人间春色的铁坚杉干似青桐，叩之有声，苔痕满身也似锈衣斑驳，古朴沧桑，威风凛凛。所不见者，是神农老树的根，在山岩裂隙间游走、攀援，支撑起九百春九百秋金刚不烂的栋梁之材。

成书于汉代的《神农本草》及明李时珍写的《本草纲目》均记载神农架有奇珍中草药材，其中的特别名贵者，生于偏僻峻险之处，人迹难至。其名字极为生动，如头顶一颗珠、七叶一枝花、文王一枝笔、江边一碗水等。

除了动物之谜、奇异的植物外，神农架还有许多神奇的地质奇观。

红花乡境内有一条河名叫潮水河，河水一日三涌，早中晚各涨潮一次，每次持续半小时，涨潮时，水色因季节而有所不同，干旱之季，水色混浊，梅雨之季，水色碧清。

宋洛乡里有一处冰洞，只要洞外自然温度在 28℃以上，洞内就开始结冰，山缝里的水沿洞壁渗出后形成晶莹的冰帘，向下延伸可达 10 余米，滴在洞底的水则结成冰柱，形态多样，顶端一般呈蘑菇状，而且为空心。进入深秋时节，冰就开始融化，到了冬季，洞内温度要高于洞外。

与宋洛冰洞不同，木鱼镇的冷热洞别有一番景观。洞中时而冷风习习，时而热浪滚滚，对于这种忽冷忽热的现象，目前还没有一个圆满的答案。还有官封乡的鱼洞，每当春雷响过之后，洞里水色由清变浊，等水色完全浑浊后，一尾尾筷子般长短、无鳞无甲、洁白如银的鱼儿便摇头摆尾地钻出洞来，场面蔚为壮观。

神农架的自然环境似有一种特别的格局：即万物皆有洞，如青蛙洞、蛇洞、老龙洞、风洞、雷洞、金洞、银洞、玉洞等等举不胜举。多么神秘的神农架，不知使多少考古学家为之痴迷，多少文人骚客为之癫狂，多少游人为之怦然心动！

离奇的鬼市

清代的《兴山县志》曾生动地记载着神农架的“鬼市”：“神农山……为三邑（房县、大山县、巴东县）界山，一名神农架，高寒，为三邑最幽深险阻，多猛兽，产白药。光绪十年（1884 年）三月，邑（兴山县）廪生陈宏庆经彩旗（今神农架林区本名镇彩旗村），远望神农积雪，询之，古人云：山上常八月雨雪，至明年六月始消，又，常六月飞霜。久雨初霁，峰峦隐现，有如城郭村落，相传为山市；每岁元宵，中秋夜、除夕，时闻爆竹鼓角声；又常见大人迹。”

自 20 世纪 70 年代以来，目睹神农架的“鬼市”的人既有当地的农民、工人和科技人员，又有外地的旅游者。目睹者往往感到莫名其妙，但又不敢随便声张，这正如神农架某些山民看到虎豹不觉惊骇，而看到高大的红毛“野人”却往往吓昏乃至几天不能讲话，更不敢轻易讲出去，以避免各种流言和非难。

其实，神农架“鬼市”并不像人们想象的那么离奇。现代科学得出结论：“鬼市”同“海市”等一样是一种奇特罕见的光学现象，是大自然的杰作。“鬼市”、“海市”、“天地佛灯”等并不是所谓蛟龙、大蛤蜊之类的怪物吐气喷云形成的，更不是神仙鬼怪制造的，而是自然现象——蜃景。人们按照不同影像的形态，将“蜃景”分为上现蜃景（正像）、下现蜃景（倒像）、侧现蜃景（斜像）等；按海拔高低或地域的不同，又将“蜃景”分为“山市”（即“鬼市”）、“海市”（即“海市蜃楼”）等。譬如，庐山五老峰和神农顶出现的“山市”属于上现蜃景，而“天池佛灯”则属于下现蜃景。

从现有资料分析，神农架是我国自古至今发现“鬼市”和“佛光”的海拔最高的地区和多发地区。当人们自然而然地将“鬼市”与神农架“野人”、“独角兽”（麒麟）、驴头狼、白化动物、“水怪”、“飞碟”、“佛光”、奇洞异穴等自然之谜联系起来时，这就更耐人寻味了。

无论“蜃景”（包括“鬼市”）是多么复杂多样，也不管“蜃景”的影响是多么奇妙诡谲，其原理基本相同。这些“蜃景”都是自然界的光线通过不同密度的空气层，发生折射（或伴有全反射），进而在空中或地面上显示远处景物而出现的奇异幻景。

第二十五章
地球最后秘境——雅鲁藏布大峡谷

北纬 30° ，东经 95° ，这是一个神奇的点，一个令人疑雾团团的点。雅鲁藏布大峡谷就在这里绕点盘旋，形成世界第一大峡谷，形成最神奇的大峡谷。雅鲁藏布大峡谷位于青藏高原之上，雅鲁藏布江中游，中国西藏自治区林芝地区境内。

这里有青藏高原最难见到的热带森林，有森林里最珍稀的动植物资源，有巨大的冰川，有民俗独特的少数民族，有全国唯一不通公路没有电话的县政府。溜索是这里的桥梁，山崖是这里的房基；飞机在这里坠毁，毒蛇在这里作祟……

峡谷奇观

大峡谷在拐弯处围绕着南迦巴瓦峰做了个奇特的马蹄形大拐弯，高峰、拐弯的峡谷构成了一种自然奇观，这在世界峡谷河流发育史上都是罕见的。实际上，在大拐弯峡谷，小的拐弯峡谷一个套着一个，深的峡谷一个叠着一个，构成了一幅无比奇特、壮丽的景观。

喜马拉雅山东西纵横绵延2400公里，只有头尾两处被大河劈开。在西端是位于克什米尔的森噶尔藏布江，它劈开喜马拉雅山来了个大拐弯，进而环绕着海拔8125米的南迦尔巴特峰。在东端便是位于中国西藏的雅鲁藏布江，它劈开喜马拉雅山也来了个特大的拐弯，又环绕着海拔7787米的南迦巴瓦峰。令人惊奇的是，同一山脉两端，两座峰对峙，遥相呼应，并且同时又被大江深深围绕形成巨大峡谷，如两颗巨大的钉子，将一条高大山脉的两端钉稳固定在欧亚大陆板块之上，这是偶然的巧合，是大自然的鬼斧神工，还是一种不为人知的规律？

另外，“一山有四季，十里不同天”的垂直自然带在大峡谷地区也分外明显。大峡谷地区的立体气候构成了奇特的植被景观。从高到低所造成的立体气候，从高山冰雪带到低河谷热带风季雨林带，垂直方向上出现了9个自然带，就像从极地走到了赤道一样。不同自然带景观各异，蕴含的生物多样性资源特别丰富，因此这里是世界上垂直自然带最完整、最齐全的地方，也是研究全球变化的理想地方（以往都认为我国的贡嘎山东坡是世界山地垂直自然带最齐全的地方，有7个垂直自然带）。

雅鲁藏布大峡谷有着许多别具风采的瀑布，它们就如山岭中的庙宇、小溪上的石桥，更为大峡谷增添了几分神秘、几分壮观。

根据测量和考察，大峡谷中共发现四大瀑布群，从下游往上游，分别确定了它们的地球特征：

秋古都龙瀑布（北纬29° 49′ 00″，东经95° 06′ 20″），高15米，宽40米，海拔1890米，距大峡弯顶端帕隆藏布汇入口14.6公里。在主河床瀑布右侧上方陡崖上又有一条宽1米、高50米的支瀑如匹练飞挂，与主河床瀑布映衬组合在一起，构成峡谷中最壮美的景观。

绒扎瀑布（北纬29° 51′ 10″，东经95° 05′ 01″），高30米，宽70米，

海拔 1680 米，距大峡弯顶端的帕隆藏布汇入口 6 公里。考察时看到瀑布上方有美丽的彩虹时隐时现。

藏布巴东瀑布 I（北纬 29° 46′ 25″，东经 95° 11′ 05″），分两股跌落，左侧者高 33.36 米，右侧者高 21.04 米，总宽 117 米，海拔 2140 米。

藏布巴东瀑布Ⅱ（北纬 29° 46′ 34″，东经 95° 10′ 40″），高 35 米，宽 62.57 米，距大峡弯顶端帕隆藏布汇入口 20 公里河床上，是大峡谷河床落差最大的瀑布，磅礴气势最为壮观。

在大峡谷水系范围内，瀑布很多且各不一样。它们同流水和地质、地形等相结合，出现干流河床瀑布、支流沟床瀑布和跌水，以及坡面上悬挂的瀑布等等。既有湖水、冰融水跌落成的瀑布；更有大小河道的众多跌水，仅是比起瀑布来规模要小而已。多年平均 1800 多立方米／秒的巨大水量，奔流在宽不过 35 米的峡谷基岩河槽、平均河床坡降达到 24‰的急陡河床上，这样短距离作急拐弯的河段，出现这样多、规模大的河床瀑布，不仅在中国的大河上是独一无二的，想来在世界峡谷河道上也是罕见的吧！

大峡谷地区是巨大的水汽通道。由印度洋来的暖湿气流经西南季风吹向布拉马普特拉河流域，迎面遇上印度东北部海拔近 700 米的卡西山地，加上地形的抬升作用，在山地南麓乞拉朋齐站形成了世界上最大年降水量（10070 毫米）。暖湿的水汽再沿雅鲁藏布江下游河谷向北输送，在我国西藏墨脱一带形成又一大降水带，年降水量达 4500 毫米左右。经过雅鲁藏布江大拐弯顶端后，大部分水汽再沿易贡藏布江逆江而上，直抵念青唐古拉山南麓。在这条水汽通道上，年降水量为 500 毫米，降水量等值线的最北端仅为北纬 27°，两者相差 5 个纬距。这就意味着，由于这条水汽通道的作用，等值的降水带可向北推进 5 个纬距。

水汽通道输送作用，造就了雅鲁藏布江——布拉马普特拉河流域的世界降水之最，形成了丰富的水流，多年平均径流量最高达 1654 亿立方米，居我国第三位。沿河地形陡峭，河流坡降高达 23‰，造就了巨大的水能资源。全流域水能蕴藏量达 11348 万千瓦，仅次于长江。单位流域面积和单位河长的水能蕴藏量居我国各大河之首。若在大峡谷拐弯处裁弯取直，开凿隧道，可建装机容量超过 3800 万千瓦的墨脱水电站，它将是世界上最大的水电站。

大峡谷地区由于受到海洋性气候的控制，在高山上发育的是季风型温性冰川。冰川的发育主要以雪崩的补给为主。以南迦巴峰为中心，冰川的发育呈不对称的掌状分布，迎风的东南坡发育着德母型巴、白弄巴、央朗藏布等三条长大的山谷冰川，而背风的西北坡仅有一条则隆弄沟冰川。这类山川可长 10 多公里，在陡峭的地形下常出现巨大的冰瀑布和弧拱构造。它们往往蜿蜒到亚热带的森林之中，开端可到达海拔 2000 多米的地方，构成又一种自然奇观。夏季冰川的强烈消融，末端以下爆发冰川泥石流，是这里一种主要的山地自然灾害。特别要提到的是则隆弄沟冰川，其在 1950 年 8 月 15 日大地震中曾崩裂，发生分段跃动。地震时江边的房子被高高弹起，尔后又落到江里。

现在冰川跃动过程中留下明显的修剪线（对两侧山坡和植被的修剪）和谷底残存的 5 段冰体，为我国首例因地震而触发的跃动冰川类型，构成又一自然奇观。大峡谷地区的山谷冰川、如来姑冰川、米堆冰川、嘎隆冰川等，那里的雪崩、冰川、森林、湖泊、村庄和寺庙、农田，在很小的范围内和谐共存，出现了大气圈、冰雪圈、岩石圈、水圈、生物圈的复合，一系列自然、人文奇观汇总在此构成了大峡谷地区特有的壮观秀丽的风景线。

受气候带向北移动的影响，在这条水汽通道上，许多典型的热带生物均由通常分布的北纬 24° 向北移动，最北可达北纬 29° 左右，成为北半球热带生物分布的最北界，如低等植物中的红细胞牛肝菌、高等植物中的千里榄仁、爬行动物中的大眼镜蛇、鸟类中的棕颈犀鸟、哺乳动物中的孟加拉虎、昆虫中的金印度秃蝗等。

第四纪冰川期中，持久的严寒扼杀了不少生物种类。然而位于藏东南的雅鲁藏布大峡谷，其优越的暖湿气候和立体生态条件，却为生物南北迁移提供了安全的走廊，成为古老生物的良好“避难所”，保存了大量的古生物种，为我们留下了许多“活化石”。例如，在这条通道地区，保存了苔类植物活化石——藻苔，蕨类植物活化石——桫椤，裸子植物的活化石——百日青和红豆杉等，被子植物活化石——水青树、领春木，锈菌活化石——拟夏孢锈属和明痂锈属。

大瀑布之谜

瀑布群如此众多，奇观如此罕见，寻觅大瀑布的过程也是如此的惊奇。

为了弄清峡谷瀑布的真相，考察队员更是不畏艰辛，奋力寻找传说中的大瀑布。

考察队员走过的“路”大多在无人区，特别艰险，有人形容为“猴子路”，这是很恰当的。因为在原始森林里，本就没路，大伙只有像猴子一样，在倾倒的大树下钻过来、爬过去；在河滩里，要在光滑的大石头上跳来跳去；过河走独木桥，过江在溜索上爬；在通过滑坡、泥石流、悬崖段时，双手、双脚全得用上，有时还得靠抓树根、灌木丛、绳子才能通过……走这样的路，还得经受旱蚂蟥、草虱子、毒马蜂、毒蛇的叮咬或侵害。刚开始时，大家很怕旱蚂蟥，几乎每个队员全被叮咬过，几次以后也就无所畏惧了，不外是出血，留些青紫伤痕罢了。最烦人的是草虱子、毒马蜂。人被草虱子叮咬，你不会觉得，一旦发现竟不容易把它弄下来，不过小指甲盖大的草虱子叮住人以后，其尖长的头部会深入皮层，稍有不慎就会将它的“嘴”留在人的肉皮里，很容易引发炎症。毒马蜂则实行“聚歼”，只要你惹了一个，则一窝蜂涌向你，在你身上无孔不入，无处不叮，而且不放手，一旦被叮则马上肿胀中毒，极易致命。此外，恶劣的吃住条件使人的体能很难恢复。就是这样的艰苦，科考队员仍顽强地考察下去。

20 世纪 30 年代，几位英美探险家曾记述过白马狗熊附近有两条巨大河道瀑布，但没确切记载方位、规模。特别是在这一带，1950 年发生过到目前为止世界上最大的一次地震，大瀑布还存在不存在，这些都是待解之谜。

近几年，成都军区直升机的飞行员到墨脱执行任务，在飞越大峡谷时也看到了瀑布，但方位及长、高度都说不清。1995 年日本民俗映像株式会社在雅鲁藏布江上搞漂流时，一名队员遇难。在寻找遇难队员时，他们使用了飞行器。据日本驾驶员讲，在门中村的雅江上游看到了一条白白的带子，好像一个瀑布。门中村的一些猎人也说见过瀑布，但至于有多大，谁也说不清。

带着种种疑问，中国考察队的 17 名科考人员和 50 名民工向深山老林出发了。登山探险家以及几个猎人，拿着大砍刀在崇山密林中砍出了一条只能一人通过的小路。天公似乎有意与探险队作难，出发的第二天就下起了小雨。雨水加汗水使每个科考队员都是内外全湿，夜晚有时因找不到一块大的平地搭帐篷，所有科考队员和民工只得围着篝火席地而卧。进入无人区的第四天傍晚，就在 17 名科考队员被蚂蟥、雨水和汗水逼得快发疯的时候，江边上传来了巨大的轰鸣声，队员们精神为之一振，几天来的烦恼顿时一扫而光。大瀑布！他们看到了大瀑布！

第二天天刚亮，17 名科考队员全部站在了大瀑布的左岸。汹涌的雅鲁藏布江水倾泻而下，砸起了巨大的水雾。科考队员们用 GPS 定位仪测出了大瀑布的位置。记者们全部挤到一块不足 20 平方米的锥形巨石平台上，抢拍着大瀑布的雄姿。正午时刻，在强烈的阳光照射下，大瀑布出现了灿烂的彩虹。有人建议称该瀑布为“飞虹”，但队部考虑了多数人的意见后，决定叫“绒扎瀑布”(此地的地名叫绒扎)。

“绒扎”大瀑布的发现，极大地鼓舞了科考队员，当天就决定派科考队员金辉、徐进带领 10 名民工往前继续寻找其他瀑布，同时把最好的装备、最好的设备、最好的食品留给他们，其他队员撤回扎曲大本营。

金辉和徐进在猎人和民工协助下，在茫茫的林海中又继续往前走了 5 天，在西兴拉附近与科考队一分队隔江相遇。他们又发现了 3 处大瀑布群。其中海拔 1890 米的秋占都龙瀑布高约 15 米，宽约 40 米，既雄伟又壮观。

科考队一分队在白马狗熊至西兴拉的无人区中发现了一处大瀑布遗址。考察后他们认为，1950 年的大地震后，由于巨大的泥石流滑坡及河流改道，传说中的虹霞瀑布已不存在。

至此，关于雅鲁藏布江上有关大瀑布的种种谜团，总算有了一个较为完整的答案。

神秘的处女地

雅鲁藏布大峡谷风景秀美，是西藏的“西双版纳”。这里民风原始、古朴，是神秘的处女地，独一无二的天然动植物博物馆，洪荒时代遗留下来的活化石，真正的世外桃源、人间仙境。

墨脱居民的住房和生活习惯令人惊奇，他们把一间间木屋、木楼、阶梯式地挂在近乎直立的山崖上，从下面往上看，就像城市游乐园里那高大的、挂着许多斗屋旋转的摩天轮。家家户户的木屋都是三面悬空，一面对着岩壁，开门见山，走出门没有多大的活动余地，必须上山或下山。

他们是如何建造房屋呢？60度以上的山坡，山势陡峭，岩壁坚硬，在没有平地的三尺长以上的悬崖上，即使是世界上最高明的建筑师，在没有任何现代工具和设备的情况下，都会望而生畏、束手无策的吧。但是，为了生存，人类可以产生巨大的智慧。门巴人和珞巴人不得不适应环境，依据地势，别出心裁地把木屋高挂在峭壁悬崖上。一家一户接连不断，就形成了一串阶梯式民居组成的村庄。

雅鲁藏布大峡谷地区的人民生活及交通现状也是相当与众不同的。

溜索是珞巴和门巴族人横悬于河上的传统交通工具，溜索用竹篾或藤条编成，过河时用一个硬木做的溜壳套在索绳上，人也套进溜壳里，向前滑行。到河中间溜索滑不动时，便用双手攀着溜索向前爬，背向河水面向天空，就这样爬到对岸。

浩浩江面，波翻浪涌，只见一条钢丝般的溜索横跨在江上，约300米，固定在两岸的木桩上，上面拴着溜索，能来回滑行。走到跟前，才知道溜索安装了滑轮，两岸的人可以用绳索控制滑轮，以减少过江人所费的力气。

第二十六章
世界最低点——马里亚纳海沟

海洋中与陆地一样地势起伏万千，有海岛、海岭凸起，有海槽、海沟凹下，其中最深者为马里亚纳海沟。马里亚纳海沟位于西太平洋北部，从菲律宾以东洋面向北延伸到琉球群岛以东日本以南洋面，与日本海沟相连，地球坐标为北纬 10°—32°，东经 130°—135°。马里亚纳海沟最深处位于北纬 32° 附近，极值为海平面以下 1.1034 万米。马里亚纳海沟沟内狭窄，四周为岛弧，有马里亚纳群岛，是个地震密集带。

在这么深的水下面，重力有多大，有地磁场吗，有海浪吗，海沟内是平坦还是陡峭的，是生命旺盛还是一片死寂，这里有美人鱼吗，这些都引人遐思。

马里亚纳海槽

马里亚纳海沟是太平洋西部构造的剧烈活动带，马里亚纳海槽是其三大主要构造单元之一。海槽中心轴裂谷把海槽分成东西两部分，西部海底地形崎岖不平，西马里亚纳海脊边缘由陡崖组成，这些陡崖水平错距达 2.5 公里，且向南向北水平错距变小，但沉积物却越来越厚。海槽东部海底地形比较平坦，但是，在火山沉积层之下，基底起伏可达 1000 米。在轴裂谷以东 20 公里的范围内，沉积物厚度一般在 500 米以上。由于轴裂谷东缘断块的阻挡，物质在该区快速沉积下来，其组成几乎全部是来自活动岛弧的火山岩屑物质。

在海槽轴裂谷中，地堑谷地、断崖槽壁、扩张裂谷、槽底隆脊和槽底断块发育得十分完好，正地形与负地形之间高差达 2600 米。强烈的火山作用和其他地质构造活动控制了不同地貌类型的空间分布和形态特征，导致该区地质构造乃至“细微结构”发生变形。磁性物质源不同空间、不同时代的分布，又决定了磁场的分布面貌和特征，表现为磁场分布复杂、异常走向和线性布局不及大洋中脊的清晰、磁场幅度较大等特点。

1990 年 7—8 月，中德再次实施了 SO69 航行，对马里亚纳海槽轴部海洋地质进行综合调查。从海槽的构造特征看，纵横两组交叉断裂控制了整个海槽的形成和演化。沿深大断裂带侵入、上涌和喷发的岩浆物质形成了规模不等、时代不同的海底火山。这些形态各异、时代不同的海底构造和地貌单元就是磁异常的“物质源”。在纵横断裂带的交汇处，岩浆活动十分活跃，拉斑玄武岩普遍发育，致使磁场多呈正异常，且表现出幅度高、梯度大的特点。总之，在马里亚纳海槽轴部断裂带中，复杂的地质构造活动决定了地球物理鲜明的特征，它们表现出正负磁异常交替、线性走向不清晰、分布格局复杂等特点。

马里亚纳海槽是一个仍在活动的弧形准盆地。作为板块运动体系，这个弧形准盆地实则是太平洋板块中的贝尼奥夫带冲向亚洲板块的产物，因此其地球物理特征与标准洋盆具有以下几点明显的区别。

海槽的重力异常。软流圈中的高温地幔物质膨胀上涌，导致火山活动不断发生。莫氏面抬升造成这一地区质量过剩，其均衡状态随之也遭到破坏。因此，分布在马里亚纳海槽的重力异常、自由空间异常和布格异常均为正值，它与标准大洋盆的重力异常组合特点有着明显的差异，而自由空间异常显然比正常大洋盆的要大。

火山地震频繁。马里亚纳岛弧系东被太平洋俯冲带隔离，西被菲律宾板块分开，在两大汇聚板块之间产生了一个高压区。在应力作用下，频繁的火山活动伴随着弧后扩张同时发生。在过去的 500 万年中，马里亚纳海槽最大的火山“群”曾以 10—15km 的速率沿着活动的火山弧断面快速增长。至今，海槽区仍然有许多小地震不断发生。

马里亚纳海沟的神秘现象

长期以来，人们都认为大洋深处是一个平坦的、无生命的、多沉积物的平地，其实大洋底部是不平的。海底有辽阔的深水平原和盆地，有几千米高的海底山脉与高原，还有深达万米的深海沟。洋底同样有各种生物在活动，甚至在万米的深海沟中，你还可捕获到海参、深水鱼虾等动物。

马里亚纳海沟是大洋底部的一个独特环境，这里面也有生命存在吗？

深海的环境是特殊的。在沉静、黑暗、寒冷与高压的环境下，完全没有植物，只是生活着一些奇异的动物。它们的身体有特殊的结构，海水可以渗透到细胞里去，使体内的压力与周围水的压力平衡。深海中食料是稀少的，为了不漏掉任何一点可能得到的食物，深海动物长了一些特殊的器官。如鱼类，有的长着大嘴，游动时不断地吸水，将水过滤后可以取得一些微生物残体作为食料；有的长着很长的触手用来捕获食物；有的长着望远镜一样的眼睛，能够利用微弱的光线搜索和猎取食物；有的动物，如海葵的触手也变成过滤器官，以更易于取得食物；还有一些具有一张大嘴，牙齿锐利，能把比自己身体还大的鱼吞食下去。深海动物有很多是掠食性的，它们彼此间相互为食，也掠取其他底栖生物。它们通常个体很小，一般只有几厘米长，这主要是因为深海底食物稀少，难以获得，因此深海的动物应具备上述特殊的结构与技能。在没有阳光的深海中，最引人注目的就是深海动物的发光器官了。发光器官非常巧妙，有的具有透镜、反射镜和滤光镜的作用；有的具有发光的胶质，能发出荧光。这些能发光的深海动物，就利用发光器官来寻找食物，或者用来迷惑、吓跑敌人，以便自己逃掉。发光动物到处游动，因而漆黑的深海中闪烁着红的、蓝的、绿的光点，显得特别有趣。

马里亚纳海沟作为世界上最深的海沟，它里面同样存在着一些特殊的动物，具有很高的科研价值。同时，它里面也含有热液矿，具有开采价值。

与马里亚纳海沟紧挨的是马里亚纳群岛，这些群岛呈弧形排列，地理学上称之为“岛弧”。岛弧与海沟紧密相连，构成地球表面地形起伏最剧烈的地带。

岛弧是海底火山喷发构成的岛屿，主要是一些地质年代比较新的火山岩。海沟的横断面往往呈“V”形，向大陆的一面为坡陡，向海的一面为坡缓。海沟两壁岩层裸露，而底部平坦，堆积着一些软泥，也有些沙和砾石等。这些岛弧与海沟的位置非常独特，处在大陆地壳与海洋地壳的交界处。地球上大部分火山地震都集中在这里。例如，阿留申群岛、千岛群岛、日本、菲律宾、印尼以及秘鲁、智利等地，不仅火山众多，而且地震频繁，全世界将近 80% 的地震都发生在这一地带。

地震在岛弧海沟带的分布是很有规律的。岛弧和海沟区域是一些浅源地震（震源深度在 70 公里以内）；向大陆方向，震源逐渐加深，出现中源地震（震源深度 70—300 公里）；再向大陆方向分布着深源地震（震源深度超过 300 公里）。假使我们把震源归纳起来，大致呈一个倾斜平面，即从岛弧海沟开始，以 40℃的倾角向大陆一侧倾斜，就好像地球被一把“利斧”以 40°的倾角砍了一刀，而刀砍在地球表面上的“刀痕”是弧形的，“利斧”砍入地下 700 公里深，“刀痕”在地球内部也是一个平面。火山活动、地震以及深部岩浆的喷发都是在地球的这个“创伤面”上发生的。

造成这些现象的原因是什么呢？研究表明，岛弧海沟是大陆地壳（板块）与海洋地壳（板块）交接的地方，地球内部的运动（热对流）使得地壳发生水平移动，海洋地壳向大陆移动，互相碰撞，海洋地壳向下弯曲，被挤压而插到大陆地壳下面。如果海洋地壳被挤压弯曲以至超过它的刚性强度时，就会发生断裂，这时就会产生地震。海洋地壳在不同深度上发生断裂，地震就在不同深度上发生。当海洋地壳被挤到 700 公里时，玄武岩质的洋壳已被地球深部高温的岩浆所熔化，而地壳熔化了，断裂也就不会发生了。所以，最深的地震震源不会超过 700 公里。大洋板块在向大陆板块俯冲切入时，大陆板块边缘被挤压上拱，而俯冲进入地球深部的大洋板块被熔化为岩浆，这些深部的岩浆沿着大陆板块边缘的裂隙上升，喷出地表，形成火山岛弧，而岛弧向大陆一侧受挤压破裂形成为大陆边缘的海盆。所有这些都是在大陆、海洋板块运动碰撞中形成的。

马里亚纳海沟依然在活动中，它同珠穆朗玛峰一样，进行着无休止的地壳运动，并以同样神秘的形象令我们不断探索、追寻。

第二十七章
美国“河流之父”——密西西比河

北纬 30°，这里有许多大江大河奔向海洋的入海口，美国的密西西比河就是其中之一。“密西西比”是英文 mississippi 的音译，来源于印第安人阿耳冈昆族的语言，“密西”（misi）和“西比”（sipi）分别是“大、老”和“水”的意思，“密西西比”即“大河”或“老人河”。它位于北美洲中南部，是世界第四长河，也是北美洲流程最长、流域面积最广、水量最大的河流，享有“河流之父”的美誉。

密西西比河的秀美风光

一泻千里、奔腾不息的密西西比河是美国第一大河，全长 3950 公里，若以发源于落基山脉东坡的最大支流密苏里河的源头算起，其长 6262 公里，名列世界第四。流域北起五大湖附近，南达墨西哥湾，东接阿巴拉契亚山脉，西至落基山脉，面积 322 万平方公里，约占北美洲面积的 1/8，汇集了共约 250 条支流。

如果乘坐飞机从美国上空向下俯瞰，常常可以窥见河两岸一片青绿的大地上，密西西比河就像一条乳白色的飘带，由北向南嵌在美利坚合众国的大地上。银白色的河水静静地向南流着，河上一队队、一列列的顶推驳船南来北往，呈现出一派繁忙的景象。

密西西比河跟长江一样，其全部流域也是位于一个国家之中，属于地缘封闭型的河流。但是它的流向是自北而南，而非自西而东。然而这种走向其实也没有让它将美国切割为东西两块，就像长江在中国历史上所起的作用一样。

水流跟文化的命运是息息相关的，一条河流的流向注定了它以及生于斯长于斯的人民命运，一切似乎都是天意安排。

1682 年，法国人拉·索乐（LaSalle）沿着密西西比河南下，找到了河流的出口处，即今天的新奥尔良。此后的 150 年左右，密西西比河成了冒险家的乐园。在农牧业还占据着主导经济地位的时候，这条河流给农场主和半吊子的商人带来了无穷无尽的梦想。

密西西比河的支流很多，比较重要的有 54 条，由于气候地貌等条件的异同，东西两侧支流的水文特征截然不同。其中最主要的支流有俄亥俄河、密苏里河、阿肯色河、雷德河和田纳西河等。这些支流像一棵大树上的茂密枝丫似的分布在整个流域之中。

密西西比河上游包括密西西比河的最大支流密苏里河和密苏里河口以上的干流部分，实际上包括整个密苏里河流域和密西西比河本身的上游流域，全长达 4300 多公里。它首先流经落基山地，河流分割山地，水系复杂，支流如辫，弯弯曲曲，形成许多风景秀丽的峡谷。流经大瀑布城附近的一段在长仅 16 公里的流程中，落差就达 187 米，形成巨大的急流瀑布。

密西西比河的中游河段比较短，一般从密苏里河与密西西比河汇合处算起，直到俄亥俄河河口为止，全长 320 公里，主要包括密苏里州和伊利诺斯州的部分地区。这里终年温暖多雨，作物生长良好，水流稳定，航道深阔，航运价值很大，每年货流量大，运输非常繁忙，是美国经济比较发达的平原地区。这里有许多重要的经济中心和交通枢纽，如被称为“向西进发的门户”的圣路易斯和印第安纳波利斯等，就坐落在密西西比河中游河畔。

最富有特色的是圣路易斯那建在密西西比河畔高耸入云的巨大钢构拱门，风光秀丽的密西西比河宛如一条玉带从这座雄伟壮观的萨里南拱门脚下流过，给城市增添了多姿的景色。高 192 米的萨里南拱门于 1964 年动工，耗时 2 年建成。坐电梯到达顶层，从高处眺望，密西西比河两岸美景尽收眼底。

密西西比河的下游河段则从俄亥俄河河口起一直到密西西比河三角洲的河口部分，全长 1570 公里。这个下游河段比较平坦，河流的弯曲度也不大，这里气候温和，雨量充沛，属于亚热带湿润地区。

密西西比河从开始垦殖的时候起就是南北航运大动脉，但历史上的密西西比河灾害比较频繁。20 世纪初期，中下游地段河水不断发生泛滥，城镇乡村的建筑大部分被摧毁，农田和果园遭到破坏，工业和交通几乎全部瘫痪。许多人背井离乡，流离失所，经济损失非常严重。但是今天，经过美国人民的开发建设，密西西比河流域发生了巨大变化，洪水已被控制，水源得到充分利用。如今处处是绿色的河岸，生气勃勃的工业城镇星罗棋布，繁忙的船队与轻快的游艇使这条源远流长的大河苏醒了过来，美丽富饶的密西西比河使美国的大地生辉增色，更加娇媚。

密西西比河是美国国家文化和娱乐休闲的宝库。每年仅旅游、捕鱼和休闲娱乐产业的产值就能达到 214 亿美元，为流域各地提供了 35.1 万个工作岗位。密西西比河同时也支撑着价值 126 亿美元的航运业，提供相关工作岗位 3.53 万个。全国一半的谷物和大豆都经由密西西比河上游运出。

密西西比河及其洪泛平原共哺育着 400 多种不同的野生动物资源，北美地区 40%的水禽都沿着密西西比河的路径迁徙。

密西西比河之所以得名“河流之父”，不仅是因为它支流众多，将千川百流都汇集到它的怀抱中，更是因为这条大河滔滔不绝的河水像乳汁一样哺育了密西西比河整个流域的人们。所以，美国人民长期以来还称源远流长的密西西比河为“老人河”。

令人惊奇的“皮艾萨”

密西西比河岸壁画的发现，引起了众人的关注。壁画是怎么形成的？壁画上的怪兽真的是中国龙吗？

1673 年，法国神父皮艾尔·马凯特和法属加拿大人路易·乔利特作为第一批西方探险者沿密西西比河顺流而下，到达中部密西西比河谷。当他们探险航行到现今为美国伊利诺伊州的奥顿镇的地方时，惊奇地发现了一个难以想象的景观：在一块高耸的临河峭壁上，画着两个巨大的怪兽，俯视着河面。马凯特神父尽了最大的努力忠实地临摹下来。马凯特神父所见到的岩石壁画，在当地被伊利诺伊印第安部落人称为“皮艾萨”，由于数百年长期的日晒雨淋，“皮艾萨”已经风蚀褪色。

那么，令人惊奇的“皮艾萨”究竟是什么呢？就在美国专家学者百思不得其解的时候，孟西斯的书《1421：中国发现世界》提供了重要启示。华盛顿大学马克·尼克莱斯教授认为：孟西斯相信郑和下西洋的一些航海记录被保存下来，并流入西方人的手中。哥伦布、麦哲伦及其他早期欧洲探险家都使用过源自古代的地图和航海记录。孟西斯认为那些古代的地图和航海记录只能出自中国人之手。如果孟西斯推断正确，那么整个西方世界的成就应归功于郑和及其手下的努力和牺牲。

孟西斯确信他已经发现了一幅1428年由中国人绘制的古地图，图上显示的是美洲东海岸部分，包括了有水路至五大湖区的圣劳伦斯湾区。据此推断，郑和的船队曾经到达过圣劳伦斯湾区，那么他们极有可能经过此地进入密执安湖，再沿很短的伊利诺伊河顺流而下，直达密西西比河，两河交汇之处便是现在的奥顿镇，也就是“皮艾萨”所在地。也有另一种可能，中国人从加勒比海进入墨西哥湾，再沿密西西比河逆流而上。孟西斯做了许多的考证后认为，中国人曾经到达过加勒比海。

经过研究，2005年7月5日于南京举行的纪念郑和下西洋国际学术论坛大会上，马克·尼科莱斯宣布了他和合作者的观点：“皮艾萨”有可能就是中国龙，因为二者有11处惊人的相似之处。

马克·尼科莱斯指出：“皮艾萨”是一对，典型的中国龙都呈双龙形；“皮艾萨”头上有角，中国龙头上都有角；“皮艾萨”脸部有胡须，中国龙脸上都有胡须；“皮艾萨”身上布满鳞片，中国龙也是鳞片满身；“皮艾萨”所呈现的绿色、蓝色和红色，是中国龙的传统颜色，在现今中国新年的龙图中更是常见。

如果这真的是中国龙，那么中国图腾在密西西比河畔被发现，究竟表明了什么？马克·尼科莱斯在论文《美国密西西比河岸已失壁画之谜初释》中写道：“皮艾萨”证明郑和手下的人曾到达过美洲中部的伊利诺伊州的奥顿镇，他们在密西西比河岸边的巨大岩石上刻画高耸的中国龙，并绘上帝国特征的颜色以宣告他们的伟大成就，将中国的国威传至天涯海角。

马克教授带来的“皮艾萨”图依然闪现在许多人的脑海里，郑和与太平洋彼岸的故事在文献上仍然是未解之谜，“皮艾萨”图也待后人进一步去研究。

第二十八章
世界第一长河——尼罗河

尼罗河位于非洲东北部，是一条国际河流，也是世界上唯一一条自南向北流淌的大河。尼罗河发源于赤道南部东非高原上的布隆迪高地，干流流经布隆迪、卢旺达、坦桑尼亚、乌干达、苏丹和埃及等国，最后注入地中海。支流还流经肯尼亚、埃塞俄比亚和刚果（金）、厄立特里亚等国的部分地区。干流自卡盖拉（Kagara）河源头至入海口，全长 6670 公里，是世界流程最长的河流。流域面积约 287 万平方公里，占非洲大陆面积的 1/9 以上。入海口处年平均径流量 810 亿立方米。

尼罗河风光

尼罗河流域南起东非高原，北抵地中海岸，东倚埃塞俄比亚高原，并沿红海向西北延伸，西邻刚果盆地、乍得盆地，并沿马腊山脉、大吉勒夫高原和利比亚沙漠向北延伸。所跨纬度从南纬 4°至北纬 31°，达 35°之多。

“尼罗河”一词最早出现于 2000 多年前。关于它的来源有两种说法：一是来源于拉丁语“尼罗”（nil），意思是“不可能”。因为尼罗河中下游地区很早以前就有人居住，但是瀑布的阻隔使得中下游地区的人们认为要了解河源是不可能的，故名“尼罗河”。二是认为“尼罗河”一词是由古埃及法老（国王）尼罗斯（nilus）的名字演化来的。

尼罗河流域地貌可简单归结为：主要由结晶岩组成的东非高原和由熔岩构成的埃塞俄比亚高原分别踞于流域的南侧和东南侧；整个苏丹基本上是一个由南往北微缓倾斜的巨大构造盆地，尼罗河纵贯其间；喀土穆以下尼罗河东西两侧则为广阔的沙漠台地。

尼罗河是由卡盖拉河、白尼罗河、青尼罗河三条河流汇流而成。尼罗河下游谷地和三角洲则是人类文明的最早发源地之一，古埃及便诞生于此。至今，埃及仍有96%的人口和绝大部分工农业生产集中在尼罗河沿岸平原和三角洲地区。因此，尼罗河被视为埃及的生命线。

尼罗河的支流中，最为人所知的就是白尼罗河和青尼罗河，一条婉约，一条奔放，常被人们用“情人”来形容。

白尼罗河是尼罗河最长的支流，发源于海拔2621米的热带中非山区，维多利亚湖（世界第二大淡水湖）、基奥加湖、艾伯特湖所构成的庞大湖区养育并丰盈了她。为了与青尼罗河相会，她穿越乌干达黑黢黢的丛林，跃下穆其森瀑布那高高的山岩，然后在苏丹炎热干燥的不毛之地现身。当她进入苏丹南部盆地时，河水泛滥成面积约1万平方公里的纸莎草沼泽，人们称之为可怕的“萨德”——阿拉伯语意为“无法通过的地方”。火辣辣的太阳使“萨德”成为硕大无朋的“蒸发皿”，于此消耗了2/3的水量之后，消瘦的白尼罗河继续北流，本来清澈的河水被“蒸发皿”里腐烂的植物染成了灰绿色。终于，众多支流的汇入使白尼罗河成为一条庄严成熟的大河，在她徐缓宽阔的怀抱里往来穿梭着古老的三角帆船和长笛起伏的汽船。

与其情人相比，青尼罗河则是一条粗野的支流，源出于海拔2000米的

“非洲屋脊”——埃塞俄比亚高原。在那里，来自大西洋的云朵化作了如注的雨水，在山坡上冲刷出一道道沟壑，并将大量的泥土卷入溪流。在非洲最高的湖泊——迷人的塔纳湖，青尼罗河放慢了脚步，水流在浅滩、礁石中缠绵了大约 30 多公里的路程，然后突然飞流直下三千尺，在雷霆般的轰鸣声中塑造了非洲第二大瀑布——梯赛斯特瀑布。在接下来的河段中，青尼罗河奔腾 650 公里，转了一个马蹄形的大弯，最后冲出山谷，闯进苏丹南部平原那令人窒息的酷热。青尼罗河每年有 4 个月如脱缰的野马般纵情奔流，提供了尼罗河全部水量的 6/7。正是由于其每年 8、9 月间水量急增，尼罗河才有了每年一度的泛滥；也正是其，从埃塞俄比亚高地山远水长地携带了尼罗河泛滥时所沉积的肥沃泥沙。

在苏丹尘土飞扬的首都喀土穆的正中心，喧闹的青尼罗河与恬静的白尼罗河纵身相会，从此才正式称为尼罗河，并变得水量大增，气势恢宏。有趣的是，与中国的武汉三镇相似，喀土穆也由喀土穆、北喀土穆和恩图曼三镇构成，各镇间有桥相连；可是喀土穆比中国的“火炉”武汉更“火”，是著名的“世界火炉”，最高气温竟能达 40℃—50℃！

这之后，尼罗河拐了一个大大的“S”形的弯，穿越酷热的努比亚大沙漠，由于缺少雨水而成为一条缓缓移动的浊流。在这段长达 1885 公里的艰难行程中，尼罗河又接纳了 6 条支流，并灌溉了河流两岸无垠的棉田。苏丹的长绒棉产量仅次于埃及，居世界第二位，为这个靠农业吃饭的非洲国家赚取了宝贵的外汇。

尼罗河从南至北，纵贯埃及全境，长达 1350 公里，灌溉着 240 万公顷的土地。在沙漠占国土面积达 96%的埃及，尼罗河就意味着生命：仅占国土面积 3%的尼罗河谷和三角洲里，麇集着 96%的埃及人！在大河两岸，星罗棋布着绿油油的麦田和棉田、齐刷刷的柑橘林和香蕉林、青纱帐似的甘蔗田和玉米地……埃及的长绒棉洁白光亮，素有“白金”之称，占世界总产量的约 1/3。

尼罗河流经地区特别是下游谷地和三角洲，是世界古代文明发祥地之一。这条河对于沿河各国的经济生活具有重要意义，使所经地区成为非洲人口最密集、经济最发达的地区。尼罗河水资源的开发利用历史悠久，自古以来人们都利用尼罗河洪水进行灌溉，发展农业；现已建有大型水闸和水坝多座，使尼罗河水资源得到综合开发和利用。

尼罗河流域中几乎没有一个地区有着真正的赤道性气候，较大部分地区受信风影响，这也是流域普遍干旱的原因。尼罗河干流自喀士穆向北至阿斯旺是在沙漠中穿行，使两岸有狭长的植被带，在土壤条件允许的地方，河岸邻近土地依靠河水得以耕作。从阿斯旺向北至开罗，河两岸是肥沃冲积土形成的泛滥平原，宽度逐渐增加到 19 公里左右，这一地区全靠灌溉种植。“尼罗河赋予两岸土地以生命：只有尼罗河泛滥以后，才能够有粮食和生命。大家都依靠它生存。”这是镌刻在尼罗河畔岩石上的赞语。尼罗河是运输旅客和货物的重要水道，也是人们旅游观光的好去处。尼罗河中鱼类很多，著名的有罗非鱼、大尼罗河鱼等，此外还有鳄鱼、软壳龟、巨蜥和蛇。

尼罗河有定期泛滥的特点，在苏丹北部通常 5 月即开始涨水，8 月达到最高水位，之后水位逐渐下降，1—5 月为低水位。虽然洪水是有规律发生的，但是水量及涨潮的时间变化很大，产生这种现象的原因是青尼罗河和阿特巴拉河的水源来自埃塞俄比亚高原上的季节性暴雨。尼罗河的河水 80%以上是由埃塞俄比亚高原提供的，其余的水来自东非高原湖。洪水到来时会淹没两岸农田，洪水退后又会留下一层厚厚的河泥，形成肥沃的土壤。四五千年前，埃及人就掌握了洪水的规律，并学会了利用两岸肥沃的土地。很久以来，尼罗河河谷一直是棉田连绵、稻花飘香。在撒哈拉沙漠和阿拉伯沙漠的左右夹持中，蜿蜒的尼罗河犹如一条绿色的走廊，充满着无限的生机。

尼罗河以她优美奇特的自然风光、源远流长的历史文化吸引着全世界的人们，多年以来一直是世界旅游的热点路线。

尼罗河与埃及文明

尼罗河流域是世界文明发祥地之一，这一地区的人民创造了灿烂的文化，在科学发展的历史长河中作出了杰出的贡献。突出的代表就是古埃及。

提到古埃及的文化遗产，人们首先会想到尼罗河畔耸立的金字塔、尼罗河盛产的纸草、行驶在尼罗河上的古船和神秘莫测的木乃伊。它们标志着古埃及科学技术的高度，同时记载并发扬着数千年文明发展的历程。

纸草是种形状似芦苇的植物，盛产于尼罗河三角洲。茎呈三角形，高约 5 米，近根部直径 6—8 厘米。使用时先将纸草茎的外皮剥去，用小刀顺生长方向切割成长条，并横竖互放，用木槌击打，使草汁渗出，干燥后，这些长条就永久地粘在一起，最后用浮石擦亮，即可使用。由于纸草不适宜折叠，不能做成书本，因此须将许多纸草片粘成长条，并于写字后卷成一卷，就成了卷轴。

埃及出土的一艘约公元前 4700 年的古船，船长近 50 米，设备完好，可见当初航海技术与规模。那时，尼罗河国际划船节每年举行一届，主要是赛艇比赛。划船在古埃及是一项非常受人欢迎的体育比赛项目。据史料记载，远在 4000 年前的法老时代，年轻人便开始在尼罗河上举行划船比赛，起点设在岸边的卢克索神庙前，终点在卡纳克神庙前，全程约 2000 米。这一传统一直延续了几个世纪。

古埃及人根据尼罗河的涨落制定了世界上最早的太阳历。在公元前 4000

年，埃及人就已经将一年定为365天，因为埃及人发现，每当天狼星在日出前出现时，尼罗河就开始泛滥，于是就把这一天定为一年的第一天。他们按尼罗河水的涨落和庄稼生长的情况，将一年分为3个季节，即泛滥季节、播种季节和收获季节，每一季又分为4个月，每月30天，年终另加5天作为祭祀神灵的节日。

尼罗河还使当地人们产生了无与伦比的艺术想象力。坐落在东非干旱大地上那气势恢宏的神庙是多么粗犷，与旁边蜿蜒流淌的尼罗河形成强烈对比。古埃及很多艺术品都既具阳刚之气又不乏阴柔之美。

相传，女神伊兹斯与丈夫相亲相爱，一日丈夫遇难身亡，伊兹斯悲痛欲绝，泪如泉涌，泪水落入尼罗河水中，致使河水猛涨，泛滥成灾。每年到了6月17日或18日，埃及人都为此举行盛大欢庆活动，称为“落泪夜”。从这个神话故事中，可以看出人们对尼罗河深厚的感情。

尼罗河流域古文明遗迹

在尼罗河两岸，有众多的神庙遗迹。

阿布·辛贝神庙在沉睡了3000年之后，被布尔卡德于1813年“误打误撞”地发现了。当时这个瑞士人在当地阿拉伯人的引领下去看尼菲塔莉王后的小神庙，当他准备原路返回时，却鬼使神差地向南绕了一下，结果突然看到4座几乎已全部陷入沙中的巨像，雕刻在200米之外一个很深的山口中的岩壁上。他猜想巨像可能是一座大神庙门口的装饰。

4年后，意大利人贝尔佐尼挖了足足20天的沙子后，从一条狭缝爬入巨大的神庙。点燃火把后，他惊呆了：忽明忽暗的火光映照着四下里巨大精美的雕像、生动亮丽的浅浮雕和色彩鲜明的壁画……这是拉美西斯二世（公元前 1290 年—前 1223 年在位）的神庙，门口的巨像就是这位法老王的造像；神庙内部的壁画还描绘了他驾着华丽的战车、带着驯服的猎豹和在苏丹战争中抓到的俘虏凯旋的场景。

在神庙里，伟大的法老创造了无与伦比的杰作，把艺术、天文学与建筑学完美地结合起来。每年 2 月 22 日与 10 月 22 日，初升旭日的第一缕阳光会顺着神庙的大门一路直入，照亮神庙里 4 座神像中的 3 座，并且永远不会照亮第 4 座——黑暗神。这 4 座神像依次排列是：黑暗神普塔、生命之神阿蒙、神化了的拉美西斯二世以及太阳神瑞。

从正门进入神庙，映入眼底的是一个大列柱室，由 8 座高达 10 米的模仿俄塞里斯神的拉美西斯二世立像构成。大列柱室两侧墙上的雕刻美轮美奂，上面刻着拉美西斯二世在卡叠什 (现叙利亚地区) 和赫梯人激战的壮观场面。大列柱室深处的前室中的观光亮点是奈菲尔塔利王后的浮雕。神庙内部最深处就是存放上述 4 座神像的圣地。

然而，令人震惊的是，如此壮观的神庙居然是按古代神庙的大小与规模仿真重建的。20 世纪 50 年代，埃及政府决定在尼罗河阿斯旺上游处修建一座水坝——著名的阿斯旺大水坝，以控制尼罗河水的肆意泛滥，这意味着尼罗河努比亚地区的古迹将被全部淹没。后来，联合国教科文组织采取积极措施来挽救这些无比辉煌的古迹，从而创造了现代史上最伟大的工程奇迹。而往上迁移的阿布·辛贝神庙就是这个奇迹的众多工程之一。神庙在被纳赛尔水库库水淹没之前，被切割成很多块迁移到了现在的位置。

在岩石构成的山体中建有一个大拱顶，神庙就被放在拱顶内，大神庙的右侧就是进入拱顶的入口。神庙内就像大工厂一样，由钢筋混凝土的拱顶支撑起来。3000 年前的巨大建筑，就这样和最新的现代技术融合在一起。而那已经有 3000 年历史的神庙遗址就这样永远消失于纳赛尔水库底下。

从阿斯旺沿尼罗河北上，约 200 公里就来到了昔日声名赫赫的“百门底比斯”的遗址——古埃及中王国（公元前 1991 年—前 1786 年）和新王国（公元前 1567 年—前 1085 年）时代骄傲的闪光的都城——卢克索。在近 700 年的时间里，法老们就在这颗“上埃及的珍珠”发号施令，使古埃及的政治和经济达到了辉煌的巅峰，成为东北非和东地中海的第一强国。此间法老们不断扩展他们的版图，并建造了无数的神庙与庞大的墓群。

如今卢克索已成为一座现代旅游城市，是世界上最大的露天博物馆，有着“宫殿之城”的美誉。尼罗河穿城而过，将其一分为二。由于古埃及人认为人的生命同太阳一样，自东方升起，西方落下，因而在河的东岸是壮丽的神庙和充满活力的居民区，河的西岸则是法老、王后和贵族的陵墓。“生者之城”与“死者之城”隔河相望，形成两个世界的永恒循环的圆圈。

现今卢克索的古建筑群中，保存最完整、规模最大的是卡纳克神庙。它的殿堂占地达 5000 平方米，有 134 根圆柱高耸入天，其中最中间的 12 根高 21 米，5 人不能合抱，通体遍布精美浮雕。

第二十九章

世上绝景 ——张家界

张家界是大自然的骄子，地处东经 109°40′—111°20′，北纬 28°52′-29°48′之间，被人们誉为“养在深闺人未识”的绝代佳丽，享有“武陵闺秀”、“世上绝景”、“天下奇观”之称。坐落在天子山上的神堂湾，自古以来就被蒙上了一层神秘的色彩，其深不可测，其神不可言传。它是一个天然的半圆形天坑，面积达 10 余公顷，三面悬崖峭壁，湾内深不见底，神秘莫测；有时霞光万道，瑞气千条；有时又阴风惨惨，雾雨绵绵。更令人惊叹的是，只要你靠近潭边，耳边便隐隐约约响起一片鸣锣击鼓、人喊马嘶的声音，似有千军万马在鏖战……至今，尚无人下到神堂湾的底层揭开其神秘的面纱。

勾人心魄的罕见景观

张家界有其他地方没有的景观，实属世界罕见，并且令人费解的是为什么偏偏只有张家界有如此的景观呢？

初升的太阳是红色的，月亮是白色的，这个普通常识连 3 岁小孩都懂。可在张家界的月亮垭，却能看到红色的月亮，真叫人惊奇不已。月亮垭的红月亮，一般是在春夏季的月中旬，发生在久雨初晴的晚上八九点钟的时候。圆圆的月亮，像早晨初升的太阳，血红血红的，发出黄昏时的光环，把贺龙公园、石家檐、神堂湾一带照得通明，晨曦初照，给那直插云霄而静谧的大峰林染上一层金色。这种现象可持续一个多小时。

张家界的日出奇观更是勾人心魂，令人流连忘返，乐不思蜀。黄石寨是张家界观日出最理想的地方之一。

清晨，深蓝色的天空纯净极了，一弯金黄色的上弦月挂在天空，月旁稀疏地留着几颗星星。大约6点钟，东方渐渐出现了几缕浅红色丝线。它轻轻一颤，便游动起来。此时天与山还交接在一片朦胧之中，分不清哪里是山，哪里是天。约半个钟头后，那红丝慢慢扩展成一条浅红色的光带。带子下依然是苍茫的云海，云海中有或淡或浓的数点孤峰浮现出来，而且还有一点微微上升的动感，宛如蓬莱移上了天空。那红带在慢慢地扩展着，而且中间越来越宽，越升越高，并不断地深化着自己的颜色，不久就形成了一道半圆形的红弧，并染红了东方的天幕。

这时，沉迷于溟蒙之中的奇峰巧石——龟、猴、龙、凤、蟾和诸多仙子、神士都开始“醒”过来了。弧下一轮彤红而不耀眼、水灵而并不妖冶、气势磅礴而又温柔可爱的血红的“火球”，从两座山峰之间的山坳里钻出来，惊奇地“看着”浑浊的世界。东方死一般的灰色开始蠕动起来，现出一些淡淡的色，分不清是云还是雾，只见它们一团团、一层层如潮水般向太阳涌去，像是要去吞噬那新的生命，但立刻都被击退了。远远近近的山峰大都淹没在起伏的云澜雾涛之中，隐隐约约，时沉时浮。只有几座高耸的峰巅映上了一层淡淡的红晕，显得幽蓝幽蓝。一团团云雾涌来时，迎日台就像一叶扁舟，那溅起的浪花仿佛就落在身上。那“火球”慢慢地上升，体积似乎越来越小，颜色越来越淡，由朱红、瑰红到橘红、粉红，不停地变化着，光芒越来越夺目耀眼。随着它的上升，天边的灰幕在不断撕裂，开始只是一条小缝，透出山的影子；接着就愈撕愈宽，愈撕愈长，清晰地显出山的轮廓。这时的景色神奇极了：灰白的云雾在山间环绕，峭直挺拔的群峰，巍巍屹立。极目望去，千峰万岭，错落参差，像雨后春笋，破土而出。

突然，一道金光掠过，山峰间的银涛像无数受惊的野马，奔腾而来，闯荡起来，在山间奔跑。接着第二道、第三道……万道金光汇成强烈的光芒，把大地照得辉煌。山间的雾海云涛像决堤了一般，一泻而去，消失得干干净净。奇峰、绝壁、悬崖、山峦，全镀上了一层金色，露出嵯峨的面目。抬头望时，太阳已经离开山巅，一片金辉簇拥着它很快地向上升腾。它像一个无畏的勇士，把天空越抬越高、云层越赶越远，一会儿就把天空照得通亮。那些剩下的云块被燃烧起来，变成了美丽的彩霞……这时，天上地下，高峰深壑，全被那金的、白的、红的、紫的，五颜六色的光华所渲染，形成一幅无比绚丽壮美的图画。一切都新鲜爽眼，充满生机。树叶从沉睡中抬起头，花朵露出红艳艳的笑靥，小溪闪着金色的鳞波……

在神堂湾与贺龙公园之间的风景地段，有一根高约 200 米的石柱，峰顶叠翠，两座小石峰中间嵌着一块小石头。就这块神奇的石头，每年要发生一次奇迹——发一次光，光亮就像烧电焊那样，火光四射，照亮了神堂湾一带，把整个西海照得有如白昼，其光由小到大，由此及彼，有时可持续 3—4 分钟，最后由强变弱，再慢慢消失。当地的百姓说，这是向王天子在为民祈祷，向苍天烧香发出的火光；也有人说，这是向王天子在跳神堂湾时，把手中的枪投向官军而碰在石头上迸发的火光。这种火光每年发一次，是为了纪念向王天子。石峰发光毕竟不是迷信，而是大自然的神奇现象，不过它像“百慕大三角”一样，仍然是一个难解的谜团。

张家界“五绝”

张家界的风光堪称“五绝”，即集中、原始、奇特、清新、齐全。

一、集中

据考察，仅张家界林场就有奇峰巧石二千八百余柱，如果把整个风景区的奇峰巧石算在内，那就数以万计了，且这些岩峰大都成群相拥。黄石寨上一圈的游程只有两公里，仅大小观景台就有几十个，游人在一两个钟头看到的，则是一个人间天上无奇不有的大千世界，使人有“坐地日行八万里，巡天遥看一千河”的奇特感觉。金鞭溪则简直是个艺术长廊，其异峰巧石、花草林木、珍禽异兽与丽水清泉相映成趣，令人目不暇接，游人半天所见比在其他名山大川多日所见还要多。还有沙刀沟——袁家界游览线上的醉景台，游人于此欣赏气象万千、神奇无比的“仙人居”，至少可以看上一个钟头……

二、奇特

张家界一峰一石的造型都十分奇特。它们中有恩爱的夫妻、幽会的情侣；有仙子、神女、武士；金龟、海螺、龙、风、狮、骆驼；有金鞭、玉簪、神针、宝塔、天门、天桥……它们有的威猛，有的妩媚，有的雄伟，有的纤细，有的狂狷，有的浑朴，有的雍容大气，有的小巧玲珑，真是千姿百态，各尽其妙。比如“夫妻岩”，活像一对有身有头有脸，而且眉眼、鼻子、嘴巴分明的男女，并立紧依，含情脉脉，相亲相爱。高达 387 米的“金鞭岩”，就酷似一根粗壮有力、棱角分明、直插地面的金鞭。“雾海金龟”更是栩栩如生。“天桥”则完全是一座高达 300 多米的雄伟的天然石拱桥凌空飞架……山奇水也奇，比如“天悬白练”（即猴儿洞瀑布），迭水 200 余米，势如“银河落九天”。这里还有世所罕见的林木花草，如“中国鸽子花”（珙桐）、“龙虾花”等，和许多奇特的动物，如金丝猴、红蛇、白蛇等。

三、原始

原来“养在深闺人未识”的张家界，而今“一举成名天下闻”之后，仍不失其古野之美的原始风味。这里有繁茂的原始森林，且多存子遗树种，如被称为“活化石”的银杏、水杉等。黄石寨东北面的“黑枞峰”，四周都是悬崖峭壁，高300余米，方圆60余亩，上面松林苍翠，其中有许多高达数十米、两人都抱不拢的大古松。松林里腐叶陈积，黑压压一片。那里自古以来不显人踪，只在1979年，一位林学工作者在山民的帮助下首次登了上去，才看清其真面目。位于金鞭溪中段西北侧的沙刀沟是一个古野深谷，那里苍藤蒙络，古木参天，“松螟凝寒昏，谷幽啼清猿”，使人不敢单行。

正由于张家界原始，来这里的地质学和林学工作者都称之为“地球纪念物”。

四、清新

人们游览张家界，都有一种特别的清新感。作为国家森林公园，这里林木丰茂，绿荫如盖，到处翠气扑人，沁人心脾；这里的水都是清悠悠、凉爽爽的，夏日捧喝几口，可谓“快活如神仙”，加之到处泉水潺潺如弄弦，就越发令人心清如洗了。这里一年四季都有山花相继开放，馨香扑鼻，空气也格外清新、干净，游人从早到晚哪怕汗流浃背也能“一尘不染”。有人说，游张家界就不需要歇憩，清新的环境使人不会感到疲倦，正所谓乐此不疲。

五、齐全

张家界的奇特风光应有尽有，有奇石、奇景、奇峰、奇洞、奇林。

如此风格迥异的张家界又是如何形成的呢？是天外来客的杰作，还是造物主的有意安排？显然都不是。张家界地势的形成有其漫长的历史，可谓饱经沧桑。几亿年前这里还是一片汪洋大海，约1亿年前地壳发生了运动，张家界也慢慢抬升为陆地，形成了苍茫的平原风光。但在其低凹的地方仍残留有原来的海水，并形成美如珍珠的湖泊。湖泊周围逐渐长了青草，有了茂密的树林，从而有了飞禽走兽。约7000万年前，地球又发生了一次强烈的造山运动。张家界地势迅猛抬升，平原变成了丘陵，丘陵变成了高山；后来又经过长年雨水冲刷、切割，岩石逐渐崩解，河谷慢慢深切；河流又将岩石风化而成泥沙运至遥远的大海，张家界只留下了一条河谷和一片紫色的砂岩峰林。

张家界的奇山异峰

“天下奇峰归武陵”并非过誉，张家界的山不仅“状异”而且“色奇”，可谓千姿百态、无所不有、无所不奇。既有一般的起伏的山峦，又有峭壁绝岩、奇峰怪石。这些奇山异峰大多拔地而起，棱角分明，它们或上锐下钝，或上大下小，变化多端；山形如芒、如柱、如塔、如屏、如人、如兽。山峰有些纤细，有些粗犷；有些秀雅娴静，有些威武勇猛；有些朴实自然，有些鬼斧神工；山的颜色，有的金碧辉煌，有的紫色带绛，有的红黄相间，有的灰色透亮，真是斗艳争奇。

天门山山势雄伟，门洞奇绝，被誉为“武陵之魂”。天门山海拔1518.6米，山顶与山下落差近1300米，它就像一道屏障，在张家界市城南构成了一幅蔚为壮观的画卷。天门洞嵌于千米绝壁上，景观极为罕见，好似明镜挂于孤峰之上，又如天窗开于绝壁之中。门洞顶上有一泉眼，终年飞洒“梅花细雨”。

张家界奇峰怪石众多，在琵琶溪景区有一座马鬃岭，岭下有一高耸的石柱，石柱被风化成了两半：右半，像一个五官端正的男子；左半，像一个眉目清秀的女子。两柱头靠头，就像一对夫妻，因而叫作夫妻岩。据说新婚青年到此一游，日后便会称心如意，白头到老；老年夫妇拜访夫妻岩，就会百年长寿；反目夫妇看了夫妻岩，也会重归于好。关于这夫妻岩还有一段美妙动人的传说。

很早以前，马鬃岭住着一对夫妻，他们虽然贫穷但很恩爱。一次，丈夫向大进山打猎，一去就是半个月，妻子田琪在家织布。哪料当地一个土司看田琪长得秀丽，便派家丁去抢，欲霸占她。田琪奋力反抗，还是寡不敌众。正在危急时刻，向大赶了回来，见此情景，便搭弓射箭，家丁一个个倒下去。但这时，大批家丁又从四面八方追赶过来，夫妻俩只好退到马鬃岭。这时，田琪跑不动了，向大的箭也用完了。在这危急时刻，夫妻俩就对着苍天发誓道："要活，我们一同活！要死，我们一起死！"说完，只见天边涌来一片白云，夫妇俩就随着白云飘走了……顿时，茫茫林海变成滔滔浪海，将追赶上来的土司和家丁们都淹死了。等到浪涛退了以后，在岭下涌出两块紧紧相连的岩石，人们传说那就是向大与田琪，他俩化为岩石紧紧依偎在一起，永世不分离。

从张家界十里画廊向西展望，有两座山峰引人注目。其中一座好像一只昂首翘尾向天长啸的猛虎，名曰"猛虎啸天"；它对面的山峰，却像一只机灵顽皮的锦鼠，鼠目圆瞪，一眨也不眨，名曰"锦鼠观天"，猛虎啸天与锦鼠观天的来历十分有趣。

传说猛虎和锦鼠是天庭的两匹神骑，平时作恶多端，诸仙都讨厌它们。时间长了，管坐骑的陈二大仙也发现它们干坏事，便狠狠地教训了它们一顿。从此以后，猛虎和锦鼠就不满天庭的生活，总想逃到凡间来。可是，南天门是由赵公元帅把守的，它们无法脱身。

又过了千百年，一日机会终于来了。孙大圣用金箍棒砸开了南天门，赵公元帅吓得躲了起来，猛虎和锦鼠趁乱逃下了天庭，径直来到了索溪山。谁知孙大圣大闹天宫，只热闹了一阵子，就被如来制服了，天庭又恢复了平静。陈二大仙发现猛虎和锦鼠到了凡间，知道它们不会回来了，骂了一声“孽畜”，便仗剑作法将它们分别定在两峰之上。两个孽畜虽然怒气冲天，不服惩处，但也无可奈何，只有各自瞪眼望天，表示愤怒罢了。

张家界的溶洞，规模之宏大，景观之绮丽，也是其他地方不多见的。索溪峪的黄龙洞是张家界溶洞群的“代表作”，充满了诗情画意，洞中蕴藏着一个神话般的世界，有人将它誉为“国宝”。四层洞庭，水陆并进，形成了十分壮丽的奇观。

黄龙洞洞口石壁上刻有王震同志亲笔题写的“黄龙洞”三个大字。洞底总面积 10 万平方米，全长 7500 米，洞中有奇宫，宫中有阴河，河畔有石林，林间有石琴、玉雕、帷幔；有汉白玉华表、尖尖神针、巍巍宝塔……一座宏伟的螺旋式转阁大厅高达 100 米，可容万人。

黄龙洞风景区大体分为龙王宫、仙人堂、石琴山、天仙山、水晶宫、响水河六个景点。人们在狭窄的九曲回环的洞中行走，如同在画廊中穿行，展眼可见四周全是石壁，上面是长长短短、错落有致的钟乳石，宛如北国冬天里的冰凌，一根根间隔有序地尖朝下垂着，两壁也有一条条凹凸不平浮雕似的乳白色石纹，像一片片、一朵朵飘浮的云彩……这真是世间罕见的奇景，不愧为大自然的瑰宝。到过黄龙洞的游客，无不发出“洞中乾坤大，地下别有天”的感叹！

张家界有数不清的深洞，神堂湾是具有代表性的一个。坐落在天子山上的神堂湾，自古以来就被蒙上了一层神秘的色彩。它是一个天然的半圆形大坑，面积达 10 余公顷，三面悬崖峭壁，湾内深不见底，神秘莫测。它日日夜夜地流着叮咚泉水，喷着浓浓白雾，有时霞光万道，瑞气千条，有时又阴雨绵绵。

相传很久以前，当地一位采药老人采满一背篓药材，坐在一棵长满青苔的老树干上歇憩，突然，“树干”一阵滚动，把他甩在一边，只见两道绿光，雾气腾腾，“树干”飞入山洞，原来是一条大蟒蛇。老人吓得魂不附体，回家不久就死去了。20 世纪 70 年代初，几个民兵带了条狗，背着猎枪到神堂湾探险。当他们下到湾里 1/3 处时，阴风飒飒，狗就不肯走了。民兵壮着胆摸索着前进。突然，茅草丛中窜出一只动物，众人眼疾手快把它置于死地，后来发现其竟然是一只重达 16 公斤的大老鼠！更令人惊叹的是，只要你靠近潭边，耳边便会隐隐约约响起一片鸣锣击鼓、人喊马嘶的声音，似有千军万马在鏖战……至今，尚无人下到神堂湾的底层，其神秘的响声更是无人能作出科学解释。

张家界素有“峰三千，水八百”之称，这里的水令人心旷神怡。瀑布飞泉，奏响着一曲曲美妙的旋律……山与水相互交映，描绘出一幅“山因水更奇，水因山更秀”的幽雅图画。张家界的水有清泉、瀑布、深涧、幽溪、浅滩、深潭、湍流、池塘……在山中时而看到小溪蜿蜒，碧水长流；时而听见“雷霆乍惊”，瀑布飞泻……

在众多大大小小、明明暗暗的流水之中，最美、最富于诗意的自然要数金鞭溪了。它是一条清澈而又色彩斑斓的溪水，将两岸的景色全部映在溪中——鸽子花的“翎尾”、龙虾花的“角须”、“神鹰”的雄姿、“龙女”的舞态……在溪水中显得更加逼真，甚至那些顽皮的猕猴也对着它在古树野藤间比试着它们的攀缘绝技，那些快乐的山鸟对着它唱出自已最动听的歌。据说，用它洗衣，衣色特别亮；用它沏茶，水清味醇；爱唱歌的山雀用它润嗓子，歌喉也变得格外清亮、圆润。

“千年长旱不断流，万年连雨水碧青。”相传，这是仙道赤松子用过的水，千年万年都是如此。

第三十章
世界最大的咸水湖——死海

在地球陆地的最低处有一片宁静的海面，水只进不出，人们称它是死海。的确，那里既没有绿色茂盛的水草，也没有各种各样游动的鱼，就连四周也是一片荒凉。不过，这些并不影响它展示自身的神奇与魅力，它仍然是世界有名的旅游胜地。

死海是“旱鸭子”的乐园，它不容人游泳其中，却让人漂浮其上，不会游泳的人尽可放心地仰卧于水面，敞开手脚，随波逐流。风平浪静时，人们甚至可以在水面仰面捧读，乐在其中。

但近来，死海的命运却备受人们的关注：有的说它在不远的将来会干涸，从地球上彻底消失；有的说，这是杞人忧天，死海充满希望，“死不了”……

死海传说

死海是一个内陆盐湖，位于巴勒斯坦和约旦之间的约旦谷地，是东非大裂谷的北部延续部分。死海长 80 公里，宽处为 18 公里，表面积约 1020 平方公里，平均深 300 米，最深处 400 米。

美国著名作家马克·吐温对死海曾经有过一番生动的描述："在死海中游泳是多么有趣啊，我们绝不会沉下去。你还可以挺直你的身体，把头完全抬起来，舒舒服服地在水面仰起睡着，并且还允许你撑开伞，挡住炎热的太阳。"

令人惊叹的是，人们在这无鱼无草的海水里竟能自由游弋。不会游泳的人，总能浮在水面上，不用担心会被淹死；水性再好的游泳健将也无法潜到水下，只有自叹英雄无用武之地；泳技平平者，能悠然自得地躺在水面，仰望蓝天白云，环顾周围赭红的山峦，观赏露出水面的根根盐柱、座座盐山，如果有雅兴，还可以拿着书报躺在水面慢慢浏览，但觉心旷神怡，神清气爽。真是"死海不死"。

传说大约 2000 年前，罗马统帅狄杜进兵耶路撒冷，攻到死海岸边，下令给俘虏戴上镣铐后投入死海，处以死刑。但被投入死海的俘虏不但没沉到水里淹死，反而被波浪冲回岸边。狄杜十分气恼，再次下令把俘虏投进海里，俘虏却依旧安然无恙地被冲回岸边。于是狄杜惊慌了，以为俘虏是受到神灵的保佑才屡淹不死的，于是就下令赦免并释放了全部的俘虏。

那么，死海海水的浮力为什么这样大呢？它是怎样形成的呢？又是什么魔力使得死海有如此多的与众不同之处呢？

"死海"的名称来自希腊的著作《旧约》。书上说有个索多玛城"罪恶甚重"，耶和华说"将硫磺与火从天上耶和华那里降予索多玛"，把它整个毁灭了。这里的索多玛城传说即在死海西南隅。据推测，这实际是公元前 1900 年左右发生的一次大地震，致使索多玛城沉入死海，现在的索多玛山，即由索多玛一名沿袭而来。

关于死海的形成，有这样一个古老的传说。远古时候，这儿原来是一片大陆。村里男子们有一种恶习，上帝希望这些有恶习的男人们能改邪归正，但他们坚决拒绝了。上帝决定惩罚他们，便暗中谕告鲁特，叫他携带家眷在某年某月某日离开村庄，并且告诫他离开村庄以后，不管身后发生多么重大的事故，都不准回过头去看。鲁特带着他的家眷，按着上帝规定的时间离开了村庄，但向前走了没多远，他的妻子出于好奇偷偷地回头观望。结果转瞬之间一座好端端的村庄就塌陷了，出现在她眼前的是一片汪洋大海，这就是死海。鲁特的妻子也因不听上帝的旨意，立刻变成了石人，经受着风吹日晒和雨淋，至今仍立于死海附近的山坡上，扭着头日日夜夜地望着死海。同时，上帝也惩罚了那些执迷不悟者，让死海成为一汪咸水，使他们永远没淡水喝，也没淡水种庄稼。

其实，死海是一个咸水湖，是大自然在漫长的岁月中造就而成的。死海原本是地中海的一部分，后来因地壳变化而与地中海分开。其东西两岸被悬崖绝壁所束，始终没有和大海相通，从而形成了一个内陆的湖泊。死海的源头主要是约旦河，河水含有很多的矿物质。死海一带气温很高，夏季平均可达 34℃，最高达 51℃，冬季也有 14℃—17℃。气温越高，蒸发量就越大，再加上这里干燥少雨，年均降雨量只有 50 毫米，而蒸发量是 140 毫米左右，结果死海变得越来越“稠”，沉淀在湖底的矿物质越来越多，其咸度也就越来越大。于是，经年累月，便形成了世界上最咸的咸水湖——死海。

死海的“怪脾气”和浮力都来自其含量极高的矿物质。各种盐的含量是普通海水的 9 倍，湖水表层含盐量高达 230‰—250‰，即 4 公斤海水里就有 1 公斤盐。在死海通常见不到滔滔巨浪，这是因为死海水含矿物质高，减弱了风的威力。

早在古代，许多君王和统治者便已将死海作为度假圣地。古罗马曾有记载，埃及女皇克利·奥帕特拉以死海矿物泥和矿物盐作美颜护肤之用，古罗马帝国斗兽场上的勇士也用死海矿物泥和矿物盐来疗伤。在近代中东六日战争中，以色列政府使用矿物盐、矿物泥温泉疗法，治疗伤兵恶化的炎症。

关于死海里的众多矿物质来自何处，至今还没有一个科学家能解释清楚。有人认为，死海周围的山峦、土地中含有各种矿物质，这些矿物质都伴随着雨水，终年累月，流入死海。在死海周围，还有 100 多个含有大量硫磺和其他矿物质的温泉，它们都注入死海。但是，这些都远远不是造成死海含大量矿物质的主要原因。

死海的奇特风光

为什么每年会有上百万的游客从世界各地来到死海，哪怕面对着伊拉克战争、巴以冲突、恐怖袭击等不安全因素，难道仅仅是为了在沙滩上晒太阳或在死海里冲浪？是什么让他们无所畏惧、执著前往？是死海的天然美景还是神秘的文明？

死海在天气晴朗的日子里碧波荡漾，与蓝天、白云交相辉映，光彩四溢，是一幅天然、壮观、辽阔无边的海的画卷；而当阴雨之时又是雾雨一片，朦朦胧胧，远山依稀，水天一片，别有一番景致。这让人更感到它的迷离与神奇。

死海的有趣和独特之处在于它的四个“400”：第一，它低于海平面 400 米，是世界陆地的最低点；第二，它的水最深处是 400 米；第三，死海水所含的各种矿物质达 400 亿吨；第四，据说死海底有大约 400 米厚的盐的沉积层。

死海的水是世界上含盐量最高的水体。在《圣经·旧约》和希伯来语中，死海都被称作“盐海”，其水体的含盐量高达 25%—30%，而地中海的海水含盐量只有 3.5%。由于含盐量太高，水中又严重缺少氧气，生物必死无疑。因此，死海经常散发出死鱼的腥气，水鸟也无法在这里栖息生存。死海岸边的岩石披上了一层盐壳，白中泛青，状似玉石，只有极少的喜盐植物断断续续、零零星星地散长在岸边，为这荒芜的土地增添了少许生机。

那么死海真的就没有生物存在了吗？美国和以色列的科学家通过研究终于揭开了这个谜底：就在这种最咸的水中，仍有几种细菌和一种海藻生存。原来，死海中有一种叫作“盒状嗜盐细菌”的微生物，具备防止盐侵害的独特蛋白质。

死海的空气是地球上最干燥、最纯净的，氧气浓度也是世界上最高的，比海面上的含氧量高 10%，加上死海空气中有许多用于镇静的溴，人们一到这里便会感到全身放松、容光焕发。此外，死海地区的紫外线长波的浓度比世界上其他地区都要高，而紫外线长波是治疗牛皮癣的良药。死海独特的自然景观和医疗功效，吸引着世界各地的游客蜂拥而入。

死海水是矿物质成分最丰富的水，尤其是溴、镁、钾、碘等含量极高。大多数海水只含有 3%的矿物质，而死海却有 33%之多，连含有 20%矿物质而号称世界第二的犹他大盐湖也自愧不如。自古以来，死海水的医疗保健功效便为人所知。有的试图用死海水治疗牛皮癣、湿疹、关节炎等痼疾；有的用死海水中的黑泥涂抹全身，以健身美容；有的躺在岸边接受日光浴；而更多的则在死海中畅游一番，体验被水“托”起来的感觉。

到死海的人出于好奇，十有八九要下水游泳。但死海不容人游泳其中，却让人漂浮其上。它是不准许人们“为所欲为”的。你想击水前进时，它会使你立即失去平衡，毫不客气地将你翻转过来；任何游泳好手，无论他采取蛙式、蝶式或自由式，在死海里都休想施展自己的本领；至于潜泳，有史以来，还没有人在不坠挂重物的情况下潜入死海。

不少人以为死海浮力大，人沉不下去，因此可以随心所欲地戏水。其实不然。在死海漂浮切忌动作过大而弄出水花溅进眼睛。因为死海水比大洋的海水咸 10 倍，哪怕只有一小滴进入眼睛都会难受得要命，有时甚至会很危险。所以有经验的人都会带上一瓶淡水放在岸边，以便用来及时冲洗。曾经有人不小心喝了一口，结果胃里难受了好几天，想吐也吐不出来。进入死海，平时微小到你自已根本察觉不到的细小挠破处马上就有灼热感，真如同“伤口上撒盐”，不过经过死海盐浴后伤口好得快。另外，大部分死海海滩都是颗粒较大的鹅卵石沙滩，不常打赤脚走路的人，在沙滩上站起来甚至走一步都感到脚底疼痛难忍。

死海的海水不但含盐量高，而且富含矿物质，常在海水中浸泡，可以治疗关节炎等慢性疾病。海底的黑泥也含有丰富的矿物质，对健身美容都有特殊功效，成为市场上抢手的护肤美容品。因此，每年都吸引了数十万游客来此休假疗养。

成千上万的人从世界各地来到死海以求恢复他们的精力和健康，死海神奇的功效来自以下几个方面：

一、阳光

太阳在一年里几乎每一天都照射着死海。由于该地区在海平面之下，因此阳光既要穿过厚厚的臭氧层，又要穿过由于海水蒸发而带来的化学元素形成的天然滤光网。这样就阻挡了部分紫外线，人们可以在这里放心地长时间晒太阳。

二、矿物质丰富的大气

海水蒸发后留下独特的氧化盐，包括镁、钠、钾、钙和溴等。溴以其镇静疗效而闻名，它在死海周围空气中的密度比在地球其他任何地方高出 20 倍。

三、矿物质温泉

死海海水富含高浓度的盐和硫化氢。死海泥也含有大量的硫化物和矿物质，能很好地保温、清洁皮肤、减轻关节疼痛。

四、高气压

死海是地球上气压最高的地方。空气中含有大量的氧，让人感到呼吸自在。

五、花粉少

死海气候干燥、植物稀少，因此没有过敏源。

可见，死海以其独特的地形地貌、神奇的功效征服了世人，赢得了世界的关注，各地旅游者纷至沓来，为的就是领略一下这里奇特的风光。

死海不“死”

名声颇大的“死海”虽以“海”称之，但实际上只是世界上最著名的内陆咸水湖。它地处约旦和巴勒斯坦之间的南北走向的大型谷地中段，南北长 80 公里，东西宽 5—18 公里，相当于中国最大的咸水湖。

死海有两张王牌，使它在世界名山胜水中占有一席之地。

一是含盐量特别高，湖水的比重超过了人体的比重，不会游泳的人也可以放心地躺在湖面上，不用担心会沉下去，还可以静静地享受漂流的“感觉”，更有趣的是，有的人还能够自由自在地躺在水面上看书。二是死海含有丰富的钾、镁、镍等矿物质，这些矿物质对皮肤病、关节病、呼吸道疾病等具有显著的疗效。

随着死海的知名度不断提高，价值越来越大，它的生存问题也更加受到人们的关注，成为地质学家们的谈论热点。长期以来在死海的前途命运问题上，一直存在着两种截然不同的观点：

一种观点认为，死海必“死”无疑。

持这种观点的学者们认为，在漫长的岁月中，死海不断地蒸发浓缩，湖水越来越少，盐度也就越来越高。在中东地区，夏季气温高达 50℃以上。唯一向它供水的约旦河水被用于灌溉，死海面临着水源枯竭的危险。再加上沿岸国家对死海东西岸诸如碳酸钾、锰、氯化钠等自然资源进行过量开采，以致死海的南湖已完全消失，只剩下北湖了。所以，死海在逐年缩小，若干年后一定会干涸，等待死海的是一场厄运。

约旦大学地质学教授萨拉迈赫表示，尽管目前各种地图上标明死海的高度是海平面以下 392 米，但那其实是 20 世纪 60 年代的测量结果，现在它的实际高度是海平面以下 412 米。这已清晰表明，在 40 年里，死海水面正以每年 0.5 米的速度下降。

支持萨拉迈赫教授观点的一些学者还指出，1947 年，死海长达 80 公里，宽 16—18 公里，到目前为止，长不过 55 公里，宽 14—16 公里。死海面积已从 1947 年的 1031 平方公里下降到了 683 平方公里。如果没有有效的措施来保护，以这样的速度枯萎下去，死海还能活几年呢？

另一种观点认为，死海不会“死”。

持这种观点的人认为，死海并非是没有生命的死水，而且它的前途无量，是未来的世界大洋。因为从地质构造的角度考虑，死海位于著名的叙利亚—非洲大断裂带的最低处，而这个大断裂带还正处于幼年时期，终有一天死海底部会产生裂缝，并且随着裂缝的不断扩大，从地壳深处冒出的海水将生长出一个新的海洋。

20 世纪 80 年代以来，科学家发现死海中正在繁衍着一种红色的小生命，它叫盐菌，而且数量非常多，大约每立方厘米水中就有 2000 亿个。正是由于死海中生存着这些可爱的小生命，死海的颜色在渐渐变成红色。人们还发现死海里有一种单细胞的藻类动物。过去，由于不断蒸发，死海的水面上常常笼罩着一层浓雾，中世纪的阿拉伯人都认为这种雾气是有毒的，因此鸟儿无法飞越，也不愿意飞到这里。可是现在有一种鸟已经扇着翅膀飞来了，在死海的岸边寻找昆虫和野果。由此看来，死海也是一个生机勃勃的世界。

现在，为了挽救死海，一条沟通地中海和死海的地下水道已经兴建，隧道长110—120公里，有些地方在地下550米深处。在濒临地中海的入海口由泵站把海水灌入直径5米的倾斜隧道，地中海与死海落差390米，不仅可以利用它来发电，还可以把水冲到死海里。这样，死海就会“复活”。

其实，死海的实际情况不容乐观，它的面积正日益缩小，不论将来死海的命运怎么样，我们应该看到，现在随着生态环境的恶化，那里降雨量逐年减少，它的主要水源——约旦河也已不再流入死海的怀抱。如果不注意保护生态环境，不注重节约水资源，盲目地滥用地表水、地下水，死海确实将面临着生存的威胁。

死海是“死”还是“活”，地质假说还没有更多的事实加以论证，还需要我们拭目以待。因此，死海的未来仍然是一个难解的谜。

第四篇

北纬 30° 惊天灾难未解之谜全记录

北纬 30°附近还曾发生过震惊世界的惊天灾难，譬如墨脱地震、苏美尔洪水、汶川地震。

这些惊天的灾难神奇的都发生在北纬 30°附近，这是一种巧合，还是其中有着怎样的神秘的因素？北纬 30°给我国乃至世界带来了破坏性的灾难，其中到底隐藏着怎样的奥秘？我们不能阻止探索的脚步。

第三十一章

中国有史以来最大地震——墨脱特大地震

据史料记载，西藏共发生过 4 次大于 8 级的地震，7—7.9 级地震 11 次，6—6.9 级地震 86 次。其中，1950 年 8 月 15 日在藏东的察隅—墨脱发生的 8.6 级地震，是一场历史上罕见的地震，震撼了整个青藏高原。

墨脱行路难

墨脱，藏语为“花朵”之意，是西藏的一块膏腴之地。北境南伽巴瓦山亘空耸立，层峦叠嶂，最高峰 7782 米。雅鲁藏布江从西向东流，经林芝北绕南伽巴瓦山西坡急转南流，水势湍急，峡谷险峻。而坐落在雅鲁藏布江下游河谷阶地上的墨脱、背蹦等地海拔低，气温高，雨水充沛，植物生长极为茂密，从寒温带的高山草甸到山地热带季雨林，梯次生长，沃野富饶，宜耕宜牧，藏族、门巴族、珞巴族人民在这里繁衍生息，呈现一派生机盎然的景象。

墨脱，这个西藏林芝境内的边陲小镇，被当地人称为“高原孤岛”。墨脱在 2013 年 10 月 31 日开通公路，在此之前是中国大陆 2100 多个行政建制县中唯一不通公路的县，路途艰险，气候恶劣，几乎成了中国最难抵达的地方。

围绕着世人皆知的墨脱行路难，有不少逸闻趣事：

一位军人家属想去墨脱看望驻守在那里的丈夫，但是尝试了 9 次都没能成功；广东顺德的一位老板，在徒步前往墨脱的途中，突然瘫倒在山岩旁大哭，感叹自己腰缠万贯，在那一刻却毫无用武之地；一名供职于某省交通部门的官员，自称什么地方都去过，到墨脱遇上大雨和泥石流，在脱险后心有余悸地说："墨脱是鬼都不去的地方。"

特殊的地理环境和独特的生活空间，阻隔了墨脱人民与外部世界的联系，使得这里变得更加闭塞和孤寂。就连西藏已经通了铁路这样举世瞩目的大事，他们也是通过口口相传才略有耳闻的。

墨脱处于喜马拉雅断裂带和墨脱断裂带上，地质活动频繁，是地震、塌方、泥石流的多发地带，可以说在墨脱建公路的难度绝对不亚于浩大的青藏铁路工程。

谈"震"色变的墨脱

1950 年 8 月 15 日，全世界的地震学家都目瞪口呆，所有的地震仪都被强大的地震波激过了最高限而失灵。这场特大地震发生在毗邻印度阿萨姆邦的中国西藏墨脱，震级高达里氏 8.6 级。

据说，发生地震的那天当晚，人们刚刚吃过晚饭，有的人已经进入梦乡。远方突然传来隆隆的声响，紧接着地动山摇，一场天翻地覆的大地震给墨脱大峡谷中各族居民带来一场空前浩大的生死劫难。就在这一瞬间，峡谷上下木结构和石木结构的民宅、寺庙和公共设施悉数倒塌；地震引起了广泛的山崩和滑坡，耶东、格林等 4 个村庄随着山崩滑入江中或被山石掩埋；雅鲁藏布江干流至少有 3 处被倒塌的山体拦腰截断；从两侧崖壁上崩落的巨石像洪流一般冲了下来，一路上翻滚腾跃、相互撞击，山坡上电光石火迸发，推毁了房屋、道路、田地、人畜和成片的原始森林；山体上出现了一二米长，数十至数百米宽的地裂缝，整个峡谷笼罩在昏暗的烟雾之中。尽管大峡谷中人口稀少，但死亡的人数有上千，死绝户近百，死绝的村有五六个。地震当天有许多群众正为三大领主出乌拉差，晚上歇在岩洞里或陡崖下，被砸死的人最多。那些劫后余生的门巴族、藏族老人们可谓“谈震色变”。

其实这次特大地震的前兆十分明显，在大地震发生前的一年中，5—6 级的前震有两次，其中的一次震中就在大峡谷中的邦兴。敏感的动物和家畜则在一年前就出现了异常反应，如老鼠纷纷出洞危害庄稼，而且死鼠特别多；在大峡谷进口处的格嘎一带，成群的黑熊结伴下山，它们嘶叫打闹，偷袭家畜，格嘎村的家畜差不多被咬光了；那一年公鸡叫得特别凶，有的人干脆把鸡杀了丢在水中；在 8 月 15 日临震前更是鸡鸣狗叫、骚动不宁。

这次地震强度大，震源浅，波及范围广。据 1956 年古登堡的计算，这次地震的能量约为 1018 焦耳，震源深度为 25 公里。1977 年国家地震局《中国地震简目》将本次地震震级定为 8.5 级，震中定在西藏察隅，震中烈度为 11 度，仪器测定震中为北纬 28.5° ，东经 96.0° 。1983 年谢毓寿主编《中国地震历史资料汇编》（第五卷）中，震级定为 8.6 级，震中位置为北纬 28.4° ，东经 96.7° ，即在西藏察隅西南，震源深度为 33 公里。同年顾功叙主编的《中国地震目录》亦将其震级亦定为 8.6 级，震中位置为北纬 28.4° ，东经 96.0° ，震中烈度大于 X 度，宏观震中定在北纬 28.5° ，东经 96.0° ，即察隅、墨脱间。

在极震区（烈度 11 度），各种类型建筑物，包括官署、寺庙、卡（庄园）、杉板房、藏式民房等，全部倒塌。墨脱县南距雅鲁藏布江东岸 4—5 公里处的格林村，坪坝从地上颠起，高山崩裂，两个村子全部毁灭。江边山腰上的耶东村，连房带人一起从江的西岸被抛到东岸。江东岸半公里的毕波村，整个村子被抛到江心，荷扎（霍煮）村一半被毁。白马岗宗府一套十二柱三层楼建筑从底部倒塌，引起大火，全被烧毁，所有器物化为灰烬。奉八世达赖绛百嘉错（1758—1804 年）所建宗教影响较大的仁明寺，主殿十二甬，四大门，牌楼内外长柱三十六根，高三层，飞檐金顶，内有一人高的银质佛塔三座，各种大型佛像(最高的有一层楼高)48 尊，全部倒毁，原寺内外，几无遗迹。墨脱县城附近的洛邦寺（二层）、格林寺（三层）、德库寺（二层）、玛朋寺（二层）、邦日寺（二层）和新兴建的昊奈寺等，全被地震毁尽。仅墨脱县境四部六寺死亡僧俗、喇嘛、差民计有 666 人，死绝 90 户。上述墨脱至耶东村等房屋建筑物的倒毁破坏呈现出一个跨越雅鲁藏布江两岸的带状区，长 30 公里，宽 15 公里。

这次地震还引起了严重的次生灾害。地震发生的顷刻间，庙宇、官署、村庄毁灭；大地开裂，沉陷变形，地面喷水涌砂，田禾淹没；雪峰震裂，冰川跃动；巨型的山崩滚滚而下，使江河壅阻，森林毁没，温泉消失，瀑布也荡然无存。墨脱至四境间数百公里的山间路径崩塞，连日飞尘蔽日，烟雾弥漫，经旬不散。南伽巴瓦山、工拉噶波山、工准德木圣山等雪崩不绝。雅鲁藏布江溃缺，水势暴涨，流入印度阿萨姆邦宽阔平原地带，布拉马普特拉河两岸洪水为患，堰渠冲毁，道路切断，桥梁损坏。整个雅鲁藏布江河弯地区和米林、察隅等 27 个县及印度阿萨姆邦的部分地区都被卷入这场灾难之中。地震破坏面积约 40 平方公里，有感范围最远距离达 1300 公里。

这次特大地震还引发了两座雪峰产生大规模雪崩和冰崩。南迦巴瓦峰坡的则隆弄冰川下段冰舌突然崩落，冰体加上崩雪，翻越过一段小丘后掩埋了大峡谷进口处不远的直白村，全村 100 多人死于非命，只有一位正在水磨房磨糌粑的妇女被推到磨盘下，在冰雪窖中靠融水和糌粑坚持了 19 天，待到冰消雪化才侥幸生还。

这次地震后，余震频繁，持续时间达一年之久，震级超过 4.7 级的余震有 80 多次，最高的达到 6.3 级。

此次特大地震遗留在地面上最大的特征、也是今后的隐患为：分布在峡谷两侧的崩塌倒石堆和崩塌泥石流。倒石堆像是一条干石河，满载着岩屑、碎石和巨砾的槽谷刻入基岩，从高高的崖头上顺谷坡斜卧在长大的山体上，规模大的有数百米到上千米。一旦源头上的危崖峭壁发生崩塌，或者在地震、暴雨以及午间暴晒所产生的膨应力的作用下，都有可能触发槽谷中的砂石滑动，甚至产生连锁反应，演变成一场势不可挡的巨石洪流，一泻千丈，溃入河床，时有堵截江流的情况发生。

规模最大的崩塌泥石流发生在大峡谷下段的背崩村附近。1973 年夏天，背崩村上的一处石崖在暴雨中溃垮，崩落的巨石推动下游沟槽中的泥水石块汇合成一股上万吨的泥石流，冲向雅鲁藏布江，一举截断了径流达一万秒立方米的江流，持续一天之久，第二天江水漫堤，冲垮堤坝形成洪峰，险些将下游的解放大吊桥冲走。

根据西藏档案资料不完全统计，这次地震西藏境内倒塌各种房屋 9000 多柱(藏式室内宽度标准)，死亡僧俗、喇嘛、差民 3300 多人，受伤 260 余人，死绝 117 户，损失大小牲畜 17700 多头，损毁粮食 3700 余捆、2800 多背、800 多袋、11900 多克（西藏地方原有的容量单位，1 克约为 28 市斤），酥油 28100 多斤，奶酪 2700 块，藏银 15700 余两。损失佛塔 188 座，佛像 6280 余尊，经书 1600 余部，轴画 2300 余帧。印度境内约计死亡 1500 多人，阿萨姆邦由于地震及洪水所受的损失可能达 2000 万英镑。

第三十二章
毁灭人类的史前大洪水——苏美尔洪水

世界各地的民族流传着许多关于洪水的传说，特别是在沿北纬 30° 一线的民族，几乎都在各自先民的记忆里保存着有关洪水的详尽历史。令人惊奇的是，这些神话故事都惊人的相似。为什么这些神话会有共同的象征，并拥有相同的人物和情节？那些动人的洪水故事是不是某些天才的创作，用以记录远古时代发生的大事，留传给子孙后代？还是神话确实有某种内涵？

大洪水劫难

富饶的美索不达米亚平原是苏美尔文明的发祥地，在苏美尔这个谜一般的文明国度中，有一位叫吉尔格梅施的君王，他一生致力于追求永生。考古学家在发掘出的几块泥板上读到了用楔形文字记载的美索不达米亚神话和传说，并因此穿越时空与古代这位君王相识。

在所查找的有关苏美尔历史的典籍中也记载着，早在吉尔格梅施之前，乌纳皮施汀君王就完整地讲述了在他执政政期间发生的一场大洪水的故事。洪水来临前，乌纳皮施汀君王设法保存了人类和地球上所有生物的种子。

乌纳皮施汀告诉吉尔格梅施："很久以前，有 4 位神祇共同统治着我们这个地球，他们是苍天之神阿奴、大护法恩里尔、战争及性爱女神伊施妲儿、水神艾亚。"

在那个时代，地球上人烟十分稠密，人类不断繁衍，整个世界充满噪音，野牛吼叫不已，吼得天神不能成眠。大护法恩里尔听到人间的喧嚣，便对座上诸神言道："人类的吵闹实在刺耳，吼得我们从此彻夜难眠。"于是众神一致决定消灭人类。

水神艾亚怜悯乌纳皮施汀王，忙跑来报信，叫他赶紧造一只船。

"拆掉你的房子，制造一艘船，抛弃所有的财物快逃命！世俗的财货有什么用？拯救灵魂才是紧要……听着，逃命的船必须按一定的尺寸，以均衡相称的比例建造，要将世界上所有生物的种子贮存船中……"

乌纳皮施汀赶紧动手造船，随即登上船准备逃命，他把牛马和其他牲畜及各行各业的工匠带到船上。洪水终于来了，那是一个黎明前，天际突然涌现出一堆乌云，风暴之神阿达德纵马驰骋，大显神威，只听得铁骑过处传出阵阵惊雷，白昼随即变为黑夜，大地如同一只敲碎的杯子，地上一团黑雾昏昏暗暗，直涌上空……第一天，风暴席卷整个大地，四处引发洪水，天地一片漆黑，连众神也胆战心惊，纷纷避祸在天神阿奴居住的小天宫。爱神伊施妲儿有些后悔了，扯着嗓子尖叫：这些都是我的子民啊！难道我就这样眼睁睁看着他们葬身洪水之中吗？

乌纳皮施汀给吉尔格梅施继续描述了这场大洪水：

"一连六天六夜，暴风不断袭击，涛翻浪涌，洪水淹没了眼见的一切。第七天黎明，南方刮来的暴风终于平息，海面遂归于平静，洪水才开始消退。大地在洪水过后一片死寂，海面升高了，一望无际，连成一片，平滑如屋顶的天台。但四周都没有一点声音，生灵全都葬身于水中了……"

“我打开舱门，阳光直直地照进来，看着眼前的一切，巨大的悲悯和恐惧包裹了我的身心。水！洪水！我触目所及皆是白茫茫的大水。船在水面上漫无目的地漂着，约莫漂过 40 里处，水中突然耸立出一座高山，我又惊又怕，赶紧把船绕过去，在山腰处停住船，我打开鸟笼放出了一只鸽子，让它飞出船舱，这是我的希望。一会儿，鸽子飞回来了，显然它找不到可以栖息的树木，我还是不放心，又放出一只燕子，不一会，燕子没有飞回来，我又放出一只乌鸦，隔了很久，也没有再见它飞转来。我一阵暗喜，心想洪水肯定已退，乌鸦说不定正饿着觅食哩！但也许它找不到什么可以填肚子的食物！我这时才知感激水神，情不自禁地跪在山顶，把一杯酒洒在地上祭神，船中还有些甘蔗枝、香柏枝和杨梅枝，我也一一拿出把它们堆在山头上……”

乌纳皮施汀就这样原原本本地把洪水的故事讲给了吉尔格梅施。然而这可并不算是苏美尔古国流传下来的唯一的文字记录，它还有很多佐证。在伊拉克出土的泥板中，有些几乎有 5000 年历史，有些不及 3000 年，它们都讲述了这个洪水故事。而且，这些同样镌刻于泥板上的记载并没有多少版本上的变化，有区别的只是名字不同，但故事的主角却有一个共同特征：一族之长，受到慈善的神祇惠顾和开悟，都是通过建造方舟逃出大洪水，从而保存了人类及其他生灵的种子。

在地球的另一端，远离美索不达米亚平原的墨西哥河谷，也有关于洪水的传说。这个地区不论在文化上或地理位置上，都被阻隔于犹太教和基督教势力范围之外，他们有关洪水的传说是在第四太阳纪末期，如果没有记错的话，我们已经引述过这场灾难性的洪水过后的悲惨情景：

“豪雨骤降，山洪暴发，大地一片汪洋，高山隐没水中，人类变成鱼虾……”

相似的洪水传说

北纬 30° 上的洪水传说大多脉络清晰，叙事完整，而且经考证，绝大部分洪水传说是各自独立形成的，许多民族关于洪水传说的前半部分都是相同或近似的。

在中美洲还有梅卓卡尼塞克族，他们的口中也世代相传着关于洪水的梦魇。和其他邻近民族比较起来，这支印第安人的传说更近似于《圣经》和美索不达米亚平原的苏美尔人的洪水故事。根据这则传说，天神泰兹提尔波卡决定发动一场洪水，毁灭全人类。天神只放过泰兹一家人，让他们搭一艘载满飞禽走兽、粮食以及植物的大船逃离这场洪水，以保存人类的种子。天神指挥着洪水，淹没掉地球上其他生灵之后，又让洪水退走，并把这艘大船搁浅在一座高山上。为测试洪水是否退走，泰兹先放出一只兀鹰，兀鹰只知不停地啄食四处横陈的人畜尸体，没有再飞回船上。泰兹只好又差遣其他鸟儿去试，结果一只蜂鸟回到船上，并衔回来一根树枝。泰兹这才定下心来，带着子孙后代让这个死气沉沉的大地燃遍烟火。

玛雅族的印第安人有一部他们视为命根子的神圣典籍《波波武经》，其中也有关于这场天神发怒惩罚人类的洪水记载。这部经书讲得更具体，讲到了天神在开天辟地之初创造人类。这是一场不那么顺利的实验，它先用“木头雕制成人像，并让人们开口说话”，这些木头人后来失去它的欢心，因为“他们忘记了造物主的存在”。

“于是，天神决定发起一场洪水，以毁灭人类，洪水来临，波涛汹涌，淹没了这些木头人……浓稠的树脂从天而降。整个大地处于一片漆黑，黑雨即刻倾盆而下，日夜不停……木头人一个一个被砸碎、摧毁、肢解，直至悉数消失。”

在这场洪水中逃离出来的是“大父和大母”（玛雅人是这样称呼他们的）重建了灾后的世界，成了随后世世代代人类的祖宗。

据传说，在铜族的时期人们还拥有巨人的力量，四肢十分粗壮，但他们却被宙斯无情地全部消灭，以惩罚巨人普罗米修斯触犯天条盗火给人间，因为普罗米修斯在盗火的同时，也把罪恶带给了人类。宙斯也许是因为不放心，所以想发动一场洪水，准备把地球上的生灵悉数扫除。

宙斯决定灭绝铜族时，普罗米修斯预先警告了自己的儿子杜卡里昂，让他连夜打造一口木箱，并装入所有必需品，然后带着妻子瑟拉钻进去以躲避水祸。

“洪水来了，西萨里地区的山脉崩裂，极目所见皆是一片汪洋。”

杜卡里昂夫妇在木箱中漂流了九天九夜，终于抵达希腊南部的帕纳索斯山。洪水过后，夫妻俩爬出箱子向诸神献祭，宙斯派神汉密士询问他有何愿望，杜卡里昂请求恢复人类生机，宙斯便命杜卡里昂扔地上的石头。于是，杜卡利昂扔出的石头化成了男子，妻子瑟拉扔出的石头则变为女子。

地球历史上是不是曾有过这样的劫难，人们无从考证，也无法考证，不过不同的民族却有着相似的传说，这绝对不是一个巧合。唯一的解释就是：人类很早就生活在地球上了，并且早于现在所有有记载的历史。至于史前人类是怎么毁灭的，也许北纬 30° 上的神话传说有朝一日能够破解这一谜团。

北纬 30° 上流传着一些关于洪水的神话，这些神话尽管产生于各不相类属的文化，情节却出乎预料的相似。在祖先流传下来的大多悲壮的不同的神话中，各民族都保存了对远古时代一场全球性的大灾难共同的完好的记忆，并世世代代引起全人类的共鸣，这不能仅仅用巧合去加以解释。

第三十三章
震惊世界的大地震——汶川大地震

地球是人类的母亲，人类世世代代在地球上耕耘、繁衍生息，而地球又为人类提供并且不断地提供着一切物质财富的“宝库”。同时，地球也是让人类恐惧的地震和火山等自然灾害的策源地。

2008 年 5 月 12 日发生的 8 级汶川地震（北纬 31°，东经 103.4°）是一场巨大灾难。此次地震不仅在震中区附近造成灾难性的破坏，而且在四川省和邻近省市也造成大范围破坏，其影响甚至波及到全国绝大部分地区乃至境外，是新中国建立以来我国大陆发生的破坏性最为严重的地震。

美丽富饶的汶川

汶川县位于四川省阿坝藏族羌族自治州境内，因汶水得名，是中国四个羌族聚居县之一。地理坐标为北纬 30° 45′—31° 43′ 与东经 102° 51′—103° 44′ 之间，东西宽 84 公里，南北长 105 公里。县域面积 4085 平方千米，人口 11.0118 万人(2000 年)，主要民族为汉、羌、藏和回族。

一、植物资源

汶川县山体恢宏高大，相对落差悬殊，光照、降水条件随海拔增高而变化，影响着森林及植被群落类型的分布和植物带谱的形成。这里植物资源十分丰富，种类繁多，科属很全，共有 4000 余种。存在全国独有的、成片分布的野生珙桐林，与其伴生的水青树、连香树、伯乐树和其他属于国家保护的珍稀树木多达 20 种。还有许多名木古树和“国香”兰花，使人在珍稀美、风采美、悠古美诸多方面感受到丰富的意境和多重的美感。

就森林植被来看，其中特用林和灌木林已占森林植被面积的 82.85%，稀疏林地、未成造林林地、迹地更新地共只占 17.15%，可见其森林资源的丰富程度。旅游、自然、人文景观资源丰富，现已开发出的“三江生态旅游区”初具规模。在“科教兴国”的今天，对于提高人们的精神文明素质、增进科教科普知识、研究环境变迁对人类的影响、把握未来，汶川县无疑提供了最宽广的“天然教学实验室”。

二、动物资源

汶川县拥有大量的动物资源。从现已采集到的标本看：昆虫有 20 多个目、700 多种，其中仅鞘翅目就有 33 个科、482 种。鱼类有 6 种，两栖类 9 种，鸟类 208 种，兽类 96 种。在这些动物中，不仅有猕猴、云豹、水鹿、灵猫等喜温湿的南方动物，而且有牛羚、猞猁、马熊、白唇鹿、白马鸡等耐严寒的高原和北方动物。其中属于国家一级保护的珍兽有大熊猫、金丝猴等 4 种；二类保护的有小熊猫、雪豹、红腹角雉等 17 种；三类保护的有林麝、金雕等 8 种；总计 29 种。雉鸡更是卧龙动物中之一大特色，全国 56 种中，卧龙占 11 种，多属国家保护的种类。

三、经济资源

汶川县地质构造复杂，地层发育完整，岩浆岩分布广，矿产资源丰富，特别是非金属矿产品种较多。气候随东南向西北地势上升，呈比较完整的垂直，可分为 8 个不同的自然气候区，故有“十里不同天”之说。但南湿北旱趋势明显，光、热、水分布不均，利于发展农业的多种经营生产，为州内重要农区县之一。在 2000 米以下地区，年均气温 13.5℃(北部)至 14.1℃(南部)，无霜期 247—269 天，雨量 528.7—1332.2 毫米，日照 1693.9—1042.2 小时，适宜各类动植物生长。

四、风土人情

萝卜寨因地处高山，这里的羌文化在以前没有受到外来文化的冲击，所以目前基本保持了自己原有的风俗，还沿袭着千百年来羌家小伙与姑娘谈恋爱对唱山歌的习俗。每年羌族节日期间，寨子里的小伙姑娘们不仅深情对歌，还和村里人一道围着火塘跳锅庄舞，吃着大块肉，喝着自制的米酒，吹着羌笛、唢呐、口弦琴，打着羊皮鼓，通宵达旦，其热闹的场面充满了浓郁的西部羌民族特色。

阿坝州汶川县的地理和区位优势十分明显，距成都市仅 70 公里，素有阿坝州南大门之称。这里不仅是全国仅有的 4 个羌族聚居县之一，也是中国民族民间艺术之乡——羌绣之乡，更是动物活化石——大熊猫的故乡，还有世界上首屈一指的大熊猫研究中心——卧龙。该县境内水能资源蕴藏量达 348 万千瓦，是川西平原重要能源供给地。

汶川大地震的几大谜团

为什么会发生如此强烈的地震？

中国地质大学徐世球教授认为，中国地震属于大型板块断层活动。印度洋板块向亚欧板块俯冲，能量从青藏高原向内陆释放。中国地层分为青藏高原板块、华南地区板块、华北地区板块等 6 大亚板块。四川汶川是地震活跃地区，处于全国 6 大亚板块断裂带上。这次地震聚集了巨大能量，突然间释放，能量沿着板块裂缝传递，对各板块进行挤压，地层破裂尺度较大，导致其他地区有震感，破坏性灾情严重。地震的强度越大，其所携带和释放的能量也就越大，波及的范围也会更广。

此次汶川大地震发生在龙门山断裂带，长约 400 千米，宽达 60 千米，规模巨大，它沿着四川盆地西北缘底部切过，位置十分特殊。这条断裂带由 3 条大断裂构成，自西向东分别是龙门山后山断裂、龙门山主中央断裂、龙门山主边界断裂。这里是川西高原和四川盆地的过渡地带，地壳厚度在此陡然变化。它的东部是人口密集的成都平原陆地板块，西面则是青藏高原隆起板块。近百年来，龙门山地震带都没有发生过大的地震，而板块间的挤压、俯冲早已积聚了巨大的能量。这都为汶川大地震的爆发创造了条件。

为什么全国许多地方震感强烈?

地震发生时北至北京、南至广州、东至上海、西至曼谷，从震中到四面八方 2000 余千米范围内均可感受到地震波的冲击。

为什么远离震中的区域会有如此强烈的震感？首先，汶川地震属于浅源地震。90%以上的地震属于浅源地震，即震源离地表深度不超过 70 千米。这种浅源地震的破坏力最大。此次汶川地震属于浅源地震，震源大，震级浅，所以全国多个地方均有震感。其次，全国许多地方震感强烈还有一个重要原因就是，地震发生地汶川—茂汶大断裂带以东的四川地块相对坚硬，地震波传播的能力比较强。

为什么汶川地震破坏性强于唐山地震?

首先，从震级上可以看出，汶川地震强。震级是地震释放能量的大小。震级小于 3 级的地震为弱震；震级大于或等于 3 级，小于或等于 5 级的地震为有感地震；震级大于 5 级小于 6 级的地震为中强震；等于或大于 6 级的地震为强震，其中震级大于或等于 8 级的地震为巨大地震。唐山地震是 7.8 级，汶川地震是 8 级。

汶川地震的震级比唐山地震的震级稍微高一点，释放的能量约是唐山地震的 2 倍，地震波及能量越大，地震传得更远，在更远的距离内造成破坏。

其次，从地缘机制断层错动上看，唐山地震是拉张性的，是上盘往下掉。汶川地震是上盘往上升，要比唐山地震影响大。

第三，唐山地震的断层错动时间是 12.9 秒，汶川地震是 22.2 秒。错动时间越长，人们感受到强震的时间越长，也就是说汶川地震建筑物的摆幅持续时间比唐山地震要长。

第四，汶川地震波及的面积、造成的受灾面积比唐山地震大。

第五，汶川地震诱发的地质灾害、次生灾害比唐山地震大得多。因为唐山地震主要发生在平原地区，它诱发的地震灾害就是地裂缝及沙土液化。汶川地震主要发生在山区，次生灾害、地质灾害的种类都不太一样，汶川地震引发的破坏性比较大的崩塌、滚石加上滑坡，形成不稳定的堰塞湖等。这些次生灾害治理起来时间比较长，所以在汶川地区恢复生产、重建家园需要的时间要比唐山长得多。

为什么这次地震没有准确预报出来?

从世界范围说，地震预报仍处于探索阶段，人类尚未完全掌握地震孕育发展的规律。地震预报部门的预报，主要还是根据多年积累的观测资料和震例，进行经验性预报，因此，不可避免地带有很大的局限性。

对于如何准确预测短期内的地震信息，目前在全世界都还是没有完全攻克的难题。在地质力学里有一个名词叫地应力，是存在于地壳中的天然应力。地应力活动会产生或影响地质构造，剧烈的地应力活动会引起地震。目前，人类对于地应力已经有了突破性的研究成果，已经可以预测地应力的发展趋势。特别是对地质结构断裂层比较多的地震多发地带，往往要密切关注其地应力的变化。但这种预测往往是中长期的预测，很难做到短期内的准确预判。比如说，假设某地地表断裂处的岩石能承受的地应力是 100 个单位，而目前监测到的地应力已经达到 80，且一直呈上升趋势，那么，在这种情况下，科研人员就有可能根据地壳运动的原理对该处可能会发生的地震信息做出中长期预判，因为该处的地应力只要接近或超过 100，就可能地震。但这种预判，最难的一点是不清楚该处的地应力何时会涨到 100，而且往往是地应力还没有达到 100 时，地震就发生了。就好比用两只手拉扯一根头发丝，明知道用力拉头发丝会断，但谁也说不清楚会在何时断。

为何汶川—茂县—北川烈度最强，损失惨重？

此次地震中心点位于汶川县境内，然而距汶川 80 千米的北川受灾程度远远超过汶川，从目前各地的伤亡数字看，距离震中约 92 千米的成都伤亡小于距震中约 140 多千米的绵阳，为何距离震中较远遭受的损失却大，这是什么原因造成的呢?

用来衡量地震强度大小的尺子有两把：一把叫地震震级，另一把叫地震烈度。地震震级是衡量地震大小的一种量度，它是根据地震时释放能量的多少来划分的。震级越高，释放的能量也越多。仅相差一级的地震，其能量的差别可以达到 30 多倍。也就是说，一个 8 级地震相当于发生了 30 多个 7 级地震，约 1000 个 6 级地震。一个 6 级地震释放的地震波能量相当于第二次世界大战美国在日本广岛投下的原子弹的能量。地震烈度是指地面及房屋等建筑物受地震破坏的程度。地震烈度的大小，受地震大小、震源深浅、离震中远近、当地工程地质条件等因素的影响。对同一个地震，不同的地区的烈度大小是不一样的。距离震源近，破坏就大，烈度就高；距离震源远，破坏就小，烈度就低。因此，一次地震，震级只有一个，但烈度却是根据各地遭受破坏的程度和人为感觉的不同而不同。在此次的汶川大地震中，汶川烈度是 11 度，成都是 7 度，北京是 3 度。

地震对于地面的损害主要由烈度决定。观测汶川地震等烈度线时，我们可以发现，等烈度线大体上呈现为沿 45 度角向东北方向的分布。这一方面是由于青藏高原隆起板块向东移动，与成都平原陆地板块产生了相对位移的应力，而龙门山断裂带正好呈西南—东北走向；另一方面也说明，相对于陆地板块来说，龙门山断裂带是非常脆弱的。因此，地震的能量从震中汶川爆发出来，沿着脆弱的龙门山断裂带向东北方向延伸，给这一带地区带来极大的震撼。有数据显示，汶川地震发生时，龙门山断裂带以每秒 3 千米的速度向东北方开裂，从汶川到广元用了整整 100 秒时间。这就犹如墙上的裂缝。如果有挤压或撕扯，通常总是沿着已有的裂缝延伸传递能量。而北川、什邡、德阳等重灾区恰恰位于龙门山断裂带东北方，所以遭受重创也就在所难免了。四川汶川大地震整个地下断层长度 300 多千米，断层为单侧破裂，并从起始点的震中汶川开始向东北方向延伸，而北川正处在断裂带上，因此它的受灾程度超过震中汶川。

为什么汶川大地震后会发生几千次余震?

汶川地震是逆冲、右旋、挤压型断层地震。地震构造是龙门山构造带中央断裂带，在挤压应力作用下，由南西向北东逆冲运动；这次地震属于单向破裂地震，由南西向北东迁移，致使余震向北东方向扩张；挤压型逆冲断层地震在主震之后，应力传播和释放过程比较缓慢，可能导致余震强度较大，持续时间较长。地震发生后的几天到 1 个月内，是余震频发期。地震发生以后，好多建筑受损倒塌，还有一部分建筑虽没有完全倒塌但已经受损了，这些建筑再遭受后面比较强余震的时候，还会继续发生破坏，有可能使灾情进一步扩大。

刚硬的岩石为什么会破裂?

不管地震发生的根本原因是什么，不管哪一种或哪几种物理现象对某一次地震的发生起了主导作用，总是那里的岩石发生了破裂，特别是要把能量转化为机械能才能促使岩石破裂，产生震动。绝大多数地震发生在地球最刚硬的部分——地壳和地幔上部边缘的岩石层里面。那里的岩石在力的作用下发生破裂，这个破裂处就成为震源，震动就从这里开始。

首先，正因为它是刚硬的，所以才会破裂。如果它像生面团那样有很好的塑性，就不容易破裂了；如果是液体，就更无所谓破裂。绝大多数地震都发生在地下70千米以内，特别集中在地下5—20千米上下，这不是偶然的。因为在地下较深的地方，温度高，压力大，在长期缓慢的力的作用下，就算是是坚硬的岩石也具有一定的塑性，也就不那么容易破裂了。

岩石具有受力后发生破裂的性质，这是它会破裂的根据，但还得有力作用于它的身上才能使它破裂。在地下，存在着各种形式的力的作用，而且这些力会在地下某些处所积累加强，当增大到使那里的岩石承受不了时，破裂就发生了。在这个变动中起主要作用的是地壳运动。

在地壳运动的过程中，地壳的不同部位受到了挤压、拉伸、旋扭等力的作用，那些构造比较脆弱的处所就容易破裂，引起断裂变动。这种变动成为地震的主要原因。全世界90%以上的地震都是由于地壳的断裂变动造成的，这类地震称为构造地震。现在地震部门要预报、预防的，主要就是这种构造地震。此外，火山爆发、洞穴坍塌等也可造成地震，但数量都很少，规模也很小。因此地震也可以说是现今地壳运动的一种表现。